#

대전대학교 이과대학 생명과학과 교수 **남 상 호**

교 학 사

머 리 말

나는 소년 시절부터 틈만 나면 산과 들을 헤매며 곤충을 채집하였다. 싱그러운 풀 냄새가 좋았고, 들녘을 누비는 온갖 곤충들의 신비로움에 취해 이름도 모른 채 곤충들을 잡아 유심히 관찰하곤 하였다. 그 시간들을 바탕으로 자연을 사랑하고 곤충을 공부하는 이들은 물론 관심 있는 모든 이를 위해 작은 책을 만들었다.

현재까지 우리 나라에 알려진 곤충은 대략 11,000여 종에 이르는데, 실제로는 이보다 훨씬 많을 것으로 짐작된다. 이렇듯 많은 곤충도 야외에 나가 보면 극히 일부만 접하게 되고, 이들 곤충들의 이름도 전문가가 아니면 쉽게 알지 못한다. 또, 자연 환경의 변화로 많은 곤충들이 서식처를 잃어 가고 있어 과거에 흔히 볼 수 있었던 무리도 자취를 감춘 종이 적지 않다. 이러한 상황을 고려하여 20여 년 전부터 사진 기록 작업에 착수하게 되었다. 언젠가는 이 땅에서 사라질지도 모르는 종을 사진에 담아 보존해 보자는 작은 소망에서 비롯된 것이다.

작은 지면이라 사진과 내용에 부족한 점이 많지만, 앞으로 최선을 다해 보충하여 곤충과 자연을 사랑하는 모든 이들에게 좋은 길잡이가 되게 할 것을 약속한다.

이 도감을 내면서 고마운 분들이 너무 많다. 고교 시절의 은사 고(故) 최요한 선생님의 지도로부터 이후 김창환 교수님, 이창언 교수님의 아낌 없는 지도에 감사하며, 항상 격려해 주신 윤일병 교수님, 김학렬 교수님, 이승모 선생님께도 감사를 드린다.

끝으로, 어려운 출판을 맡아 주신 교학사의 양철우 사장님을 비롯하여 처음부터 끝까지 온갖 정성을 아끼지 않은 유홍희 부장님과 황정순 차장님께 깊은 감사를 드린다.

1996년 2월 남상호

차 례

머리말 •3
일러두기 •9

하루살이목 Ephemeroptera	12
꼬리하루살이과 Heptageniidae	14
하루살이과 Ephemeridae	15
잠자리목 Odonata	16
실잠자리과 Coenagrionidae	18
방울실잠자리과 Platycnemididae	20
물잠자리과 Calopterygidae	21
부채장수잠자리과 Gomphidae	23
왕잠자리과 Aeshnidae	26
잠자리과 Libellulidae	27
귀뚜라미붙이목 Grylloblattodea	36
귀뚜라미붙이과 Grylloblattidae	38
바퀴목 Blattaria	40
바퀴과 Blattellidae	42
왕바퀴과 Blattidae	43
사마귀목 Mantodea	46
사마귀과 Mantidae	48
강도래목 Plecoptera	52
강도래과 Perlidae	54
집게벌레목 Dermaptera	56
집게벌레과 Forficulidae	58
메뚜기목 Orthoptera	60
여치과 Tettigoniidae	62

긴꼬리과 Oecanthidae 69

귀뚜라미과 Gryllidae 70

모메뚜기과 Tetrigidae 72

섬서구메뚜기과 Pyrgomorphidae 73

메뚜기과 Acrididae 74

대벌레목 Phasmida 88

대벌레과 Phasmatidae 90

노린재목 Hemiptera 92

물장군과 Belostomatidae 94

소금쟁이과 Gerridae 95

쐐기노린재과 Nabidae 96

장님노린재과 Miridae 97

침노린재과 Reduviidae 98

긴노린재과 Lygaeidae 101

허리노린재과 Coreidae 103

잡초노린재과 Rhopalidae 109

참나무노린재과 Urostylididae 111

알노린재과 Plataspididae 114

뿔노린재과 Acanthosomatidae 115

광대노린재과 Scutelleridae 119

노린재과 Pentatomidae 121

매미목 Homoptera 136

거품벌레과 Aphrophoridae 138

매미충과 Cicadellidae 140

큰날개매미충과 Ricaniidae 143

매미과 Cicadidae 145

왕진딧물과 Lachnidae 153

진딧물과 Aphididae 154

풀잠자리목 Neuroptera 158

뱀잠자리과 Corydalidae 160

사마귀붙이과　Mantispidae　　　　　　　161

뿔잠자리과　Ascalaphidae　　　　　　　162

딱정벌레목　Coleoptera　　　　　　　164

길앞잡이과　Cicindelidae　　　　　　　166

딱정벌레과　Carabidae　　　　　　　168

송장벌레과　Silphidae　　　　　　　169

사슴벌레과　Lucanidae　　　　　　　171

검정풍뎅이과　Melolonthidae　　　　　　173

장수풍뎅이과　Dynastidae　　　　　　174

풍뎅이과　Rutelidae　　　　　　　175

꽃무지과　Cetoniidae　　　　　　　180

비단벌레과　Buprestidae　　　　　　　183

방아벌레과　Elateridae　　　　　　　184

홍반디과　Lycidae　　　　　　　188

반딧불이과　Lampyridae　　　　　　　189

병대벌레과　Cantharidae　　　　　　　192

개미붙이과　Cleridae　　　　　　　194

나무쑤시기과　Helotidae　　　　　　196

무당벌레과　Coccinellidae　　　　　　197

홍날개과　Pyrochroidae　　　　　　　203

가뢰과　Meloidae　　　　　　　204

하늘소과　Cerambycidae　　　　　　　206

잎벌레과　Chrysomelidae　　　　　　225

거위벌레과　Attelabidae　　　　　　　238

바구미과　Curculionidae　　　　　　243

벌　목　Hymenoptera　　　　　　　248

등에잎벌과　Argidae　　　　　　　250

수중다리잎벌과　Cimbicidae　　　　　　251

잎벌과　Tenthredinidae　　　　　　　253

갈고리벌과　Trigonalidae　　　　　　254

곤봉호리벌과　Gasteruptiidae　　　　　255

맵시벌과 Ichneumonidae   256
배벌과 Scolidae   259
개미과 Formicidae   262
호리병벌과 Eumenidae   264
말벌과 Vespidae   267
구멍벌과 Sphecoidae   274
꿀벌과 Apidae   275

밑들이목 Mecoptera   284

밑들이과 Panorpidae   287

파리목 Diptera   288

각다귀과 Tipulidae   290
털파리과 Bibionidae   293
등에과 Tabanidae   294
파리매과 Asilidae   297
재니등에과 Bombyliidae   301
꽃등에과 Syrphidae   303
벌붙이파리과 Conopidae   313
똥파리과 Scathophagidae   314
검정파리과 Calliphoridae   315
쉬파리과 Sarcophagidae   316
기생파리과 Tachinidae   317

날도래목 Trichoptera   320

각날도래과 Stenopsychidae   322
물날도래과 Rhyacophilidae   323
우묵날도래과 Limnephilidae   324
날도래과 Phryganeidae   325

나비목 Lepidoptera   326

곡나방과 Incurvariidae   328
명나방과 Pyralidae   330
창나방과 Thyrididae   331

알락나방과 Zygaenidae 332

갈고리나방과 Drepanidae 335

왕갈고리나방과 Cyclidiidae 336

뾰족날개나방과 Thyatiridae 337

자나방과 Geometridae 338

누에나방과 Bombycidae 346

왕물결나방과 Brahmaeidae 347

산누에나방과 Saturniidae 348

박각시과 Sphingidae 350

재주나방과(하늘나방과) Notodontidae 357

독나방과 Lymantriidae 362

불나방과 Arctiidae 365

애기나방과 Ctenuchidae 372

밤나방과 Noctuidae 373

팔랑나비과 Hesperiidae 380

호랑나비과 Papilionidae 390

흰나비과 Pieridae 404

부전나비과 Lycaenidae 414

네발나비과 Nymphalidae 427

● 부록

용어 해설 • 470

한국산 곤충 분류군 총괄표 • 472

한국산 곤충 분류군 수 • 473

천연 기념물 및 멸종 위기 야생 동식물 지정 현황 • 489

곤충 채집 • 표본 제작 및 보관법 • 492

곤충 사육 방법 • 505

한국명 찾아보기 • 506

학명 찾아보기 • 512

참고 문헌 • 519

일러두기

■ 우리 나라의 산과 들, 물가에서 흔히 볼 수 있는 곤충 중에서 특히 잘 알려진 곤충 18목 118과 398종을 실었다.

■ 분류 체계는 목과 과까지 하등에서 고등 순으로 배열하였다.

■ 학명과 한국명은 '한국곤충학회'와 '한국응용곤충학회'에서 펴낸 「한국곤충명집」을 따랐다.

■ 학명에서 명명자에 괄호가 있는 것은 명명자가 그 종을 처음 발표할 당시의 속명이 아님을 나타낸다.

■ 도판에 나타난 곤충의 크기는 실물 크기와 일치하지 않으며, 실물 크기는 본문 중에 일반적인 크기를 나타냈다.

■ 도판에는 촬영 장소, 촬영 일자를 밝혔으며, 일부 촬영자를 밝힌 도판 이외의 것은 저자가 직접 촬영한 것이다.

■ 곤충의 이해를 돕기 위해 새로운 목이 시작되는 부분마다 목의 주요 특징과 체제 모식도를 실었다.

■ 분포지에서 우리 나라의 경우 편의상 북부(휴전선 이북), 중부(경기도·강원도·충청남북도), 남부(경상남북도·전라남북도), 제주도, 울릉도로 나누었고, '전역'이라 함은 위의 모든 지역을 뜻한다.

■ 본문 하단에 성충의 출현 시기를 월별에 따라 색으로 표시하였다.

■ 부록으로, 용어의 이해를 돕기 위한 '용어 해설' 및 '한국산 곤충 분류군 총괄표·분류군 수', '천연 기념물 및 멸종 위기 야생 동식물 지정 현황', '곤충 채집·표본 제작 및 보관법', '곤충 사육 방법' 등을 실었다.

고추잠자리 경기도 용문산, 1994. 10. 5.

한국의 곤충

■ 하루살이목(蜉蝣目)　Ephemeroptera

　몸은 소형 내지 중형이며, 길쭉하고 대단히 연하다. 더듬이는 짧고 작은 털 모양이며, 구기(口器)는 저작형(chewing type)이나 퇴화되었다. 겹눈은 잘 발달되었고, 홑눈은 3개이다. 2쌍의 날개는 얇은 막질로 그물 모양의 맥상이며, 뒷날개는 작거나 퇴화되었다. 3쌍의 다리는 대개 발달되었으나 가늘고 연약하며 앞다리가 가운뎃다리와 뒷다리보다 길고 암컷보다 수컷이 길다. 배에는 많은 마디로 된 실 모양의 긴 미모(尾毛)가 2~3개 있다. 유충은 물 속에서 생활하며, 저작형 구기는 잘 발달되었고, 배마디에 호흡 기관인 기관아가미가 있다. 성충은 수명이 대단히 짧아 불과 몇 시간에서 2~3일간이며, 대개는 성충이 된 그 날 교미를 하고 곧 산란한다. 알은 보통 1~2주에 걸쳐 부화되는데 1개월 정도 걸리는 종류도 있다. 유충은 호수, 연못, 하천 등에 널리 분포하며 담수어류의 중요한 먹이가 된다. 유충의 시기는 긴 편이어서 빠른 종은 6주만에 성숙하지만 대부분의 종들은 1~3년만에 성충이 된다. 먹이는 주로 미생물이나 담수조류, 식물 조직의 연한 조각 등이다. 성숙한 유충은 물 밖으로 헤엄쳐나와서 돌 위나 나무 위에서 유충의 껍질을 벗고 날개가 달린 개체가 되는데, 날 수 있기 때문에 그 모습이 성충처럼 보인다. 그러나 이 때는 아직 성적(性的)으로 성숙되지 않은 아성충(亞成蟲)의 시기이며, 한 번 더 탈피를 하여야 비로소 완전한 성충이 된다. 성충은 짧은 생애 동안 일체 먹이를 먹지 않고 수분만을 흡수하는 것으로 알려져 있다.

　현재 전세계에 2000여 종, 우리 나라에는 50여 종이 알려져 있다.

● 몸의 구조

■ 성충

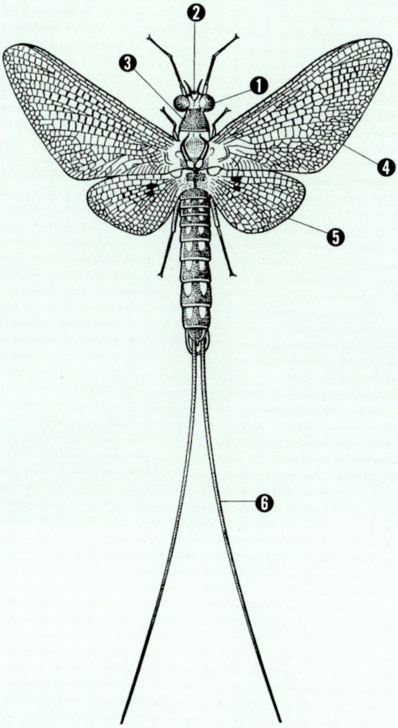

■ 유충

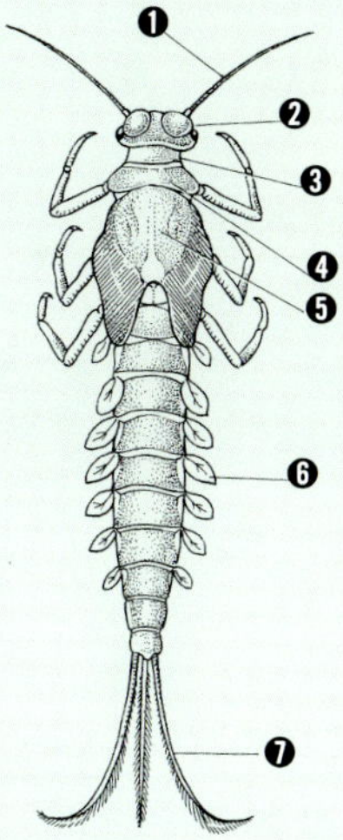

```
*  성충
❶ 겹눈  ❷ 홑눈  ❸ 앞가슴  ❹ 앞날개  ❺ 뒷날개  ❻ 미모
*  유충
❶ 더듬이  ❷ 겹눈  ❸ 앞가슴  ❹ 가운뎃가슴  ❺ 뒷가슴  ❻ 기관아가미
❼ 미모
```

충청남도 계룡산 갑사, 1994. 5. 8.

하루살이목/꼬리하루살이과

꼬리하루살이

Ecdyonurus yoshidae Takahashi

| 1 | 2 | 3 | 4 | 5 | 6 | 7 | 8 | 9 | 10 | 11 | 12 |

몸의 길이는 9~10 mm. 몸은 황록색을 띠며, 겹눈도 옅은 황록색을 띤다. 꼬리는 유충 시기에는 3줄이나 성충이 되면 2줄로 된다. 유충은 하천 중류 지역의 흐르는 물에서 살며, 4~5월에 성충으로 우화(羽化)한다. 몸이 대단히 연하며, 비행력도 약하다.

분포 한국(북부·중부·남부), 일본

14

전라북도 지리산, 1990. 5. 25.

하루살이목/하루살이과

무늬하루살이

Ephemera strigata Eaton

① ② ③ ④ ⑤ ⑥ ⑦ ⑧ ⑨ ⑩ ⑪ ⑫

　몸의 길이는 20~25 mm. 몸은 황갈색을 띠고, 날개는 옅은 갈색을 띠는데 앞날개의 중앙에 갈색의 띠무늬가 있다. 배의 등면에는 뒤쪽으로 좁아지는 1쌍의 굵은 흑갈색 빗살 무늬가 있다. 유충은 하천 중류 지역의 모래나 흙바닥 또는 낙엽층 속을 파고들어 생활한다. 성충은 4~5월에 우화하여 7월까지 나타난다.

분포 한국(북부·중부·남부), 일본

15

■ 잠자리목(蜻蛉目)　Odonata

　몸은 중형 내지 대형으로, 아름다운 색상을 띠며, 많은 시간을 잘 날아다닌다. 성충은 몸이 길고 단단하며 날개는 그물 모양의 맥상이고 다리는 잘 발달되었다. 겹눈은 크고 낱눈이 많으며, 홑눈은 3개인데 머리의 대부분을 눈이 차지하고 있다. 더듬이는 비행하기 알맞게 대단히 짧으며, 구기(口器)는 저작형(chewing type)으로 강한 큰턱이 있다. 가슴은 비교적 크고 3쌍의 다리와 같은 모양을 한 2쌍의 날개가 돋아 있다. 배는 긴 원통형이거나 편평하고, 외부 생식기가 암컷은 배 끝에 있으나 수컷은 제 2~3 배판에 있다. 배 끝의 미모는 1절인데, 수컷의 경우 교미시에 암컷의 목둘레를 붙잡는 파악기의 기능을 한다. 유충은 호수나 연못, 하천 등의 바닥에서 모래나 진흙에 묻혀서 생활하며 성체와는 달리 몸이 거칠고 어두운 색을 띠며 행동도 느리다. 구기는 성충과 같이 잘 발달되었는데 아랫입술이 길게 늘어나 특이한 포획 기관을 형성한다. 헤엄을 잘 치지 못하는 대신 바닥이나 다른 물체를 이용하여 걸으며, 주로 수서 곤충이나 갑각류 등을 포식한다. 유충의 시기는 소형 종은 1년, 대형 종은 2~4년인 경우도 있다. 완전히 성숙한 유충은 물 밖으로 기어나와 나무 줄기나 풀줄기, 또는 다른 물체에 부착한 다음 마지막 탈피를 하여 성충이 된다. 우화(羽化) 직후의 몸은 연하고 빛깔도 열으나 서서히 굳으면서 1~2일이 지나면 정상의 몸 빛깔을 띠게 된다. 성충은 거의 모든 곤충을 공격, 포획하며, 주로 모기류, 각다귀류, 파리류, 벌류 등을 먹는다. 교미는 수컷이 말단의 교미기(파악기)를 이용하여 암컷의 목 주위를 붙잡으면 암컷이 배를 수컷의 제 2 배마디 쪽으로 구부려서 정자를 받아들이는 방법을 이용한다.

　현재 전세계에 5000여 종, 우리 나라에는 100여 종이 알려져 있다.

● 몸의 구조

⬇ 성충

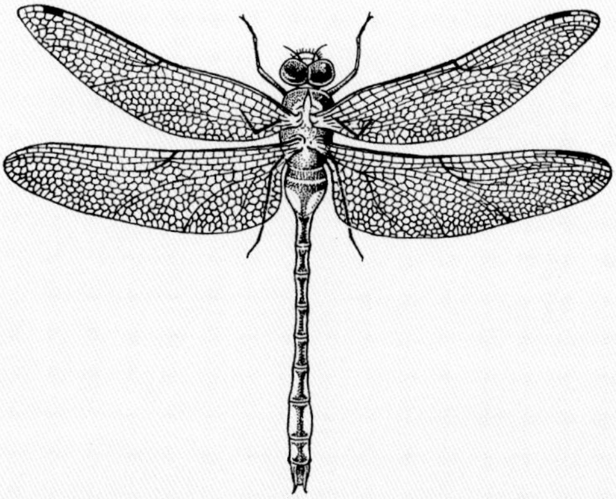

⬇ 유충

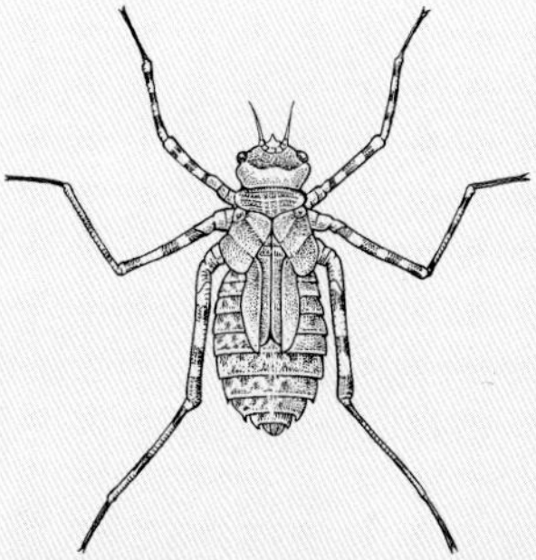

⬇ 성충의 머리

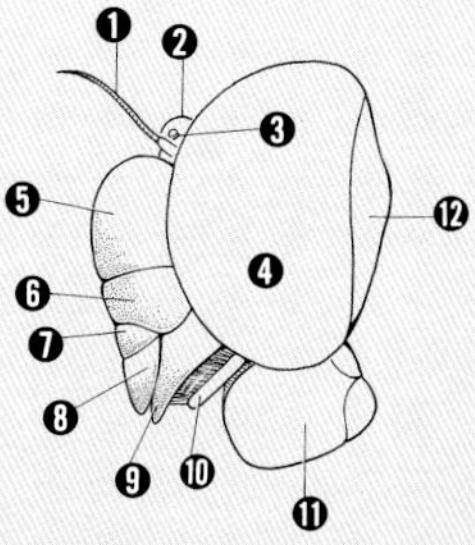

* 성충의 머리
❶ 더듬이 ❷ 두정 ❸ 홑눈 ❹ 겹눈 ❺ 이마 ❻ 후두순 ❼ 전두순 ❽ 윗입술
❾ 큰턱 ❿ 작은턱 ⓫ 아랫입술 ⓬ 뒷뺨

잠자리목 Odonata

충청남도 계룡산 동학사, 1987. 8. 3.

잠자리목/실잠자리과

아시아실잠자리

Ischnura asiatica (Brauer)

① ② ③ ④ ⑤ ⑥ ⑦ ⑧ ⑨ ⑩ ⑪ ⑫

배의 길이는 20~25 mm, 뒷날개의 길이는 12~19 mm. 수컷은 암컷에 비해 눈 뒤의 무늬가 적고 둥글다. 앞어깨의 줄은 가늘고, 배의 등면은 흑색인데 제 5 마디는 청색을 띤다. 성충은 4~10월에 출현하며, 구릉지의 연못이나 습지, 논 등에서 산다. 우리 나라에서는 흔히 볼 수 있는 종이다.

분포 한국(중부·남부·울릉도·제주도), 일본, 중국, 타이완, 홍콩

18

잠자리목/실잠자리과

시골실잠자리

Coenagrion ecornutum Selys

배의 길이는 23~24mm, 뒷날개의 길이는 15~18mm, 수컷은 전체적으로 아름다운 담청색 바탕에 흑색 줄무늬가 번갈아 나 있다. 배의 제9마

① ② ③ ④ ⑤ ⑥ ⑦ ⑧ ⑨ ⑩ ⑪ ⑫

디 등면에는 하트형의 조그만 흑색 점무늬가 있다. 암컷은 수컷에 비해 빛깔이 다소 엷으며, 배마디 등면에 있는 담청색 무늬가 짧고 흑색 무늬는 길며, 배가 가슴에 비하여 굵은 편이다. 성충은 6월 중순에서 8월 초순에 출현하며, 주로 산간 계곡의 주변이나 물웅덩이 주변에서 활동한다. 분포 한국(북부·중부), 일본 홋카이도, 아무르, 우수리, 연해주, 사할린

충청남도 서대산, 1999. 6. 21. 교미 장면

충청남도 계룡산 동학사, 1987. 8. 3. 교미 장면

잠자리목/방울실잠자리과

방울실잠자리

Platycnemis phillopoda Djakonov

배의 길이는 30~33 mm, 뒷날개의 길이는 20~22 mm. 수컷의 가운뎃다리와 뒷다리의 종아리마디는 백색으로 긴 타원형의 방패 모양이다. 각 다리의 넓적다리마디 바깥쪽에는 흑색줄이 나 있으며, 암컷의 다리는 모두 황갈색이다. 성충은 5~8월에 출현하며, 평지나 구릉지의 수초가 많은 저수지나 논 등에서 산다.

분포 한국(북부·중부·남부), 중국

① ② ③ ④ ⑤ ⑥ ⑦ ⑧ ⑨ ⑩ ⑪ ⑫

20

경상북도 황악산, 1985. 5. 27.   교미 장면(위)

잠자리목/물잠자리과

검은물잠자리

Calopteryx atrata Selys

배의 길이는 수컷이 42~52 mm, 암컷은 40~48 mm. 뒷날개의 길이는 수컷이 35~42 mm, 암컷은 36~44 mm. 날개는 수컷이 광택이 나는 흑색이고, 암컷은 짙은 갈색이다. 암수 모두 앞날개에 연문(緣紋)이 없다. 성충은 5~9월에 출현하며, 주로 평지나 구릉지의 수초가 많은 습지나 흐름이 느린 개울에서 산다.

1 2 3 4 5 6 7 8 9 10 11 12

분포 한국(북부·중부·남부), 일본, 중국

21

충청남도 광덕산, 1994. 6. 17.

잠자리목/물잠자리과

물잠자리

Calopteryx japonica Selys

 배의 길이는 수컷이 41~48 mm, 암컷은 40~45 mm. 뒷날개의 길이는 수컷이 31~37 mm, 암컷은 33~40

1 2 3 4 5 6 7 8 9 10 11 12

mm. 수컷의 날개는 남색으로 세로 맥은 금록색을 띠고 소가로맥은 자남색을 띤다. 따라서 수컷은 날개를 움직일 때마다 날개 표면이 청람색으로 빛난다. 암컷은 날개가 광택이 없는 갈색으로 앞날개의 기부를 빼고는 색이 밝고 유백색의 연문이 있다. 성충은 5~7월에 출현한다.

분포 한국(중부·남부), 일본, 중국 북동부

22

경기도 천마산, 1986. 6. 2.

잠자리목/부채장수잠자리과

마아키측범잠자리

Anisogomphus maackii Selys

① ② ③ ④ ⑤ ⑥ ⑦ ⑧ ⑨ ⑩ ⑪ ⑫

배의 길이는 39~41 mm, 뒷날개의 길이는 31~33 mm. 배의 제 8~9 마디가 다른 마디에 비해 매우 넓으며, 꼬리의 부속기 모양이 특이하다. 성충은 6~9월에 출현하며, 깊은 산의 하천이나 계류(溪流)에서 산다. 때때로 등산로 주변의 돌 위나 나뭇잎에 앉아 있는 것을 볼 수 있다.

분포 한국(중부·남부), 일본, 중국, 아무르, 이르쿠츠크

23

충청북도 영동군 천마령, 1989. 5. 12.

잠자리목/부채장수잠자리과

쇠측범잠자리

Davidius lunatus Bartenef

① ② ③ ④ ⑤ ⑥ ⑦ ⑧ ⑨ ⑩ ⑪ ⑫

배의 길이는 28~30 mm, 뒷날개의 길이는 25 mm 안팎. 가운뎃가슴의 앞면은 흑색이고, 어깨판 부근에 작은 황색 무늬가 있다. 성충은 5~8월에 출현하며, 비교적 잘 날지 않는 편이며 흔히 숲이나 물가의 돌 위나 나뭇잎에 앉는다. 유충은 평지나 구릉지의 계류 및 하천 등 부식질이 많이 쌓인 곳에서 산다.

분포 한국(북부·중부·남부), 중국

24

전라북도 영광, 1987. 9. 3.

잠자리목/부채장수잠자리과

어리장수잠자리

Sieboldius albardae Selys

　배의 길이는 수컷이 53~65 mm, 암컷은 52~62 mm. 뒷날개의 길이는 47~56 mm. 가슴의 크기에 비해 머리가 작으며, 배의 각 마디에는 앞쪽에 황색 무늬가 있다. 성충은 5월 하순~9월에 출현하며, 주로 구릉지나 산간 계류 등에 산다.

분포 한국(북부·중부·남부), 일본, 중국

① ② ③ ④ ⑤ ⑥ ⑦ ⑧ ⑨ ⑩ ⑪ ⑫

25

전라남도 대흑산도, 1991. 7. 22.

잠자리목/왕잠자리과

왕잠자리

Anax parthenope Selys

배의 길이는 수컷이 53~58 mm,
암컷은 50~55 mm. 뒷날개의 길이는
50~55 mm. 대형의 잠자리로, 수컷
의 배에는 선명하고 아름다운 남색
부위가 있으나, 암컷은 황록색이다.
성충은 5~9월에 출현하며, 유충은
비교적 넓은 수면이 있는 연못이나
강가의 물이 괸 곳에서 산다.

분포 한국(중부·남부), 일본, 중국,
타이완

① ② ③ ④ ⑤ ⑥ ⑦ ⑧ ⑨ ⑩ ⑪ ⑫

전라북도 무주군 용담 댐, 2003. 6. 22. 암컷

잠자리목/잠자리과

밀잠자리

Orthetrum albistylum speciosum (Ubler)

배의 길이는 32~40 mm, 뒷날개의 길이는 35~45 mm. 수컷도 처음에는

① ② ③ ④ ⑤ ⑥ ⑦ ⑧ ⑨ ⑩ ⑪ ⑫

암컷과 같이 황갈색을 띠나 성숙함에 따라 배의 앞쪽 절반 정도가 흰색 가루로 덮이고 뒤쪽은 흑색을 띠게 된다. 성충은 4~9월에 출현하며, 주로 평지 또는 구릉지의 수초가 많은 연못, 습지, 논 등에서 산다. 우리 나라에서 가장 흔한 잠자리로, 수컷은 지역에 따라 '쌀잠자리'로도 불린다.

분포 한국(북부·중부·남부), 일본, 중국, 타이완

27

암컷　　　　　　　　충청남도 계룡산 갑사, 1991. 8. 20.　수컷

잠자리목/잠자리과

큰밀잠자리

Orthetrum triangulare melania Selys

배의 길이는 34~36 mm. 뒷날개의 길이는 38~40 mm. 몸의 빛깔은 수

① ② ③ ④ ⑤ ⑥ ⑦ ⑧ ⑨ ⑩ ⑪ ⑫

컷이 회백색을 띠고, 암컷은 황갈색 바탕에 흑색의 줄무늬가 있다. 날개의 기부에 흑색의 무늬가 있는데 앞날개에 비해 뒷날개의 것이 더 크다. '밀잠자리'에 비해 몸통이 굵고 강건해 보이며 나는 동작도 훨씬 민첩하다. 지역에 따라 이 종의 암컷을 '용잠자리'라고도 부른다. 성충은 5~10월에 출현하며, 평지 또는 구릉지나 야산의 습지, 물이 있는 논 등에서 산다.

28

전라북도 무주군 구천동, 1988. 8. 30.

잠자리목/잠자리과

여름좀잠자리

Sympetrum darwinianum (Selys)

배의 길이는 22~27 mm, 뒷날개의 길이는 25~32 mm. 덜 성숙한 개체는 가슴이 황색이고 배는 주황색이나, 성숙하면 수컷은 온몸이 새빨개지고 암컷도 배의 등면이 대부분 붉어진다. '고추좀잠자리'와 비슷하지만 수컷이 성숙했을 때 어깨까지 붉어지는 것으로 구분된다. 성충은 6~10월에 출현하며, 평지 또는 구릉지나 야산의 늪, 습지, 논 등에서 산다.

분포 한국(북부·중부·남부), 일본, 중국, 타이완

① ② ③ ④ ⑤ ⑥ ⑦ ⑧ ⑨ ⑩ ⑪ ⑫

29

충청남도 계룡산, 1991. 10. 9.

잠자리목/잠자리과

고추좀잠자리

Sympetrum depressiusculum (Selys)

배의 길이는 20~26 mm, 뒷날개의 길이는 23~31 mm. 갓 우화된 개체는 암수 모두 가슴이 황색이고 배는 주황색인데 가을이 되면 가슴이 갈색으로 되고, 수컷은 배 전체가 적색,

① ② ③ ④ ⑤ ⑥ ⑦ ⑧ ⑨ ⑩ ⑪ ⑫

암컷은 배의 위쪽만 적색이 된다. 성충은 낮은 지역의 못이나 늪에서 6~7월에 출현하기 시작하여 점차 고산 지대로 이동한다. 여름 동안에는 산꼭대기 부근에서 떼지어 지내다가 기온이 내려가면 다시 산 밑으로 내려와 물가나 연못에서 알을 낳는다. 가을의 하늘을 수놓는 가장 흔한 잠자리이다.

분포 한국(북부·중부·남부), 일본, 중국, 만주, 몽고

30

전라북도 무주군 설천면, 1991. 8. 10.

잠자리목/잠자리과

두점박이좀잠자리

Sympetrum eroticum Selys

1 2 3 4 5 6 7 8 9 10 11 12

　배의 길이는 23~29 mm, 뒷날개의
길이는 24~31 mm. 암수 모두 얼굴
에 1쌍의 뚜렷한 흑색의 눈썹 무늬
가 있다. 성충은 6월 중순~11월에
출현한다. 갓 우화되어 미숙한 개체
는 태어난 수역에서 다소 떨어진 습
지에 옮겨서 생활한다. 유충은 평지
또는 구릉지의 연못, 늪, 습지, 논
등의 괸 물에서 산다.

분포 한국(북부·중부·남부), 일본, 중
국, 우수리

31

전라북도 무주군 구천동, 1988. 8. 30.

교미 장면

잠자리목/잠자리과

깃동잠자리

Sympetrum infuscatum (Selys)

배의 길이는 25～32 mm, 뒷날개의 길이는 28～37 mm. 수컷에 비해 암

1 2 3 4 5 6 7 8 9 10 11 12

컷이 조금 크며, 날개의 끝쪽에 있는 흑갈색의 무늬도 암컷이 더 짙다. 암수 모두 가슴과 배에 흑색의 줄이 발달해 있다. 성충은 7～10월에 출현하며, 주로 계곡 사이의 구릉지나 연못 부근에서 많이 발생한다. 여름에는 주로 숲 속에서 생활하며, 가을이 되면 산란하기 위해 물가로 내려온다. 분포 한국(북부·중부·남부), 일본, 중국

32

대전시 식장산, 2003. 7. 16.

잠자리목/잠자리과

애기좀잠자리

Sympetrum parvulum (Bartenef)

①②③④⑤⑥⑦⑧⑨⑩⑪⑫

배의 길이는 19~25 mm, 뒷날개의 길이는 20~27 mm로 크기가 작은 편이다. 날개와 가슴의 앞면에는 뚜렷한 흑색의 줄무늬가 있는데 그 위 끝과 날개의 전융기(前隆起) 사이에 는 흑색의 줄이 끊겨 있다. 성충은 6월 중순~10월에 출현하며, 유충은 구릉지 또는 평지의 저수지나 연못 등에 산다.

[분포] 한국(중부), 일본, 중국, 우수리

33

전라북도 무주군 구천동, 1991. 7. 22. 암컷

잠자리목/잠자리과

날개띠좀잠자리

Sympetrum pedomontanum elatum (Selys)

배의 길이는 23~28 mm, 뒷날개의 길이는 26~31 mm. 몸은 주황색이며, 날개의 띠도 밝은 색을 띠고 있으나, 성숙한 수컷은 몸 전체가 붉게 물들고 날개의 띠도 갈색이 된다. '고추좀잠자리'와는 달리 우화 장소인 물가를 멀리 떠나지 않는다. 성충은 6~10월에 출현하며, 유충은 구릉지 또는 낮은 산지의 흐름이 느린 하천이나 논 등에서 산다.

분포 한국(북부·중부·남부), 일본, 중국, 중앙 아시아, 유럽

| 1 | 2 | 3 | 4 | 5 | 6 | 7 | 8 | 9 | 10 | 11 | 12 |

34

충청남도 서대산, 1999. 6. 21. 수컷

암컷

잠자리목/잠자리과

꼬마잠자리

Nannophya pygmaea Rambur

배의 길이는 11~13mm. 수컷은 우화 직후의 등황색이 성숙해지면서 차츰 몸 전체가 온통 적색으로 된다. 암컷은 배의 제 2~6 마디 사이에 미색의 띠무늬와 담갈색과 흑색의 띠무늬가 있어서 알락달락하게 보인다. 암수 모두 날개는 투명하고, 각 날개 밑부분의 삼각실까지는 등적색을 띠고 있다. 우리 나라에 살고 있는 잠자리 중에서 가장 작으며, 환경부의 보호 대상 곤충으로 지정되어 있다. 성충은 6월 중순에서 8월에 출현하며, 주로 얕은 산의 늪지대, 물웅덩이나 농수로 주변 등지에서 활동한다.

1 2 3 4 5 **6** **7** **8** 9 10 11 12

분포 한국(중부·남부), 일본, 중국, 타이완, 필리핀, 네팔, 보르네오 섬, 셀레베스 섬

■ 귀뚜라미붙이목(擬蟋蟀目) Grylloblattodea

　몸길이가 15~30 mm 로 중형이며, 몸은 가늘고 긴 편이다. 몸
빛깔은 유충 시기에는 유백색을 띠나 성충이 되면 갈색 또는 담
갈색을 띤다. 머리에는 약간의 털이 나 있는데 비교적 매끈한 편
이다. 더듬이는 털이 많고 긴 채찍 모양이며 20~50 마디인데 끝
으로 갈수록 마디가 길다. 겹눈은 퇴화되었거나 없으며, 홑눈도
없다. 구기는 앞쪽으로 뻗은 저작형으로 큰턱이 잘 발달되었으며
말단에 1~2 개의 이빨이 있고 작은턱수염은 5 마디, 아랫입술수
염은 3 마디이다. 날개는 퇴화되어 흔적조차 없으며, 배는 10 마
디인데 제 1 마디배판에는 1 개의 복포(腹胞)가 나 있으며 배 끝
에는 8~9 마디로 된 긴 미모가 있다. 수컷의 제 9 배마디 배면에
는 끝에 미돌기(尾突起)가 있는 1 쌍의 좌우 비대칭형의 기부관
절돌기가 있으며 그 안쪽에 고유의 생식 기관이 발달되어 있다.
암컷은 칼 모양의 긴 산란관이 있다. 습기가 많은 컴컴한 동굴
속의 점토층이나 돌 밑, 썩은 통나무 밑, 낙엽 밑 등에서 생활하
는데, 주로 고산 지대나 동굴 등에서 야간에 활동하며 초겨울이
나 초봄에는 기온이 낮은데도 불구하고 눈 위를 기어다니곤 한
다. 먹이는 죽은 곤충이나 유기물 등을 먹는데, 먹이의 섭취량은
그리 많지 않아 1 개의 먹이로 3~4 개월을 살며, 기아 상태가 아
니면 살아 있는 곤충은 습격하지 않는다. 사마귀 무리의 습성과
비슷하게 교미 후에 암컷이 수컷을 잡아먹는 경우가 많다. 생존
온도의 범위는 -2.5℃~11.3℃로, -10℃ 이하이거나 20℃ 이상
이면 죽는다. 교미 후 6 개월 후에 30~40 개의 흑색을 띤 알을
낳으며, 9 개월경에 부화한다. 유충 기간은 5 년 이상이며, 성충
이 되어 성숙하는 데 1 년, 알 발생에 1 년이 소요되므로 1 세대
는 약 7 년이 걸리는 셈이다. 지금까지 '갈르와벌레'로 알려져 왔
으며, 주로 북아메리카의 각 지역과 캐나다 서부, 시베리아, 일
본, 한국 등지에 분포한다.

● 몸의 구조

↓ 성충

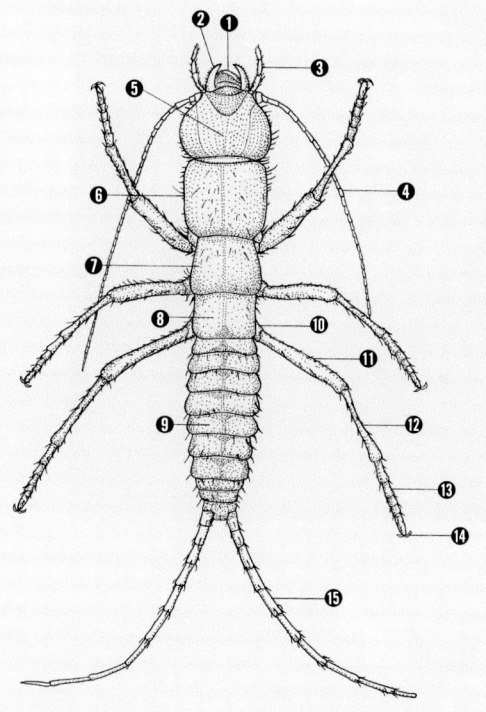

＊ 성충

❶ 이마방패 ❷ 큰턱 ❸ 작은턱수염 ❹ 더듬이 ❺ 머리 ❻ 앞가슴 ❼ 가운뎃가슴 ❽ 뒷가슴 ❾ 배 ❿ 밑마디 ⓫ 넓적다리마디 ⓬ 종아리마디 ⓭ 발목마디 ⓮ 발톱 ⓯ 미모

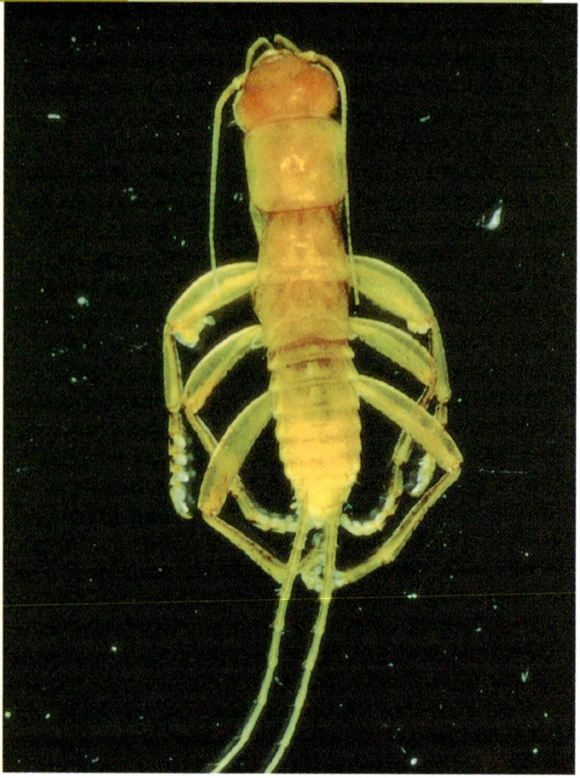

충청북도 단양군 고수동굴(남궁준 제공)

귀뚜라미붙이목/귀뚜라미붙이과

고수귀뚜라미붙이

Galloisiana kosuensis Namgung

몸의 길이는 약 22 mm, 더듬이의 길이는 15 mm, 꼬리의 길이는 약 13 mm로 중형의 크기이다. 더듬이는 46~47 마디이며, 뚜렷한 겹눈이 있다. 수컷의 미상판은 좌측으로 일그러진 삼각형으로 둔한 끝이 안쪽으로 굽어 있다. 수컷의 음경은 양 모퉁이가 뿔 모양으로 돌출되어 있고 측구 돌기가 나 있다. 암컷의 산란관 끝은 꼬리의 제 4 절 3/4 에 이른다. 사는 곳은 기온이 7~10℃ 가 유지되는 석회암 동굴로서, 항시 축축하며 유기 토양 층이 잘 보존된 지역이다. 1 세대의 기간은 7 년 내외로 추측된다.

분포 한국(중부)

1 2 3 4 5 6 7 8 9 10 11 12

38

강원도 정선군 비룡동굴(남궁준 제공)

귀뚜라미붙이목/귀뚜라미붙이과

비룡귀뚜라미붙이

Galloisiana biryongensis Namgung

몸의 길이는 약 34 mm, 더듬이의 길이는 약 25 mm, 꼬리의 길이는 약 20 mm 로 비교적 큰 편에 속한다. 몸은 대체로 다갈색을 띠며, 겹눈은 ①②③④⑤⑥⑦⑧⑨⑩⑪⑫ 퇴화되어 없다. 복부의 제 10 마디 끝에 있는 미상돌기는 만년필 촉과 같이 무디다. 머리는 편평하고 폭이 좀 넓은 원형이며 두개선(頭蓋線)이 명료하게 나타난다. 앞가슴등판은 뚜렷하게 정사각형이며 양 옆과 중앙부에는 강모가 불규칙적으로 나 있다. 수컷의 생식기는 복잡하게 발달했으며 주음경과 부음경이 있다. 석회암 동굴에서 서식하는데 동굴의 환경 파괴로 멸종 위기에 있다.

분포 한국(중부)

39

■ 바퀴목(蜚蠊目) Blattaria

바퀴는 그 기원이 오래 된 곤충으로, 약 4억 년 전 고생대의 석탄기에 처음으로 지구상에 나타났다. 이 무리는 오늘날에도 크게 번성하므로 흔히 '살아 있는 화석'이라고 한다. 몸은 대체로 중형 내지 대형이며, 종류에 따라 날개가 없는 무시형(無翅型)과 날개가 짧은 단시형(短翅型), 날개가 긴 장시형(長翅型) 등으로 구분한다. 몸은 대단히 납작하고 폭이 넓으며, 앞가슴등판이 매우 커서 머리의 윗면을 거의 덮고 있다. 더듬이는 길고 실 모양이며 마디가 많아 100마디 이상인 경우가 흔하다. 구기는 전형적인 저작형이며 큰턱이 짧고 강하게 발달하였다. 다리는 길게 잘 발달되어서 민첩하게 이동하며, 각 마디에 가시돌기가 많은데 특히 밑마디는 크고 편평하여 운동이 자유롭다. 배는 크고 폭이 넓으며 10마디로 되어 있으나 제1절은 짧게 퇴화되었다. 바퀴는 불완전 변태의 생활사를 가지고 있어 알→ 자충(nymph) → 성충 순으로 발육한다. 알은 난협(卵莢)이라 불리는 알주머니 속에 보호되어 산란되는데, 이 속에는 수십 개의 알이 열을 지어 있다. 알에서 부화된 자충은 자유롭게 생활하며 여러 번 탈피하면서 발육한다. 성충의 수명은 종류에 따라 다른데 3∼4개월에서 1년 이상이며, 암컷은 죽을 때까지 산란을 계속한다. 식성은 잡식성으로 동물질, 식물질, 동식물의 부패물 등 넓은 범위의 먹이를 취한다.

현재 전세계에 4000여 종의 바퀴가 있으나 대부분 옥외 서식성으로 인간과는 무관하고 낙엽 밑, 쓰레기나 돌 밑, 나무 껍질 속, 동굴 등에서 생활하거나 반수서(半水棲) 생활을 하므로 주간 활동성이다. 그러나 1% 미만인 30여 종이 야간 활동성으로 집 안에 서식하고 있어 위생상 큰 문제가 되고 있다. 특히 바퀴는 박테리아성, 바이러스성, 각종 기생충 등 수많은 질병을 매개하므로 중요한 위생 곤충이다.

● 몸의 구조

◨ 성충

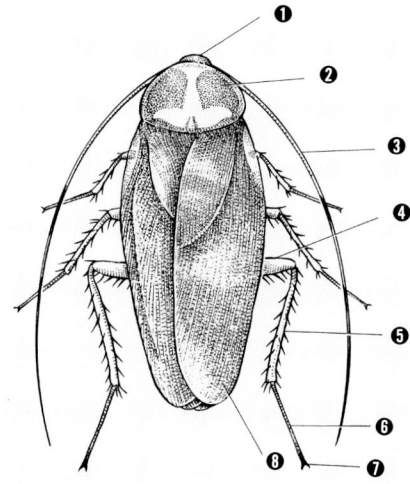

◨ 복부의 미절

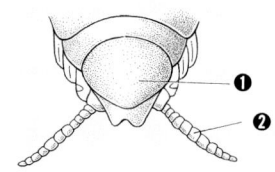

* 성충
❶ 머리 ❷ 앞가슴등판 ❸ 더듬이 ❹ 넓적다리마디 ❺ 종아리마디 ❻ 발목마디 ❼ 발톱 ❽ 앞날개
* 복부의 미절
❶ 아생식판 ❷ 미모

충청북도 민주지산, 1988. 9. 4.

바퀴목/바퀴과

바퀴

Blattella germanica (Linné)

몸의 길이는 12 mm 안팎. 몸은 갈색을 띠며, 앞가슴등판에는 1쌍의

1 2 3 4 5 6 7 8 9 10 11 12

흑색 띠무늬가 있다. 암컷은 알집을 부화하기 직전까지 배 끝에 달고 다니다가 집 안의 구석진 곳에 알을 낳는다. 유충 기간은 약 100일로 위생상 대단히 불결한 곤충이다. 집 안에서 사는 바퀴 중에서 가장 흔한 종류로, 주로 주방을 중심으로 생활하나 간혹 인가 주변의 야산이나 초원에서도 발견된다. 연중 내내 번식을 되풀이하는데 더운 여름철에 특히 많다.

분포 한국(전역), 전세계

42

대전시 대흥동, 1995. 7. 20

먹이를 찾는 이질바퀴

바퀴목/왕바퀴과

이질바퀴

Periplaneta americana (Linné)

몸의 길이는 35~40 mm. 우리 나라에서 가장 큰 바퀴로, 몸빛은 광택이 있는 적갈색이며 성충의 앞가슴등판에는 가장자리에 뚜렷한 황색 무늬가 있다. 암수 모두 날개가 발달되어

①②③④⑤⑥⑦⑧⑨⑩⑪⑫

수컷의 경우 복부보다 약간 길고 암컷은 복부와 길이가 거의 같다. 성충의 수명은 약 1년인데 2~3년의 생존 기록도 있다. 온도와 습도가 비교적 높은 장소에서 서식하며 최적 기온은 28℃이나 21~23℃에서도 정상적인 활동을 한다. 일반적으로 날지 않으나 때로는 밤에 불빛을 찾아 날아들기도 한다.

분포 한국(중부·남부), 일본, 타이완, 중국, 열대·아열대 전역

43

대전시 용운동, 1995. 6. 30 수컷

바퀴목/왕바퀴과

집바퀴

Periplaneta japonica Karny

몸의 길이는 20~30 mm. 몸은 대체로 광택이 있는 흑갈색을 띠고, 더듬이는 실 모양이며, 앞가슴등판에는

① ② ③ ④ ⑤ **⑥ ⑦ ⑧ ⑨ ⑩** ⑪ ⑫

불규칙한 함몰 부위가 있다. 수컷은 날개가 길어 복부 끝에 달하나 암컷은 복부의 중앙에 미친다. 또한 몸의 크기는 암컷이 수컷에 비하여 현저히 작으며, 몸빛은 암컷이 짙은 편이다. 주로 집 안에서 생활하는 위생 해충이나 따뜻한 지역에서는 야외의 나무 껍질 속에서 무리 지어 살기도 한다. 유충으로 월동하며, 성충은 6~10월에 출현한다.

분포 한국(중부·남부·제주도), 일본, 중국, 타이완

44

대전시 문화동, 1995. 7. 8. 암컷

주방 벽에 모여든 집바퀴

■ 사마귀목(螳螂目) Mantodea

　몸의 크기가 중형 내지 대형의 포식성 곤충으로, 특히 앞다리
가 매우 길고 허벅마디와 종아리마디에는 가시돌기가 있어 먹이
를 잡는 데 잘 적응되어 있다. 머리는 작고 삼각형이며, 큰 겹눈
1쌍과 3개의 홑눈이 있다. 구기는 저작형으로 잘 발달되었으며,
큰턱도 잘 발달하여 대형의 곤충도 포식한다. 날개는 보통은 장
시형이나 일부 무시형이나 단시형도 있다. 날개는 대부분 다른
동물의 눈을 속이기 쉽도록 보호색을 띠며 몸의 옆에서 등 쪽으
로 납작하게 겹쳐 있다. 앞가슴은 매우 가늘고 길며, 가운뎃다리
와 뒷다리도 가늘고 길어 포획의 구실은 하지 못한다. 배는 비교
적 팽대해 있으며 끝에는 짧은 마디로 된 미모가 있다. 알은 난
초(卵鞘) 안에 들어 있는데, 주로 식물의 줄기나 돌, 담벽 등에
부착시키며, 푹신한 알주머니 속에서 월동한 후 이듬해 5월경에
부화한다. 부화 초기의 약충(若蟲)은 여러 마리가 한데 어울려
견사(絹絲)에 의해 매달렸다가 차츰 바람에 의해 서서히 분산된
다. 약충은 작은 곤충을 먹고 자라는데 처음에는 진딧물이나 파
리류 등 작은 곤충을 포획하지만, 커 가면서 보다 큰 사냥감을
택하게 되어 성충이 되면 매미, 잠자리, 나비 등과 심지어는 작
은 개구리도 공격한다. 암컷이 특이한 냄새로 수컷을 유인하지만
수컷이 암컷과 교미하기 위해서는 대단히 조심스럽고 민첩하게
동작해야 한다. 암컷이 수컷보다 몸집이 크고 힘이 세어 간혹 교
미 중에 수컷을 먹어 버리는 경우도 있으므로, 무심코 접근하다가
는 먹이로 오인되어 암컷에게 잡혀먹히기도 한다.
　현재 전세계에 1800여 종이 기록되어 있는데, 이 중 약 90%
가 열대와 아열대 등 더운 지방에 분포한다. 생긴 모습이 징그럽
고 무섭게 보이나 생태계에서는 해충을 구제하는 유익한 천적(天
敵) 곤충이다.

● 몸의 구조

🔽 성충

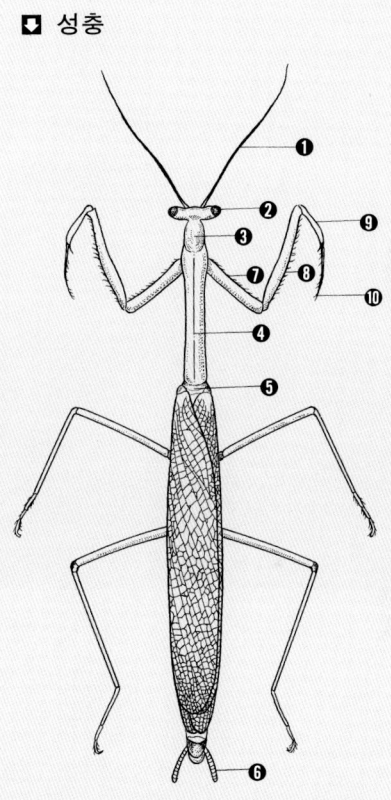

* 성충

❶ 더듬이 ❷ 겹눈 ❸ 앞가슴 ❹ 가운뎃가슴 ❺ 뒷가슴 ❻ 미모 ❼ 넓적
다리마디 ❽ 종아리마디 ❾ 발목마디 ❿ 발톱

전라북도 무주군 구천동, 1987. 9. 12.

사마귀목/사마귀과

황라사마귀

Mantis religiosa (Linné)

1 2 3 4 5 6 7 8 9 10 11 12

몸의 길이는 47~65 mm. 몸은 대체로 옅은 녹색 또는 담갈색을 띠며 앞날개가 약간 투명한 감을 준다. '사마귀' 무리 중에서는 소형에 속하며, 앞다리의 밑마디 안쪽에 흑색의 무늬가 나 있다. 성충은 8~10월에 출현하며, 주로 들판이나 야산의 숲에서 생활한다. 우리 나라에서는 눈에 잘 띄지 않는 종이다.

분포 한국(중부·남부), 일본, 중국

48

유충

꼬리 장면

대전시 식장산, 1991. 9. 5.

알집

사마귀목/사마귀과

좀사마귀

Statilia maculata (Thunberg)

몸의 길이는 50~65 mm. 몸은 갈색 계통이 대부분이나 매우 드물게 녹색도 있다. 머리의 폭은 넓고 가로

1 2 3 4 5 6 7 **8 9 10 11** 12

로 길며, 몸통은 가는 편이다. 뒷날개에는 흑갈색의 무늬가 불규칙하게 나 있다. 앞다리의 밑부분에 흑색의 무늬가 있으며 넓적다리마디 안쪽에도 2개의 흑색 무늬가 있으므로 다른 사마귀류와 쉽게 구별된다. 성충은 8~11월에 출현하며, 풀밭이나 작은 관목들 틈에서 산다.

분포 한국(중부·남부), 일본, 중국, 타이완, 동남 아시아

경기도 용문산, 1993. 9. 4.

사마귀목/사마귀과

사마귀

Tenodera angustipennis (Saussure)

① ② ③ ④ ⑤ ⑥ ⑦ ⑧ ⑨ ⑩ ⑪ ⑫

몸의 길이는 60~82 mm. 몸은 녹색 또는 담갈색을 띠며, 뒷날개는 투명하고 가운데와 뒷부분의 경계를 따라 갈색의 무늬가 있다. '왕사마귀'와 비슷하나 몸이 약간 가늘고 크기도 약간 작다. 성충은 8~10월에 출현하며, 주로 양지바르고 건조한 초원 지대에서 산다.

분포 한국(중부·남부), 일본, 중국, 타이완, 동남 아시아

대전시 식장산, 1991. 9. 5.

알집

사마귀목/사마귀과

왕사마귀

Tenodera aridibolia (Stoll)

몸의 길이는 70~95 mm. 몸은 녹색 또는 옅은 갈색이다. '사마귀'와 비슷하나 뒷날개를 펴면 밑부분을 중

1 2 3 4 5 6 7 **8** **9** **10** 11 12

심으로 자주색을 띤 갈색의 무늬가 있으므로 쉽게 구별된다. 성충은 몸이 크고 힘이 강하여 메뚜기류, 나비류, 매미류, 벌류 등 많은 곤충을 포식한다. 8월에 성충이 되어 10월에 암컷은 커다란 알집을 산란한다. 주로 들판이나 숲의 가장자리 등에서 많이 볼 수 있다.

분포 한국(중부·남부), 일본, 중국, 타이완, 동남 아시아

51

■ 강도래목(積翅目) Plecoptera

몸은 중형 또는 대형이며, 다소 납작하고 연약하다. 머리는 폭
이 넓으며, 채찍 모양의 긴 더듬이와 작거나 보통 크기의 겹눈과
2~3개의 홑눈이 있다. 입은 저작형이나 비교적 연약한 편이다.
날개는 2쌍으로 막질이며 시맥이 많고 뒷날개에는 커다란 둔부
(臀部)가 있다. 대개 정지해 있을 때에는 날개를 등 쪽에 겹쳐
수평으로 놓아 둔다. 다리는 발달한 편이며 기절(基節)은 짧고
부절(跗節)은 3마디이다. 배는 11마디이며 끝에는 여러 마디로
된 긴 미모가 나 있다. 약충은 수서 생활을 하며 더듬이와 미모
는 성충과 비슷하고 여러 쌍의 기관아가미가 있다. 원시적인 종
들은 5~6쌍의 배아가미[腹鰓]가 있으나, 비교적 진화가 진행된
종들은 배아가미의 수가 적고 대신 몸의 앞쪽 또는 항문 주위에
2차적인 호흡기 구조가 있다. 약충은 주로 돌이 많은 하천이나
연못에서 사는데, 큰 종류는 생활사가 1년이지만 2~3년이 걸리
는 종류도 있다. 또한, 대부분의 기간을 약충으로 수중 생활을
하며, 지의류, 조류, 이끼류, 규조류 등의 식물질이나 작은 수서
동물의 약충과 같은 동물질을 섭취한다. 성충은 하천이나 연못
등의 물가에서 주로 활동하는데, 야행성 종류는 낮에 커다란 바위
틈이나 우거진 숲 속에 숨어서 산다. 보통 사는 곳에 따라 몸의
빛깔이 다양한 편으로, 어두운 색 바탕에 흑색·회색·갈색·암
적색·황색 등이 섞여 있다. 알은 물 속에 낳는데 많이 낳는 종
은 한 마리가 5000~6000개를 낳는 경우도 있다. 성충은 가을이
나 겨울 및 이른 봄에 우화하며, 대부분의 종들은 성충이 된 다
음에는 먹이를 먹지 않으나 일부는 지의류, 단세포성 조류 및 꽃
가루 등의 식물질을 먹고 산다.
현재 전세계에 1200여 종, 우리 나라에는 20여 종이 알려져
있다.

● 몸의 구조

⬇ 성충

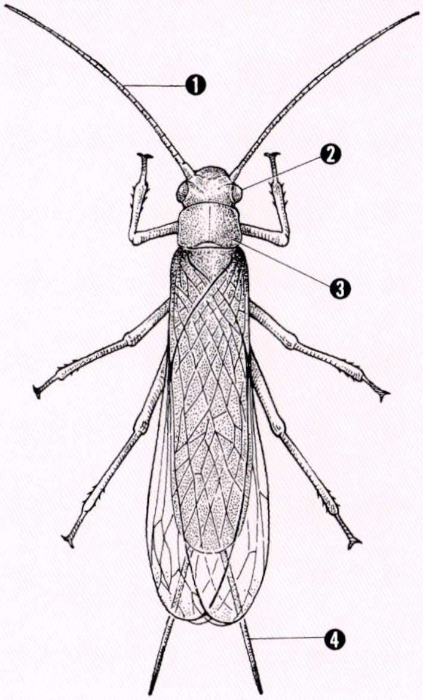

＊ 성충
❶ 더듬이 ❷ 겹눈 ❸ 가슴등
판 ❹ 미모

⬇ 유충

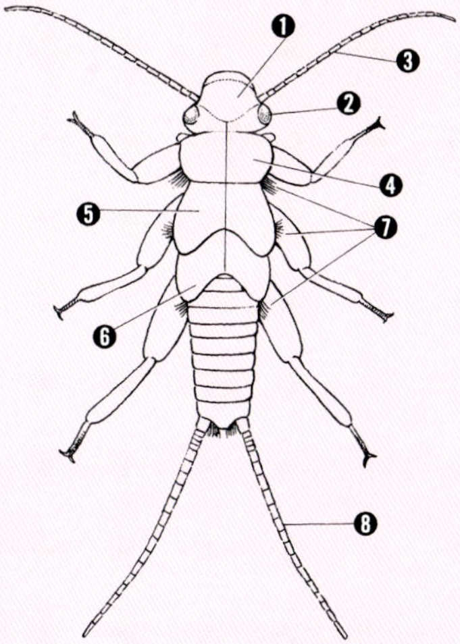

＊ 유충
❶ 홑눈 ❷ 겹눈 ❸ 더듬이 ❹ 앞가
슴 ❺ 가운뎃가슴 ❻ 뒷가슴 ❼ 기
관아가미 ❽ 미모

충청남도 칠갑산, 1992. 5. 15.

강도래목/강도래과

진강도래

Oyamia coreana Okamoto

① ② ③ ④ ⑤ ⑥ ⑦ ⑧ ⑨ ⑩ ⑪ ⑫

몸의 길이는 수컷이 18~20 mm, 암컷은 22~25 mm. 머리와 다리 등 몸은 대체로 흑색이며, 날개는 흑갈색을 띤다. 앞날개는 양 옆의 테두리가 황색으로 드리워져 있다. 성충은 4~7월에 출현한다. 유충은 산지나 평지의 맑은 계곡 물에서 산다.

분포 한국(중부·남부), 일본

54

강도래목/강도래과

노랑다리강도래

Paragnetina tinctipennis McLachlan

1 2 3 4 5 6 7 8 9 10 11 12

몸의 길이는 수컷이 15 mm, 암컷은 22 mm 안팎. 몸은 대체로 황갈색을 띠며, 정수리에는 1개의 큰 흑색 무늬가 있다. 다리는 황색인데 넓적다리마디의 끝에서 발목마디까지는 흑색을 띤다. 성충은 4~8월에 출현한다. 유충은 평지나 산지의 맑은 계곡 물에서 산다.

분포 한국(중부·남부), 일본

탈피각　　　　충청남도 계룡산 갑사, 1994. 5. 8.

■ 집게벌레목(革翅目) Dermaptera

몸이 가늘고 길며 편평한 모습이 딱정벌레목의 반날개류와 비슷하다. 몸 빛깔은 어두운 갈색 계통이 많으며, 이 무리의 가장 큰 특징은 복부 끝에 미모가 변해 혁질화(革質化)된 가위 모양의 꼬리집게[尾鋏]가 있는 점이다. 머리는 편평하고 오각형의 것이 많고, 구기는 저작형이다. 더듬이는 수십 마디로 되어 있고 자루마디가 있다. 겹눈은 발달된 종류도 있으나 퇴화되어 흔적만 있는 종류도 있는데 보통은 8개의 낱눈으로 되어 있으며, 일반적으로 홑눈은 없다. 앞가슴등판은 거의 머리와 같은 크기이고, 가운뎃가슴과 뒷가슴 부분은 뚜렷하게 분리되어 있다. 성충은 보통 2쌍의 날개가 있는데, 앞날개는 짧고 혁질이며 시맥이 없고, 뒷날개는 막질이며 시맥은 부채꼴 방사상으로 정지시에는 뒷날개가 접혀서 혁질의 앞날개 밑에 포개진다. 다리는 걷기에 적합한 구조이며, 발목마디는 3마디이다. 배는 11마디로 구성되어 있는데 제1복부의 등판은 뒷가슴과 유합되어 있다. 제10복부의 배판은 꼬리집게와 접속되어 있는데, 꼬리집게는 공격과 방어, 교미시에 쓰인다. 집게벌레류는 거의가 야행성으로 주로 습기가 많은 곳에서 사는데, 낮에는 돌 밑, 흙 속이나 나무 껍질 속에서 산다. 먹이는 잡식성이나 주로 동물질을 먹으며 살아 있는 벌레나 죽은 벌레도 먹는다. 가끔 초식 생활을 하는 무리는 꽃잎이나 식물의 어린 잎을 먹고 산다. 일부 집게벌레는 복부의 제3절과 제4절의 배판 측부에 향선(香腺)이 있어 고약한 냄새를 풍기는 황갈색의 용액을 뿜어 내어 적으로부터 자신을 보호한다. 보통 땅 속의 굴 안에서 산란하는데, 알이 부화할 때까지 암컷이 조심스럽게 보호하며, 성충으로 월동한다. 추운 겨울에 부화되어 갓 나온 새끼는 주변에 대기하고 있던 어미의 몸을 뜯어먹고 자란다.

● 몸의 구조

■ 성충

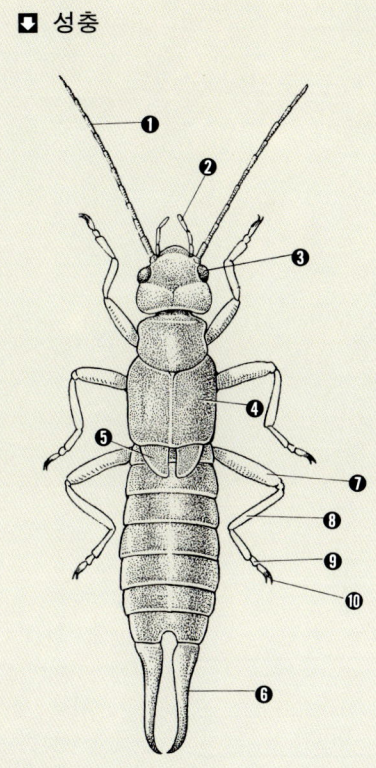

* 성충
❶ 더듬이　❷ 작은턱수염　❸ 겹눈　❹ 앞날개　❺ 뒷날개　❻ 꼬리집게　❼
넓적다리마디　❽ 종아리마디　❾ 발목마디　❿ 발톱

전라북도 무주군 구천동, 1989. 7. 1.

집게벌레목/집게벌레과

혹집게벌레

Anechura harmandi (Burr)

몸의 길이는 12~20 mm. 수컷의 집게는 중간 부위에 혹이 나 있는 경우와 없는 경우의 두 가지가 있다. 성충은 5~8월에 연 2회 출현하며, 나무 껍질 틈이나 돌 밑에서 생활한다. 성충으로 월동하며, 땅 속에서 산란하는데 산란한 어미는 알 곁을 떠나지 않고 지켜 보다가 끝내는 자신의 몸을 어린 새끼의 먹이로 제공한다.

분포 한국(북부·중부·남부), 일본, 중국

①②③④⑤⑥⑦⑧⑨⑩⑪⑫

58

충청남도 공주군 마곡사, 1990. 6. 1.

집게벌레목/집게벌레과

고마로브집게벌레

Timomenus komarovi (Semenov)

몸의 길이는 15~22 mm. 우리 나라의 집게벌레 무리 가운데 가장 긴 집게를 가진 종으로 수컷의 집게는 끝이 활과 같이 휘었다. 성충은 4~11월에 출현하며, 나무 껍질 틈이나 잎 사이, 꽃 속에서 볼 수 있다. 동물질이나 썩은 유기 물질을 주로 먹으며 가끔 어린 식물의 새순이나 꽃가루 등도 섭취한다.

분포 한국(중부·남부), 일본(대마도), 타이완

1 2 3 4 5 6 7 8 9 10 11 12

59

■ 메뚜기목(直翅目)　Orthoptera

　　몸은 종류에 따라 소형·중형·대형으로 구분되며, 길고 약간 원통형으로 많은 종류가 옆부분이 납작한 편이다. 구기는 잘 발달된 저작구로 되어 있으며, 머리는 앞가슴에 부착되었고 수직으로 위치하며, 더듬이는 길고 실 모양 또는 채찍 모양으로 일부는 끝이 줄어든 곤봉 모양의 마디가 여러 개 있다. 겹눈은 크고 띠 모양의 안절편(眼節片)에 의해 감싸여져 있다. 머리방패와 윗입술은 매우 크며, 앞가슴배판이 크게 발달하여 양 옆은 측판을 덮는다. 가운뎃가슴과 뒷가슴은 같은 모양이며 구조도 같다. 앞다리와 가운뎃다리는 작고 기어다니기에 적합하고, 뒷다리는 뛰기에 알맞게 잘 발달되어 있다. 배는 11 마디인데 10 마디까지는 뚜렷이 볼 수 있으나 제 11 마디는 흔적적이다. 수컷은 제 9 배판에 1 쌍의 미돌기(尾突起)가 있다. 여치나 귀뚜라미 등은 산란관이 잘 발달되어 칼 모양 또는 창 모양이다. 날개는 보통은 장시형이나 단시형 또는 무시형도 있으며, 정지시에는 혁질로 된 앞날개 밑에 막질로 된 뒷날개가 세로로 접혀 들어가 있다. 몸의 빛깔은 보통 서식 장소에 따라 보호색을 띤다. 즉, 땅 위에서 사는 무리는 회색·갈색·황색·흑갈색 등이고, 식물 속에 서식하는 무리는 녹색 또는 이와 비슷한 밝은 색상이다. 메뚜기 무리의 주요 특징은 소리를 내는 발음기와 이를 수용하는 청각 기관이 있는 점이다. 특히 귀뚜라미나 여치 무리에서 잘 발달되어 독특한 음향 체계를 가지고 있다. 대부분 초식성으로 땅 위 또는 풀밭이나 나무 위에서 생활하며, 때때로 대발생을 하여 농경지나 산지에 큰 피해를 주기도 한다. 일부 종은 전생애가 육식성인 것도 있으나 정상의 먹이가 부족하면 잡식성이 되기도 한다. 현재 전세계에 17,000 여 종이 알려져 있는데, 과거에는 바퀴, 사마귀, 대벌레 무리 등을 과(科) 수준으로 하여 메뚜기목에 포함시켰으나, 현재는 독립된 목으로 취급한다.

● 몸의 구조

■ 성충

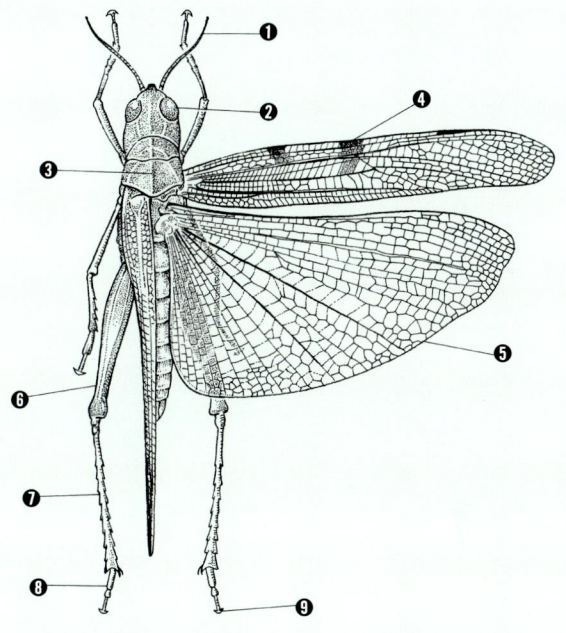

＊ 성충
❶ 더듬이 ❷ 겹눈 ❸ 앞가슴등판 ❹ 앞날개 ❺ 뒷날개 ❻ 넓적다리마디
❼ 종아리마디 ❽ 발목마디 ❾ 발톱

대전시 만인산, 1989. 9. 1.

메뚜기목/여치과

줄베짱이

Ducetia japonica (Thunberg)

| 1 | 2 | 3 | 4 | 5 | 6 | 7 | 8 | 9 | 10 | 11 | 12 |

몸의 길이는 16~23 mm. 몸은 전체적으로 녹색 또는 옅은 갈색을 띤다. 앞가슴등판은 다소 납작한데 수컷은 짙은 갈색 줄, 암컷은 황백색 줄이 나 있다. 성충은 8~10월에 출현하며, 평지의 풀밭이나 숲의 가장자리에서 산다.

분포 한국(전역), 일본, 중국, 타이완, 중앙 아시아, 열대 아시아

충청북도 속리산, 1988. 9. 7.

메뚜기목/여치과

큰실베짱이

Phaneroptera grandis
Matsumura et Shiraki

1 2 3 4 5 6 7 8 9 10 11 12

몸의 길이는 48~54 mm. 몸은 녹색 또는 황록색이며, 더듬이는 흑갈색인데 중간에 몇 개의 황백색 무늬가 있다. 앞날개는 가늘고 길어 몸길이의 2 배 이상으로 작은 흑색 점이 시맥 사이의 방을 메우고 있으며 접합부는 갈색이다. 성충은 7월 하순 ~9월에 출현하며, 평지의 풀밭이나 숲의 가장자리에서 볼 수 있다.

분포 한국(중부·남부), 일본, 타이완

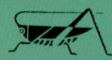

전라북도 무주군 구천동, 1991. 8. 27.

메뚜기목/여치과

날베짱이

Molochlora longifissa
Matsumura et Shiraki

---

① ② ③ ④ ⑤ ⑥ ⑦ ⑧ ⑨ ⑩ ⑪ ⑫

몸의 길이는 45～50 mm. 몸은 녹색이며 앞날개의 기부 전면에 갈색 부위가 있다. 앞다리의 넓적다리마디는 적갈색을 띤다. 암컷의 산란관은 끝이 흑색이다. 성충은 7～10월에 출현하며, 주로 산의 나무 위에서 생활한다. 잘 날아다니고 '쓰이- 쓰이-' 하며 약하게 운다.

분포 한국(중부·남부), 일본

경기도 천마산, 1986. 9. 8.

메뚜기목/여치과

실베짱이

Phaneroptera falcata (Poda)

몸의 길이는 29~37 mm. 몸은 전체적으로 옅은 녹색을 띠며, 발음기는 갈색이다. 암수 모두 뒷날개가 앞날개보다 길고 뒤쪽으로 뾰족하게 돌출되어 있다. 성충은 8~9월에 출현하며, 양지바른 평지의 풀밭이나 숲 가장자리에서 흔히 볼 수 있다. '찌이- 찌이-' 하고 운다.

분포 한국(중부·남부), 일본, 중국, 타이완, 시베리아, 유럽

1 2 3 4 5 6 7 8 9 10 11 12

65

대전시 식장산, 1988. 9. 1.

메뚜기목/여치과

검은다리실베짱이

Phaneroptera nigroantennata
Brunner

1 2 3 4 5 6 7 8 9 10 11 12

몸의 길이는 23~30 mm. 몸과 날개는 녹색 바탕에 흑갈색 점이 산포해 있다. 다리는 갈색 부위가 강한데 뒷다리의 종아리마디는 특히 흑색이다. 더듬이에도 흑색 또는 백색 무늬가 있다. 성충은 8~9월에 출현하며, 주로 낮에 활발하게 활동한다.
분포 한국(중부·남부), 일본, 중국, 타이완

66

충청북도 영동군 각호산,　1987. 8. 12.

메뚜기목/여치과

여치베짱이

Pseudorhynchus japonicus Shiraki

① ② ③ ④ ⑤ ⑥ ⑦ ⑧ ⑨ ⑩ ⑪ ⑫

　몸의 길이는 60～67 mm. 몸은 옅은 녹색이며, 앞가슴등판 양 옆으로 가는 황백색의 테두리가 드리워져 있다. 몸의 모양이 여치와 베짱이의 중간 모습이어서 붙여진 이름이다. 성충은 7～9월에 출현하며, 주로 벼과 식물과 사초과 식물이 많은 들판에서 산다.

분포 한국(중부·남부), 일본

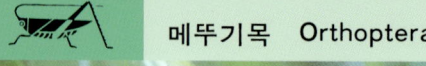

제주도 관음사, 1986. 7. 30.

메뚜기목/여치과

여치

Gampsocleis sedakovi abscura Walker

　몸의 길이는 38~57 mm. 몸은 녹색 또는 엷은 갈색이다. 앞날개에 흑색 점이 있으며 날개의 길이나 색채에는 다소 변화가 있다. 수컷은 등면의 날개가 겹치는 곳에 발음기가 있어 특유의 아름다운 소리를 낸다. 앞다리와 가운뎃다리에 난 날카로운 가시로 작은 곤충이나 벌레를 잡아먹고 사는 육식성이다. 성충은 6월 하순~9월에 출현하며, 주로 평지의 풀밭이나 강변의 풀 속에서 살며, 낮부터 운다.

1 2 3 4 5 6 7 8 9 10 11 12

분포 한국(북부·중부·남부), 일본

충청남도 계룡산, 1991. 10. 9.

메뚜기목/긴꼬리과

긴꼬리

Oecanthus indicus Saussure

① ② ③ ④ ⑤ ⑥ ⑦ ⑧ ⑨ ⑩ ⑪ ⑫

몸의 길이는 12～20 mm. 몸은 옅은 갈색을 띠며 가늘고 길며, 날개도 가늘고 길다. 암컷의 산란관도 가늘고 비교적 길며 짙은 갈색 또는 흑갈색이다. 성충은 8～10월에 출현하며, 식물의 줄기에 낳은 알로 월동한다. 산림의 풀숲에서 주로 살며 아름답고 낮은 소리로 운다.

분포 한국(북부·중부·남부), 일본, 중국 북동부, 만주, 연해주

대전시 식장산, 1988. 9. 1.

메뚜기목/귀뚜라미과

애귀뚜라미

Scapsipedus mandibularis Saussure

① ② ③ ④ ⑤ ⑥ ⑦ ⑧ ⑨ ⑩ ⑪ ⑫

몸의 길이는 10~11 mm. 몸은 전체적으로 흑갈색이나 뒷머리의 6개 세로줄은 황색이다. 앞가슴등판에는 흑색의 털이 나 있고 불규칙한 황색의 무늬가 있다. 더듬이는 가늘고 몸의 길이보다 길다. 성충은 8~10월에 출현하며, 집 근처의 숲이나 풀밭에서 서식한다.

분포 한국(중부·남부), 일본, 중국, 타이완

70

대전시 식장산, 1988. 9. 1.

메뚜기목/귀뚜라미과

알락방울벌레

Dianemobius nigrofasciatus
(Matsumura)

[1] [2] [3] [4] [5] [6] [7] [8] [9] [10] [11] [12]

　몸의 길이는 6~12 mm. 몸은 대체로 흑갈색이며, 뒷다리의 종아리마디에는 흑백의 무늬가 있다. 성충은 6~7월과 9~10월에 연 2 회 출현한다. 덤불이나 풀밭에서 생활하며, '씨이익- 씨이익-' 하며 운다.

분포 한국(중부·남부), 일본

71

메뚜기목　Orthoptera

충청남도 계룡산, 1991. 10. 9.

메뚜기목/모메뚜기과

가시모메뚜기

Criotettix japonicus Haan

①②③④⑤⑥⑦⑧**⑨⑩**⑪⑫

　몸의 길이는 16~21 mm. 몸은 회갈색 또는 갈색이며, 등면은 평평하고 세로로 길게 모가 나 있다. 특히, 앞가슴등판의 양 옆은 가시 모양의 모가 돌출해 있다. 성충은 9~10월에 출현하는데, 성충으로 월동하여 이듬해 봄까지 출현한다. 논 주변의 습지나 풀밭에서 산다.

분포　한국(중부·남부), 일본

전라북도 무주군 구천동, 1991. 8. 27. 녹색형　　　　갈색형 (위)

메뚜기목/섬서구메뚜기과

섬서구메뚜기

Atractomorpha lata (Motschulsky)

　몸의 길이는 수컷이 25 mm, 암컷은 42 mm 안팎. 암컷이 수컷보다 월

1 2 3 4 5 6 7 8 9 10 11 12

등히 크다. 몸은 대부분 녹색이나 회갈색의 것도 흔히 볼 수 있다. 뒷날개 기부 절반은 옅은 갈색을 띤다. 암컷의 등 위에 작은 수컷이 올라타고 오랜 시간 짝을 이루는 습성이 있다. 성충은 6～10월에 출현하며, 밭 또는 평지의 풀밭에서 볼 수 있다.
분포 한국(북부·중부·남부), 일본, 중국, 타이완

전라북도 무주군 구천동, 1991. 8. 27.

메뚜기목/메뚜기과

벼메뚜기

Oxya japonica japonica (Thunberg)

몸의 길이는 35~44 mm. 몸은 녹색 또는 황록색을 띠며, 앞가슴등판은 3줄의 가느다란 가로홈이 있고

① ② ③ ④ ⑤ ⑥ ⑦ ⑧ ⑨ ⑩ ⑪ ⑫

양쪽에 갈색의 세로줄이 있다. 날개는 황갈색이고 배의 끝보다 길다. 논둑이나 부근의 땅 속 깊이 2 cm 정도에 100 개 안팎의 알을 낳는다. 성충은 8~10월에 출현하며, 농약 살포를 하지 않은 논이나 습한 초지 등에서 볼 수 있다. 벼와 그 밖의 많은 식물의 잎을 갉아먹는 해충으로, 과거에 비해 그 수가 격감되었다.

분포 한국(북부·중부·남부), 일본, 중국

74

전라북도 무주군 구천동 1991. 8. 27.

충청북도 영동군 천마령, 1990. 9. 15.

메뚜기목/메뚜기과

팔공산밑들이메뚜기

Anapodisma beybienkoi
Reatz et Miller

① ② ③ ④ ⑤ ⑥ ⑦ ⑧ ⑨ ⑩ ⑪ ⑫

　몸의 길이는 수컷이 18~22 mm, 암컷은 22~27 mm. 몸은 녹색이며, 더듬이는 앞가슴등판의 후연에 이른다. 날개는 퇴화되어 흔적만 남아 있고 적갈색을 띤다. 겹눈 바로 뒤에서 앞가슴등판의 양쪽에 굵게 흑색의 줄무늬가 나 있다. 성충은 7~9월에 출현하며, 산지의 활엽수림이나 부근의 풀밭에서 산다.

분포 한국(중부·남부·제주도)

76

강원도 설악산, 1985. 8. 20. 교미 장면

메뚜기목/메뚜기과

북방밑들이메뚜기

Primnoa primnoa
Fischer-Waldheim

몸의 길이는 수컷이 20~29 mm, 암컷은 24~38 mm. 몸은 황갈색 또는 적갈색을 띠는데 배는 황색을 띤다. 날개는 퇴화되어 가늘고 짧으며 제3 배마디의 후연에 이른다. 수컷이 암컷의 위에서 교미하는 자세를 취하나 실은 거짓 상위의 자세이다. 성충은 7~10월에 출현하며, 숲의 가장자리나 풀밭, 농경지 등에서 산다.
분포 한국(북부·중부), 중국, 몽고, 러시아

① ② ③ ④ ⑤ ⑥ ⑦ ⑧ ⑨ ⑩ ⑪ ⑫

대전시 식장산, 1992. 5. 1

메뚜기목/메뚜기과

각시메뚜기

Patanga japonica Bolivar

① ② ③ ④ ⑤ ⑥ ⑦ ⑧ **⑨ ⑩** ⑪ ⑫

몸의 길이는 38~50 mm. 몸은 적갈색이나 개체에 따라 변이가 심하다. 머리, 가슴, 날개의 중앙부에는 굵은 세로줄 무늬가 있다. 성충은 9~10월에 출현하였다가 성충인 채로 월동하여 이듬해 봄까지 활동한다. 주로 평지의 풀밭이나 숲의 가장자리에서 풀의 줄기에 붙어 생활한다.

분포 한국(중부·남부·제주도), 일본, 중국, 히말라야, 시킴

78

대전시 식장산, 1991. 9. 24. 교미 장면

메뚜기목/메뚜기과

등검은메뚜기

Shirakiacris shirakii Bolivar

① ② ③ ④ ⑤ ⑥ ⑦ ⑧ ⑨ ⑩ ⑪ ⑫

　　몸의 길이는 31~40 mm. 몸은 갈색이다. 앞가슴등판은 짙은 갈색을 띠고 좌우로 가는 황색 테두리가 있어 쉽게 다른 종과 구분된다. 겹눈에 가는 세로줄 무늬가 있는 것도 한 특징이다. 성충은 8~10월에 출현하며, 다소 습하고 잡초가 엉성하게 난 빈터나 풀밭에서 흔히 볼 수 있다.

분포 한국(북부·중부·울릉도), 일본, 중국, 연해주, 카슈미르, 발루치스탄

메뚜기목   Orthoptera

충청남도 계룡산, 1991. 10. 9.

메뚜기목/메뚜기과

방아깨비

Acrida cinerea cinerea (Thunberg)

몸의 길이는 수컷이 45~52 mm, 암컷은 75~82 mm. 암컷이 수컷보다 월등히 크다. 몸이 녹색에서 갈색에 이르기까지 변화가 심한데 개체에 따 ① ② ③ ④ ⑤ ⑥ ⑦ ⑧ ⑨ ⑩ ⑪ ⑫

라서 황백색의 선이나 점이 있다. 뒷다리의 양쪽 종아리마디를 손으로 잡으면 몸을 흡사 방아질하듯 위아래로 움직인다. 수컷이 날 때 앞뒷날개를 부딪쳐서 '때가- 때가-' 하는 소리를 내어 '때까치'로도 불린다. 성충은 7~10월에 출현하며, 화본과 식물의 풀밭에 살면서 그 잎을 갉아먹는다. 분포 한국(전역), 일본, 중국, 타이완, 몽고, 동양구, 오스트레일리아구, 유럽, 아프리카

80

충청북도 영동군 천마령, 1987. 8. 13.

메뚜기목/메뚜기과

애메뚜기

Chorthippus brunneus (Thunberg)

<table>
<tr><td>1</td><td>2</td><td>3</td><td>4</td><td>5</td><td>6</td><td>7</td><td>8</td><td>9</td><td>10</td><td>11</td><td>12</td></tr>
</table>

몸의 길이는 20~23 mm. 몸은 갈색 바탕에 짙은 무늬가 있는데 개체에 따라 변이가 심하다. 앞날개의 옆면에는 중앙에서 뒤쪽으로 작은 백색의 무늬가 있다. 뒷날개는 무색의 투명한 막질로 되어 있다. 성충은 7~8월에 출현하며, 주로 하천가의 숲이나 산지의 풀밭에서 산다.

분포 한국(중부·남부), 일본

81

충청남도 계룡산, 1991. 10. 9.

메뚜기목/메뚜기과

폭날개애메뚜기

Megaulacobothrus latipennis
(Bolivar)

몸의 길이는 22~30 mm. 앞날개는 비교적 가늘고 중앙부에서 뒤쪽으로 옅은 무늬가 있다. 몸은 대체로 짙은 갈색을 띠고, 가슴등판에는 짙은 갈색 무늬가 있다. 뒷다리의 넓적다리마디와 앞날개의 경맥을 마찰시켜서 소리를 낸다. 성충은 8~10월에 출현하며, 야산의 풀밭에서 산다.

분포 한국(중부·남부·제주도), 일본, 중국

①②③④⑤⑥⑦⑧⑨⑩⑪⑫

82

경기도 포천군 광덕산, 1984. 8. 7.

교미 장면

메뚜기목/메뚜기과

섬나라메뚜기

Mongolotettix japonicus japonicus Bolivar

1 2 3 4 5 6 7 8 9 10 11 12

몸의 길이는 수컷이 20~24 mm, 암컷은 26~30 mm. 몸의 빛깔은 수 컷이 옅은 황갈색이고, 암컷은 회갈색을 띤다. 수컷은 날개가 단시형(短翅型) 또는 장시형(長翅型)이나, 암컷은 퇴화되어 비늘 조각 모양의 흔적만 남아 있다. 성충은 6~8월에 출현하며, 산지의 덤불이나 풀밭에서 생활한다.

분포 한국(중부·남부·제주도), 일본

83

충청북도 영동군 천마령, 1990. 9. 15.

메뚜기목/메뚜기과

끝검은메뚜기

Stethophyma magister (Rehn)

① ② ③ ④ ⑤ ⑥ ⑦ ⑧ ⑨ ⑩ ⑪ ⑫

몸의 길이는 30~45 mm. 몸의 빛깔은 수컷이 황색이고, 암컷은 황갈색을 띤다. 앞날개는 황갈색으로 경맥부에 하나의 황색 세로띠가 있으며 중실에 흑색의 점이 흩어져 있다. 수컷은 앞날개의 끝이 흑색을 띠고, 뒷다리의 무릎 부위도 흑색이다. 성충은 7~10월에 출현하며, 논이나 습한 풀밭에서 산다.

분포 한국(중부·남부), 일본, 중국, 시베리아

84

충청북도 영동군 천마령, 1992. 6. 1. 종령 유충

경상북도 문경군 새재, 1990. 9. 12.

메뚜기목/메뚜기과

팥중이

Oedaleus infernalis Saussure

①②③④⑤⑥⑦⑧⑨⑩⑪⑫

　몸의 길이는 31~45 mm. 몸은 갈색이나 때로는 녹색의 점무늬를 가진 개체도 있다. 앞가슴등판은 융기되어 있으며 위에서 보면 X 자 모양의 무늬가 있다. 뒷날개는 펴면 황색을 띠며 흑색의 띠가 있다. 성충은 7월 말~10월에 출현하며, 하천가 주변의 풀밭이나 자갈밭 등지에서 활동한다. 분포 한국(북부·중부·남부·울릉도), 일본, 중국, 시베리아, 우수리

충청북도 월악산, 1994. 10. 1.

메뚜기목/메뚜기과

두꺼비메뚜기

Trilophidia annulata Thunberg

1 2 3 4 5 6 7 8 9 10 11 12

　몸의 길이는 24~35 mm. 몸은 갈색을 띠고, 머리와 앞가슴에는 혹 모양의 작은 돌기가 여러 개 나 있다. 몸이 두꺼비의 피부 모습과 비슷하여 붙여진 이름이다. 성충은 6~9월에 출현하며, 밭, 풀밭, 시골길 등과 같이 마른 땅에서 볼 수 있으나 보호색을 띠고 있어 잘 보이지 않는다.

분포 한국(북부·중부·남부), 일본, 타이완, 인도

87

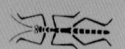

■ 대벌레목(竹節蟲目) Phasmida

몸은 중형 내지 대형이다. 몸이 대나무 마디 모양 또는 잎 모양으로 되어 있어 대벌레라는 이름이 붙었다. 머리는 작고 다소 전구식(前口式)이며, 구기는 저작형이다. 겹눈은 작고 홑눈은 2~3개이다. 더듬이는 실 모양이며 길이와 마디 수는 종류에 따라 변이가 심하다. 앞가슴은 보통 짧으며, 가운뎃가슴과 뒷가슴은 가늘고 긴데 뒷가슴은 제1배마디와 밀착해 있다. 3쌍의 다리는 같은 모양으로 가늘고 길며, 밑마디는 작고 좌우 폭이 넓게 분리되어 있다. 앞다리의 넓적다리마디는 대개 기부가 굽어 있고, 발목마디는 5마디이나 3~4마디인 경우도 있다. 날개는 무시형 또는 유시형인데, 유시형도 대개는 단시형(短翅型)이 많다. 또한, 앞날개는 뒷날개보다 짧으며 다소 두껍고 전연맥이 아전연부에 있다. 뒷날개는 크고 막질로서 나는 데 사용된다. 수컷의 외부 생식기는 좌우 비대칭으로 제9배마디 속에 숨겨져 있다. 암컷의 산란관은 제8배마디의 배판 속에 숨겨져 있으며, 배 끝의 미모는 짧고 마디가 없다. 성충은 주로 나무 위에서 생활하며, 식성은 예외 없이 식식성(植食性)이어서 활엽수의 잎을 먹고 산다. 대부분이 야간에 활동하며 서식 환경이 좋은 곳에서는 여러 마리가 군서 생활을 하는 경우도 있다. 행동 반경이 대단히 좁으며, 활동이 대단히 느리고 소심하여 약간의 자극에도 민감하게 반응한다. 교미를 마친 암컷은 식물의 종자 모양의 알을 1개씩 낳는데, 그 모양과 무늬가 종을 구분하는 검색상의 특징이 되기도 한다. 변태는 점변태형(漸變態型)이어서 무시형의 경우 유충과 성충의 모습이 비슷하다.

현재 전세계에 2300여 종이 알려져 있으며, 주로 열대 및 아열대 지방과 같은 더운 지역에 분포한다.

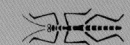
■ 무시 성충

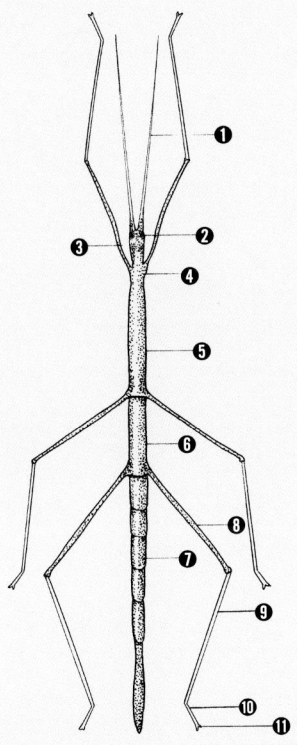

* 무시 성충
❶ 더듬이　❷ 겹눈　❸ 머리　❹ 앞가슴　❺ 가운뎃가슴　❻ 뒷가슴　❼ 배　❽
넓적다리마디　❾ 종아리마디　❿ 발목마디　⓫ 발톱

충청북도 영동군 각호산, 1987. 8. 12.

대벌레목/대벌레과

대벌레

Baculum elongatum Thunberg

① ② ③ ④ ⑤ ⑥ ⑦ ⑧ ⑨ ⑩ ⑪ ⑫

　　몸의 길이는 70～100 mm. 몸과 다리는 가늘고 길며 녹색을 띤다. 더듬이가 짧고, 암컷의 머리에는 1쌍의 가시가 나 있다. 외부의 자극을 받으면 몸과 다리를 쭉 뻗어 잔가지 모양을 하며 움직이지 않는 습성이 있다. 성충은 6～10월에 출현하며, 주로 활엽수의 잎이나 가지에서 생활하며, 그 잎을 먹고 산다.

분포 한국(중부·남부), 일본

충청북도 영동군 각호산, 1987. 8. 12.   대나무 줄기와 흡사한 대벌레

■ 노린재목(半翅目)　Hemiptera

　몸은 미소 내지 대형이며, 비교적 편평하고 난형 또는 장타원형 등 다양하다. 머리는 전구식이고, 구기는 흡수구인데 마디가 있는 주둥이가 있으며, 작은턱수염과 아랫입술수염은 없다. 겹눈은 대개 크고 잘 발달되었으며, 홑눈은 2개이거나 또는 없다. 더듬이는 4∼5마디가 보통인데 육서 무리는 길지만 수서 무리는 짧다. 날개는 보통 2쌍인데 앞날개의 밑부분은 두꺼운 혁질(革質)이고 끝부분은 얇은 막질로 되어서 반시초(半翅鞘)라고 한다. 뒷날개는 전체적으로 막질이고 앞날개보다 조금 짧으며 쉴 때에는 몸 위에 납작하게 접어 두며 앞날개의 끝부분인 막질부와 겹쳐진다. 다리는 서식 환경에 따라 다양하게 적응되었으며, 1∼3마디로 된 발목마디와 1개 또는 1쌍의 발톱이 있다. 배는 10마디로 되어 있으며 대부분 냄새샘(嗅腺)이 있는데, 약충에는 배의 등 쪽에 냄새샘 구멍이 열려 있고, 성충에는 뒷가슴의 등 쪽이나 양 측면에 열려 있다. 교미를 마친 암컷은 주로 식물의 잎이나 줄기의 표면에 알을 부착시키는데, 때로는 흙이나 돌 틈에 산란하며, 수컷의 등 위에 산란하는 물자라류도 있다. 알은 종류에 따라 형태, 구조 및 색채에 큰 변화가 있으나 과(科)에 따라 상당한 유사성이 있다. 부화된 유충은 점진적인 변태를 하게 되는데 가장 뚜렷한 변화는 성충이 되기 직전에 일어난다. 대부분 땅 위에서 살지만 물 속이나 수면에서 사는 종류도 많고, 일부 종류는 척추동물의 몸 표면에 기생하기도 한다. 대개는 식물의 즙액을 먹고 살지만, 다른 절지동물을 포식하거나 척추동물의 외부에서 기생하여 위생 곤충이 되기도 한다. 따라서, 농작물에 중요한 해충도 많은 한편, 해충을 구제해 주는 유익한 종류도 있다.
　현재 전세계에 35,000여 종, 우리 나라에는 300여 종이 알려져 있다.

☑ 성충

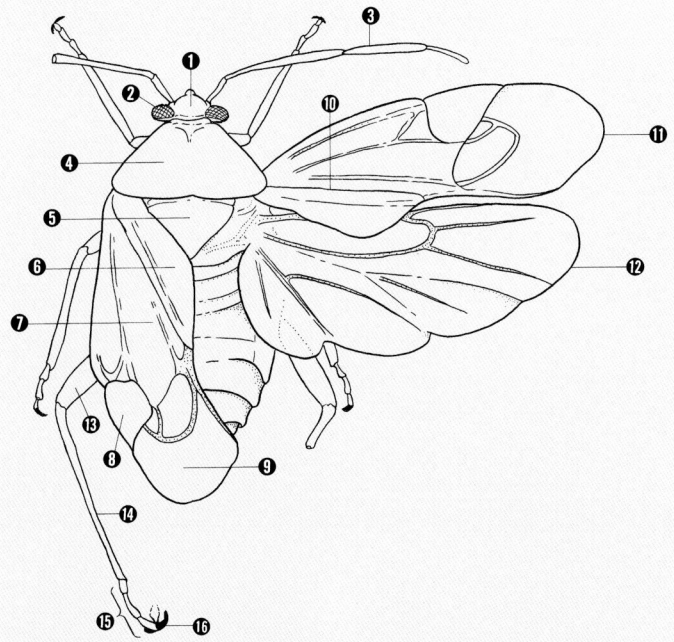

* 성충
❶ 두정 ❷ 겹눈 ❸ 더듬이 ❹ 앞가슴등판 ❺ 작은방패판(소순판) ❻ 조상부
❼ 혁질부 ❽ 설상부 ❾ 막질부 ❿ 조상부선 ⓫ 앞날개 ⓬ 뒷날개 ⓭ 넓적다
리마디 ⓮ 종아리마디 ⓯ 발목마디 ⓰ 발톱

충청남도 천안시 광덕면, 1994.9.3.

노린재목/물장군과

물장군

Lethocerus deyrollei (Vuillefory)

몸의 길이가 48~65 mm로 우리 나라 노린재 무리 중 가장 크다. 몸 은 갈색이며, 머리는 비교적 작고, 더듬이는 겹눈 밑에 감추어져 있어 보이지 않는다. 앞다리는 포획다리로

① ② ③ ④ ⑤ ⑥ ⑦ ⑧ ⑨ ⑩ ⑪ ⑫

끝에 발톱이 1개 나 있고, 가운뎃다 리와 뒷다리는 헤엄다리로 종아리마 디와 발톱마디에 긴 털이 나 있다. 꼬리 끝에는 신축성이 있는 짧은 호 흡관이 있다. 성충은 5~9월에 출현 하며, 늪이나 연못, 하천의 괸 물 등 에서 산다. 작은 물고기나 올챙이, 개구리 등을 날카로운 발톱으로 잡아 체액을 빨아먹는다. 근래에는 수질 오 염으로 그 수가 현저히 감소하였다.
분포 한국(북부·중부·남부), 일본, 중국, 타이완

대전시 식장산, 1995. 4. 15.

노린재목/소금쟁이과

애소금쟁이

Gerris (*Gerris*) *latiabdominis*
Miyamoto

　몸의 길이는 수컷이 8.5～10 mm,
암컷은 10～11 mm. 몸은 소형이며

① ② ③ ④ ⑤ ⑥ ⑦ ⑧ ⑨ ⑩ ⑪ ⑫

흑색을 띠는데, 정수리의 기부에 황
색을 띤 불명료한 Ⅴ자 모양의 무늬
가 있다. 반시초는 보통 어두운 색이
고 약간 회색을 띠며 때로는 갈색을
띤다. 배면은 흑색이나 드물게 배의
중앙이 폭넓게 연한 색일 수도 있다.
성충은 4～10월에 출현하며, 연못이
나 웅덩이, 물이 고여 있는 수면 등
에서 흔히 볼 수 있다.
[분포] 한국(북부·중부·남부), 일본, 만
주, 타이완

95

전라북도 지리산, 1992. 5. 18.

노린재목/쐐기노린재과

빨간긴쐐기노린재

Gorpis (*Oronabis*)　*brevilineatus*
(Scott)

① ② ③ ④ ⑤ ⑥ ⑦ ⑧ ⑨ ⑩ ⑪ ⑫

　몸의 길이는 10~11 mm. 몸은 짙은 적색 또는 옅은 적갈색이고, 반시초(半翅鞘) 위에 불규칙한 어두운 색깔의 무늬가 있다. 배면은 대개 옅은 황색을 띠며, 각 다리의 종아리마디의 끝부분에 옅은 갈색의 고리 무늬가 있다. 성충은 5~8월에 출현하며, 산지의 숲에서 생활한다.

분포 한국(중부·남부·울릉도·제주도), 일본, 동부 시베리아, 미얀마

충청남도 칠갑산, 1992. 5. 25.

노린재목/장님노린재과

네무늬장님노린재

Adelphocoris albonotatus (Jakovlev)

① ② ③ ④ ⑤ ⑥ ⑦ ⑧ ⑨ ⑩ ⑪ ⑫

몸의 길이는 8~9 mm. 몸은 흑색이며, 날개에는 뚜렷한 백색의 무늬가 4개 있다. 머리와 겹눈은 흑색이며, 더듬이도 제1마디 이하는 흑색이나 제2마디의 기부는 백색이다. 작은방패판과 반시초도 흑색이며, 배면도 균일하게 흑색이다. 성충은 5~9월에 출현한다.

분포 한국(북부·중부·남부), 일본, 중국, 만주, 시베리아

97

충청북도 민주지산, 1991. 6.

노린재목/침노린재과

고추침노린재

Cydnocoris russatus Stål

　몸의 길이는 14~17 mm. 몸은 적색을 띠는데 약간 짙은 데도 있다. 머리는 작고 적색이며, 겹눈은 짙은

1 2 3 4 5 6 7 8 9 10 11 12

갈색이다. 앞가슴등판의 전반은 잘록하고, 등면은 불규칙하게 융기되어 있다. 반시초는 길게 배 끝을 훨씬 넘어 돌출해 있고 적색이나 막질부는 짙은 갈색이다. 다리는 흑색이나 그 밑마디와 도래마디는 적색이다. 성충은 6월경에 출현하여 월동한 후 이듬해 봄까지 산다.

분포 한국(중부·남부), 일본, 중국, 타이완, 필리핀

강원도 설악산, 1984. 6. 23.

노린재목/침노린재과

홍도리침노린재

Rhynocoris ornatus Uhler

1 2 3 4 5 6 7 8 9 10 11 12

　몸의 길이는 12~14 mm. 몸은 흑색으로 등면에 긴 털이 나 있다. 머리는 흑색으로 길게 앞쪽으로 돌출해 있으며, 겹눈도 흑색으로 머리의 중간부에 위치한다. 앞가슴등판도 흑색으로 앞가장자리의 양 끝은 돌출해 있고 후반부는 그 둘레가 적색으로 둘러져 있다. 성충은 4~10월에 출현한다.

[분포] 한국(북부·중부·남부·제주도), 일본

99

충청남도 공주시 마곡사, 1990. 6. 3.

노린재목/침노린재과

다리무늬침노린재

Sphedanolestes impressicollis (Stål)

몸의 길이는 13~16 mm. 몸은 광택이 있는 흑색 바탕에 황백색의 무늬가 있다. 머리는 길고 흑색이며 겹눈의 뒷가장자리를 잇는 가로홈이 있다. 목은 가늘고, 앞가슴등판은 흑색이며 긴 털이 성기게 나 있고 앞모서

① ② ③ ④ ⑤ ⑥ ⑦ ⑧ ⑨ ⑩ ⑪ ⑫

리는 원뿔 모양으로 돌출해 있다. 작은방패판은 흑색이며, 반시초는 옅은 갈색이고 반투명하다. 결합판의 각 마디의 앞쪽은 흑색이며 뒤쪽은 황백색이다. 다리는 길고 흑색이며 각 다리의 넓적다리마디에 3개, 각 다리의 종아리마디의 기부에 1개의 황백색 무늬가 있다. 성충은 6~9월에 출현하며, 주로 나비류의 유충을 공격한다.

분포 한국(북부·중부·남부), 일본, 중국, 인도

100

노린재목/긴노린재과

애십자무늬긴노린재

Lygaeus hanseni Jakovlev

몸의 길이는 8~9 mm. 몸의 등면
은 주홍색으로 흑색의 무늬가 있고
광택은 없다. 머리는 흑색이고, 겹눈

①②③④⑤⑥⑦⑧⑨⑩⑪⑫

은 적갈색이다. 앞가슴등판은 주홍색
으로 그 뒤편에 2개의 큰 흑색의 무
늬가 있다. 작은방패판은 흑색이며,
반시초도 첨단과 기부를 제외하고는
흑색이다. 배면은 주홍색이나 각 가
슴마디의 양 옆과 각 배마디의 중앙
부는 흑색이다. 성충은 6~9월에 출
현하며, 도로변의 망초나 그 밖의 국
화과 식물의 꽃에 잘 모여든다.

분포 한국(중부·남부·울릉도·제주도),
일본, 중국

경상북도 주왕산, 1984. 7. 29.

꼬미 장면(위)

경기도 용문산, 1986. 5. 5.

전라북도 지리산, 1991. 5. 25.　교미 장면

노린재목/허리노린재과

넓적배허리노린재

Homoeocerus dilatatus Horváth

몸의 길이는 12~14 mm. 몸은 옅은 갈색 바탕에 흑갈색의 점각이 산포되어 있다. 앞가슴등판의 옆모서리는 뾰족하지 않고 약간 둥그스름하다. 반시초의 혁질부 중앙에 있는 흑색의 점무늬는 희미하며, 개체에 따라서는 없는 것도 있다. 숙주 식물은 칡, 등나무 등의 콩과 식물이다. 성충은 4~10월에 출현한다.

분포 한국(북부·중부·남부), 일본, 중국, 시베리아

① ② ③ ④ ⑤ ⑥ ⑦ ⑧ ⑨ ⑩ ⑪ ⑫

103

충청남도 계룡산 갑사, 1994. 5. 8.

노린재목/허리노린재과

시골가시허리노린재

Cletus punctiger (Dallas)

몸의 길이는 11~12 mm. 몸의 등면은 짙은 갈색 바탕에 흑색의 점각이 산포되어 있다. 앞가슴등판의 앞·옆 가장자리는 밝은 색이며 옆모서리는 흑색으로 예리한 침 모양이다. 배면과 다리는 옅은 갈색이며, 가슴마디와 배마디 위에 흑색의 작은 점무늬가 가로로 열을 지어 있다. 성충은 5~10월에 출현한다.

분포 한국(북부·중부·남부), 일본, 중국

1 2 3 4 5 6 7 8 9 10 11 12

104

노린재목/허리노린재과

노랑배허리노린재

Plinachtus bicoloripes Scott

① ② ③ ④ ⑤ ⑥ ⑦ ⑧ ⑨ ⑩ ⑪ ⑫

몸의 길이는 14~17 mm. 몸의 등면은 균일한 흑갈색이고, 더듬이는 옅은 갈색을 띤다. 작은방패판은 거의 정삼각형이며, 반시초는 배 끝에 달하고, 막질부는 옅은 갈색이며 투명하다. 배면은 황록색 또는 옅은 황색이고, 각 가슴마디 및 배마디의 옆 가장자리에 1개씩의 작은 흑색의 점이 있다. 성충은 7~10월에 출현하며, 주로 참빗살나무, 화살나무 등의 나무 위에서 산다.

분포 한국(중부·남부), 일본, 중국

충청북도 영동군 천마령, 1990. 10. 1.

충청북도 월악산,
1991. 5. 22.　교미 장면

노린재목/허리노린재과

큰허리노린재

Molipteryx fuliginosa (Uhler)

　몸의 길이는 19～25 mm 로, 대형
종이다. 몸은 짙은 갈색이며 표면에
옅은 갈색의 털이 빽빽이 나 있다.

① ② ③ ④ ⑤ ⑥ ⑦ ⑧ ⑨ ⑩ ⑪ ⑫

머리는 작고, 더듬이는 긴데 제 1 마
디가 가장 길고 굵다. 앞가슴등판의
옆부분은 잎 모양으로 확장되어 앞쪽
으로 돌출해 있다. 다리는 길고 큰데
특히 수컷은 뒷다리의 넓적다리마디
가 굵고 표면에 미세한 가시 모양의
돌기가 나 있다. 성충은 5～10월에
출현하며, 산야의 엉겅퀴, 양지꽃,
머위 등에 잘 모인다.

분포　한국(북부·중부·남부), 일본

106

충청북도 월악산, 1991. 5. 22.

노린재목/허리노린재과

장수허리노린재

Anoplocnemis dallasi Kiritschenko

몸의 길이는 18~24 mm. 몸은 흑갈색이나 개체에 따라 짙고 옅은 변이가 있다. 반시초의 막질부는 흑갈

1 2 3 4 5 6 7 8 9 10 11 12

색이며 길고 많은 시맥이 거의 평행을 이루고 있다. 앞가슴등판은 앞가장자리 부분과 뒷가장자리 부분 가까이에 가로로 융기가 있고 뒤 옆모서리 부분은 약간 상승되어 있다. 수컷은 뒷다리의 넓적다리마디는 삼각형으로 굵고, 암컷은 곡선상으로 약간 굵다. 성충은 5~9월에 출현하며, 족제비싸리, 개싸리, 그 밖의 콩과 식물의 새순을 해친다.

분포 한국(북부·중부·남부), 만주

107

충청북도 민주지산, 1987. 7. 21.

노린재목/허리노린재과

톱다리개미허리노린재

Riptortus clavatus Thunberg

몸의 길이는 14~17 mm. 몸은 짙은 갈색으로 구릿빛 광택이 있으며, ① ② ③ ④ ⑤ ⑥ ⑦ ⑧ ⑨ ⑩ ⑪ ⑫

등면은 갈색의 미모(微毛)로 덮여 있다. 머리는 폭이 넓고, 반시초에는 뚜렷한 점각이 산포되어 있다. 다리는 등면과 같은 색깔이고, 뒷다리의 넓적다리마디는 매우 굵고 길며 그 선단부의 안쪽에 예리한 가시가 평행으로 나 있다. 유충의 형태와 동작은 개미와 비슷하고 콩과 식물을 해친다. 성충은 5~10월에 출현한다.

분포 한국(북부·중부·남부), 일본, 타이완

108

충청북도 영동군 천마령, 1992. 5. 8.　교미 장면

노린재목/잡초노린재과

붉은잡초노린재

Rhopalus(*Aeschyntelus*)　*maculatus*
(Fieber)

몸의 길이는 7~7.5 mm. 몸은 개체에 따라 탁한 황색으로부터 적색을 띤 옅은 갈색 등 변이가 심하다. 머리의 윗면은 평평하나 점각이 많다. 작은방패판의 앞 끝은 극히 좁아져서 좁은 혀 모양이다. 성충은 5~10월에 출현하며, 들판이나 야산의 잡초에서 생활한다.

분포 한국(북부·중부·남부), 일본, 사할린, 시베리아, 유럽

①②③④⑤⑥⑦⑧⑨⑩⑪⑫

109

노린재목/잡초노린재과

삿포로잡초노린재

Rhopalus (*Rhopalus*)　*sapporensis* (Matsumura)

몸의 길이는 6.5～7 mm. 몸은 옅은 황갈색으로 흑색의 점각이 조밀하

1 2 3 4 5 **6 7 8 9 10** 11 12

게 분포해 있고 옅은 갈색의 긴 털이 나 있다. 머리 길이는 겹눈을 포함한 폭보다 약간 짧은데, 홑눈은 비교적 크고 선홍색이며, 겹눈도 크고 짙은 갈색이다. 배면은 오렌지색이고 개체에 따라서는 적색의 작은 반점이 배에 산포되어 있다. 성충은 6～10월에 출현하며, 주로 들판이나 야산의 잡초에서 생활한다.

분포 한국(북부·중부·남부·울릉도·제주도), 일본

충청북도 민주지산, 1989. 6. 4.

충청북도 월악산, 1991. 5. 22. 교미 장면

노린재목/참나무노린재과

두쌍무늬노린재

Urochela(*Urochela*) *quadrinotata*
(Reuter)

몸의 길이는 15 mm 안팎. 몸의 등
면은 평평하고 적색을 띤 갈색이며,

1 2 3 4 5 6 7 8 9 10 11 12

머리는 비교적 작고, 겹눈은 흑색이
다. 반시초는 잘 발달되었고 좌우의
혁질부에 뚜렷한 1쌍의 흑색 점무늬
가 있다. 생식기는 대단히 크고, 생
식절의 끝면은 넓고 육각형에 가까우
며 비교적 짧고 굵다. 성충은 5~10
월에 출현하며, 5월 말경에 주로 활
엽수에서 짝짓기를 한다. 산골의 개
암나무 등에 잘 모인다.

분포 한국(북부·중부·남부), 일본, 동
부 시베리아

충청남도 계룡산, 1992. 5. 8.

노린재목/참나무노린재과

애두쌍무늬노린재

Urochela (*Urochela*) *tunglingensis*
Yang

① ② ③ ④ ⑤ ⑥ ⑦ ⑧ ⑨ ⑩ ⑪ ⑫

몸의 길이는 10~11 mm. 몸은 회갈색을 띠고, 더듬이는 흑색을 띠며 길다. 앞가슴등판의 앞가장자리와 양 옆가장자리는 가늘게 위로 융기해 있고 흑색의 점각이 산포되어 있다. 반시초의 좌우에는 두 쌍의 흑색 무늬가 있는데 앞엣것이 약간 희미하다. 성충은 5~11월에 출현하며, 주로 활엽수림에서 생활한다.

분포 한국(북부·중부·남부), 중국

112

충청남도 계룡산 동학사, 1995. 7. 11.

노린재목/참나무노린재과

작은주걱참나무노린재

Urostylis annulicornis Scott

몸의 길이는 10～11 mm. 몸에는 황록색과 녹색이 불규칙하게 산포되어 있고, 머리에는 점각이 없다. 홑

① ② ③ ④ ⑤ ⑥ ⑦ ⑧ ⑨ ⑩ ⑪ ⑫

눈은 뒷머리의 중앙에 접근하여 있는데 홍색이며, 겹눈은 흑색을 띤다. 더듬이는 긴 편인데 제 2 마디가 가장 길고 제 3 마디가 가장 짧다. 앞가슴등판의 앞가장자리는 주변이 선녹색으로 둘러져 있다. 작은방패판은 길고 전반부는 볼록하며 후첨부는 편평하다. 수컷의 생식절 중앙돌기는 첨단을 향해서 굵고 민숭한 주걱 모양이다. 성충은 7～9월에 출현하며, 주로 참나무에서 산다.

[분포] 한국(중부·남부), 일본, 만주

113

충청북도 소백산, 1994.8.3.

노린재목/알노린재과

알노린재

Coptosoma bifarium Montandon

몸의 길이가 수컷은 3.5~3.8 mm, 암컷은 약 4.5 mm. 몸의 등면은 광택이 있는 칠흑색 바탕에 극히 작고

① ② ③ ④ ⑤ **⑥ ⑦ ⑧ ⑨** ⑩ ⑪ ⑫

가는 점각이 조밀하게 분포해 있다. 앞가슴등판의 옆가장자리 전반부는 황색이고, 작은방패판은 배 전체를 덮고 있으며 기부에는 초승달 모양의 구획이 있다. 가슴의 아랫면은 암회색으로 광택이 없고 주름이 나 있다. 배의 아랫면도 칠흑색이며 각 마디 양쪽의 무늬와 둘레는 황색을 띤다. 성충은 6~9월에 출현하며, 콩과 식물의 잎에서 군서 생활을 한다.

분포 한국(북부·중부·남부), 중국

114

전라북도 지리산, 1992. 5. 18.

노린재목/뿔노린재과

긴가위뿔노린재

Acanthosoma labiduroides Jakovlev

몸의 길이는 수컷이 17～19 mm, 암컷은 18 mm 안팎. 몸은 밝은 녹색 인데 죽은 후에는 짙은 황색 또는 탁 한 녹색으로 변한다. 앞가슴등판의

| 1 | 2 | 3 | 4 | 5 | 6 | 7 | 8 | 9 | 10 | 11 | 12 |

전반은 황색을 띠는 경우가 많고 앞 쪽 옆가장자리는 약간 만입해 있다. 옆모서리는 돌출해 있고 그 돌출부는 아름다운 홍색으로 다른 종과 쉽게 구별된다. 막질부는 배 끝을 넘고 옅 은 갈색을 띠나 투명하여 배의 등면 위에서는 짙은 갈색으로 보인다. 성 충은 5～8월에 출현하며, 층층나무 등 활엽수에서 생활하고 간혹 기류를 타고 산꼭대기에 모여든다.

분포 한국(북부·중부·남부), 일본, 중 국, 동부 시베리아

전라북도 지리산, 1990. 5. 25.

노린재목 / 뿔노린재과

등빨간뿔노린재

Acanthosoma denticaudum Jakovlev

몸의 길이는 14~18 mm. 몸은 청록색으로 흑색의 작은 점각이 분포해 있다. 머리에는 점각이 적고 광택이 강하며, 더듬이는 짙은 갈색인데 끝이 더 짙다. 앞가슴등판의 전반은 황갈색이고 그 앞의 옆가장자리는 약간 만입하여 옆모서리가 현저하게 돌출해 있으며 흑색을 띤다. 반시초는 배 끝에 이르고 막질부는 투명하며 옅은 갈색이다. 성충은 5~9월에 출현하며, 층층나무, 버드나무, 참나무, 벚나무 등에서 생활하고 간혹 기류를 타고 산꼭대기에 모여든다.

[분포] 한국(북부·중부·남부), 일본, 중국, 동부 시베리아

① ② ③ ④ ⑤ ⑥ ⑦ ⑧ ⑨ ⑩ ⑪ ⑫

116

전라북도 지리산, 1990. 5. 25. 교미 장면

대전시 식장산, 2003. 7. 30. 교미 장면

노린재목/뿔노린재과

에사키뿔노린재

Sastragala esakii Hasegawa

　몸의 길이는 수컷이 10 mm, 암컷은 12 mm 안팎. 머리, 더듬이의 기부 2마디, 주둥이, 앞가슴등판의 앞가장자리, 혁질부의 앞가장자리, 다

리 및 배면은 살아 있을 때에는 광택이 있는 녹색이나 죽은 후에는 갈황색 또는 황록색으로 변한다. 앞가슴등판의 후반은 적갈색이고 옆모서리는 흑색이다. 작은방패판에는 황색 내지 오렌지색의 크고 특이한 심장모양의 무늬가 있으며 주위는 흑색으로 둘러져 있고 그 위 끝은 뚜렷한 황색이다. 성충은 5~9월에 출현하며, 층층나무, 검양옻나무 등에서 생활한다.

분포 한국(북부·중부·남부)

1 2 3 4 5 6 7 8 9 10 11 12

충청북도 민주지산, 1987. 7. 23.

노린재목/광대노린재과

도토리노린재

Eurygaster testudinaria (Geoffroy)

몸의 길이는 9~11 mm. 몸의 등면이 거의 균일하게 옅은 갈색에서 짙은 갈색으로, 흡사 도토리와 비슷한 빛깔과 모습을 하고 있어 붙여진 이름이다. 7월부터 새로운 성충이 출현하는데 여름과 가을에는 억새류의 이삭에 많이 나타난다. 성충으로 월동하여 이듬해 봄까지 나타나는데 이때에는 포아풀과 식물 등의 잡초에 흔히 모인다.

분포 한국(북부·중부·남부), 일본, 중국

1 2 3 4 5 6 7 8 9 10 11 12

119

전라북도 지리산, 1990. 5. 25.

노린재목/광대노린재과

광대노린재

Poecilocoris lewisi (Distant)

몸의 길이는 17~20 mm. 몸의 등면이 금속 광택이 있는 녹색 바탕에 옅은 홍색의 줄무늬가 있는 아름다운

| 1 | 2 | 3 | 4 | 5 | 6 | 7 | 8 | 9 | 10 | 11 | 12 |

종이다. 죽은 후에는 녹색부가 짙은 녹색 또는 짙은 청색으로 변한다. 작은방패판은 크며 배 전체를 덮고 금색을 띤 녹색이다. 기부에 2개의 ㄱ자가 마주 선 무늬, 중앙의 W자 모양의 가로띠, 그 뒤쪽의 ╋자 모양의 무늬와 그 선단부의 변두리는 옅은 갈색이다. 성충은 5~7월에 출현하며, 등나무, 참나무, 식나무, 층층나무, 목련, 노린재나무 등의 활엽수에서 생활한다.

분포 한국(북부·중부·남부), 일본, 중국, 타이완, 자바 섬

120

충청북도 영동군 천마령, 1995. 6. 11.

노린재목/노린재과

홍다리주둥이노린재

Pinthaeus sanguinipes (Fabricius)

몸의 길이는 14~18 mm. 몸은 암갈색 바탕에 흑색의 점각이 산포되어 있다. 머리는 직사각형으로 돌출되고 좌우의 측엽은 중엽의 앞쪽에서 길게 접촉하여 그 위 끝은 둥근 듯하다.

① ② ③ ④ ⑤ ⑥ ⑦ ⑧ ⑨ ⑩ ⑪ ⑫

앞가슴등판은 좌우로 돌출되나 옆모서리는 그리 뾰족하지 않다. 작은방패판의 기부 양 옆의 점무늬와 정중선은 황색이고 그 말단은 뚜렷한 황백색이다. 반시초는 암갈색이고, 막질부는 갈색으로 투명하다. 배면은 어두운 황색이고 불규칙한 점무늬가 산포되어 있다. 성충은 6~10월에 출현하며, 주로 활엽수 잎이나 줄기에서 활동한다.

분포 한국(중부·남부), 일본, 시베리아, 중앙 아시아, 유럽

121

충청남도 칠갑산, 1990. 5. 27. 교미 장면

노린재목/노린재과

메추리노린재

Aelia fieberi Scott

몸의 길이는 10 mm 안팎. 몸의 등면에는 옅은 황갈색에 짙은 갈색 내지 옅은 흑색의 뚜렷한 세로 무늬가

① ② ③ ④ ⑤ ⑥ ⑦ ⑧ ⑨ ⑩ ⑪ ⑫

있는데, 배면은 약간 희미하다. 머리의 옆가장자리와 중앙부의 2줄 무늬는 짙고, 겹눈은 매우 작다. 앞가슴등판은 폭이 넓고 옆가장자리는 황백색이며 이에 접하는 부분은 넓게 옅은 흑색을 띤다. 작은방패판은 크고 선단이 둥글며 기부의 옆가장자리는 흑색이다. 성충은 5~10월에 출현하며, 포아풀과 식물에 기생하는데 특히 잠자리피 이삭에 많이 모인다.

분포 한국(북부·중부·남부·제주도), 일본, 만주

122

전라북도 무주군
구천동, 1991. 8. 1.

노린재목/노린재과

가시노린재

Carbula putoni (Jakovlev)

몸의 길이는 수컷이 9~9.5 mm, 암컷은 10~10.3 mm. 몸은 전체적으로 옅은 갈색에 다소 구릿빛을 띤 광

① ② ③ ④ ⑤ ⑥ ⑦ ⑧ ⑨ ⑩ ⑪ ⑫

택이 약간 있고 점각이 분포한다. 앞가슴등판의 앞쪽 옆가장자리에는 황백색의 뚜렷한 무늬가 있고 양쪽은 옆쪽으로 돌출되어 있으나 그리 예리하지는 않다. 막질부는 옅은 갈색이나, 시맥은 갈색이며 길고 배 끝을 넘는다. 성충은 7~10월에 출현한다.
분포 한국(북부·중부·남부·제주도), 동부 시베리아

123

전라북도 지리산, 1992. 5. 18.

노린재목/노린재과

홍보라노린재

Carpocoris purpureipennis (de Geer)

몸의 길이는 12~25 mm. 몸은 자주색을 띤 짙은 적갈색으로 황자갈색

1 2 3 4 5 6 7 8 9 10 11 12

을 띠는 것도 있다. 앞가슴등판의 옆모서리는 돌출하여 각을 이루고 흑색이며 앞가장자리에서 뒤쪽을 향해 방사상으로 희미하게 4줄의 흑색 줄이 나 있는데 뒤쪽에 가서는 없어진다. 작은방패판의 정중선(正中線)부와 그 선단은 약간 밝은 색인 경우가 많다. 성충은 5~9월에 출현한다.

분포 한국(북부·중부·남부·제주도), 일본, 만주, 동부 시베리아, 중앙 아시아, 유럽, 아프리카

124

전라북도 지리산, 1992. 5. 18.   교미 장면

노린재목/노린재과

알락수염노린재

Dolycoris baccarum (Linné)

몸의 길이는 11~13 mm. 몸은 적갈색으로부터 황갈색으로 변이가 심하다. 앞가슴의 옆가장자리는 약간 경사지고 황갈색을 띠며 가는 털이 ① ② ③ ④ ⑤ ⑥ ⑦ ⑧ ⑨ ⑩ ⑪ ⑫ 많이 나 있다. 배의 결합판은 황갈색이고 각 마디의 앞가장자리와 뒷가장자리 부분은 흑색으로 가로 무늬를 형성한다. 성충은 4월 말~8월에 출현하며, 잡초나 국화과 식물 등에 잘 모인다. 5월 중순경에 할미꽃이 지고 난 자리에서 여러 마리가 떼를 지어 교미하는 장면을 흔히 볼 수 있다. 분포 한국(북부·중부·남부·제주도), 일본, 중국, 사할린, 만주, 인도, 시베리아, 유럽

노린재목/노린재과

홍비단노린재

Eurydema dominulus (Scopoli)

몸의 길이는 6~8 mm. 몸은 전체적으로 미세한 점각이 조밀하게 분포

1 2 3 4 5 6 7 8 9 10 11 12

해 있고, 등면은 광택이 있는 흑람색으로 붉은 감색의 무늬가 있다. 배면은 황백색 또는 옅은 오렌지색으로 각 가슴마디와 배마디의 중앙과 양옆가장자리에 흑색 무늬가 있다. 작은방패판은 삼각형으로 흑람색이고 Y자 모양의 검붉은 무늬가 있다. 반시초는 그 앞가장자리를 따라 2개의 검붉은 산 모양의 무늬가 있다. 성충은 5~9월에 출현한다.

분포 한국(북부·중부·남부), 중국, 사할린, 시베리아, 유럽

충청북도 속리산, 1987. 5. 7.

126

대전시 용운동, 2003. 5. 1.

노린재목/노린재과

비단노린재

Eurydema rugosa Motschulsky

몸의 길이는 7~9.5 mm. 몸의 등면은 흑색을 띤 남색으로 선명한 오렌지색의 무늬가 있으며, 배면은 황백색 또는 옅은 오렌지색으로 각 가슴마디와 배마디의 중앙과 옆가장자

1 2 3 4 5 6 7 8 9 10 11 12

리에 가깝게 흑색 무늬가 있다. 몸의 배와 등에는 가늘고 작은 점각이 조밀하게 분포되어 있다. 작은방패판에는 Y자 모양의 무늬가 있으며, 혁질부의 앞가장자리 기부의 절반은 옅은 오렌지색이고 말단 가까이에 가로로 옅은 오렌지색 또는 황백색의 一자 무늬가 있다. 성충은 4~9월에 출현하며, 겨자과 식물의 해충으로 특히 무, 배추, 냉이 등에 많이 모인다.

분포 한국(북부·중부·남부·제주도), 일본, 중국

127

노린재목 Hemiptera

경기도 포천군 광덕산, 1984. 8. 8.

노린재목/노린재과

썩덩나무노린재

Halyomorpha halys (Stål)

몸의 길이는 14∼18 mm. 몸은 짙은 갈색에 불규칙한 황갈색의 무늬가 산포되어 있는데 개체에 따라서는 적갈색 또는 자록색을 띠는 것도 있다. 앞가슴등판의 양쪽은 약간 돌출해 있고 앞가장자리 가까이에 4개의 황갈색 점무늬가 가로 일렬로 있다. 작은 방패판의 기부 양 끝과 때로는 중앙부에도 각각 1개의 황갈색 점무늬가 있다. 성충은 6월경에 출현하여 다음 세대는 성충으로 월동한다. 썩덩나무와 그 밖의 관목 등에서 생활한다.

분포 한국(북부·중부·남부·제주도), 일본, 중국, 만주, 타이완

1 2 3 4 5 6 7 8 9 10 11 12

128

충청남도 칠갑산, 1991. 6. 20.

노린재목/노린재과

깜보라노린재

Menida violacera Motschulsky

몸의 길이는 9~10 mm. 몸은 아름다운 자남색의 광택이 강한 흑색이

1 2 3 4 **5 6 7 8 9 10** 11 12

다. 앞가슴등판의 옆가장자리와 앞가장자리는 가늘게 옅은 황색이고 뒤쪽에 폭넓은 옅은 색의 가로띠가 있다. 작은방패판의 선단부는 뚜렷한 백색 또는 밝은 황색이며, 막질부는 배 끝을 넘고 약간 옅은 갈색을 띤다. 결합판의 각 마디 중앙에는 뚜렷한 삼각형 백색 무늬가 있다. 성충은 5~10월에 출현한다.

분포 한국(북부·중부·남부), 일본, 중국, 동부 시베리아

129

노린재목 Hemiptera

충청북도 영동군 천마령, 1995. 6. 11.

노린재목/노린재과

풀색노린재

Nezara antennata Scott

몸의 길이는 수컷이 11～14 mm, 암컷은 14～17 mm. 몸은 선녹색이며, 뒷머리의 목 기부는 보통 흑갈색을 띤다. 배의 등면은 결합판과 제 5～6 배마디를 제외하고 흑갈색 또는

① ② ③ ④ ⑤ ⑥ ⑦ ⑧ ⑨ ⑩ ⑪ ⑫

흑색이다. 앞가슴등판의 옆모서리는 반시초의 기부의 외연선보다 현저히 돌출하여 그 선단은 거의 삼각형이다. 개체에 따라 변이가 있어 몸 전체가 녹색인 녹색형과, 머리와 앞가슴등의 앞쪽 절반이 황색을 띤 황대형(黃帶型)이 있다. 성충은 6～8월에 출현하며, 대단한 잡식성이어서 각종 콩과 식물에 기생하는 주요 해충이다. 채소나 많은 재배 식물을 해친다. **분포** 한국(중부·남부·제주도), 일본, 중국, 인도, 인도차이나

130

교미 장면　　　　　　　　인천시 강화도 보문사, 1986. 5. 26.

노린재목/노린재과

북방풀노린재

Palomena angulosa (Motschulsky)

　　몸의 길이는 12~16 mm. 몸의 등면은 광택이 있는 짙은 녹색으로 흑색 점각이 산포되어 있으며, 배면은 비교적 옅은 녹색이다. 노숙한 성충은 현저하게 갈색을 띠기도 한다. 앞가슴등판의 양 모서리는 폭넓게 돌출해 있으며, 막질부는 옅은 갈색이고 반투명하다. 성충은 5~9월에 출현하며, 주로 산지에 많고 잡초 또는 관목 위에서 생활한다.

분포 한국(북부·중부·남부·제주도), 일본, 중국

① ② ③ ④ ⑤ ⑥ ⑦ ⑧ ⑨ ⑩ ⑪ ⑫

131

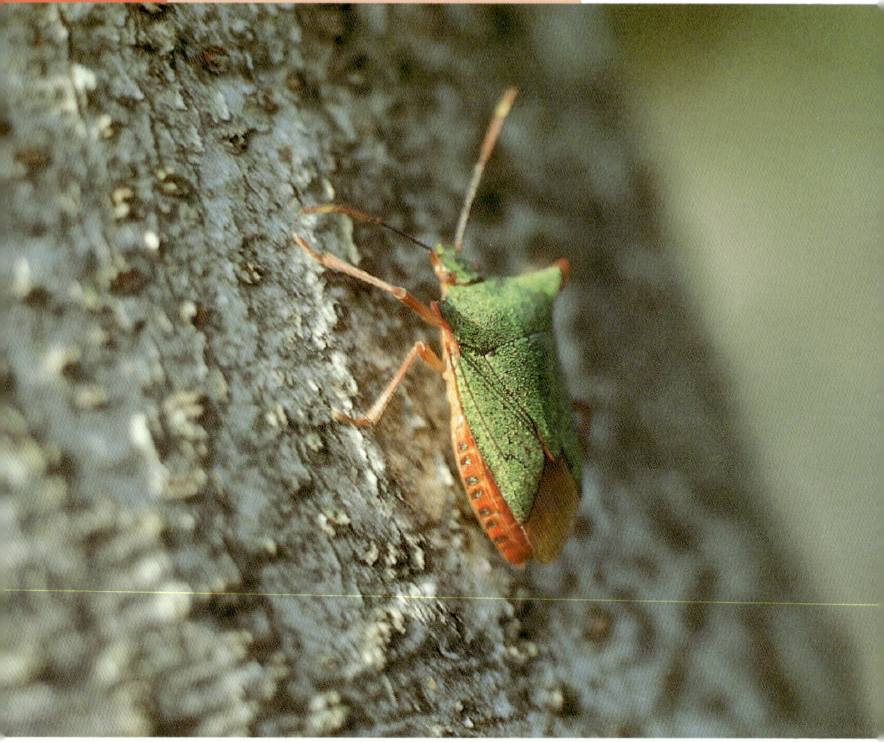

충청남도 천안시 광덕산, 1994. 9. 3.

노린재목/노린재과

분홍다리노린재

Pentatoma japonica (Distant)

몸의 길이는 17~20 mm. 몸이 선녹색이고 금속 광택이 있는 아름다운 종이나, 죽은 후에는 암녹색이 되고 광택도 사라진다. 앞가슴등판의 옆모서리는 약간 앞쪽으로 돌출되어 있고 그 선단부의 뒤쪽이 비스듬히 절단되어 있으며 위 끝은 날카롭고 뾰족하다. 옆가장자리는 적갈색으로 둘러져 있고, 앞옆가장자리는 작고 가는 톱니 모양이다. 작은방패판과 반시초는 금록색이고 그 둘레와 시맥은 가늘게 갈색이다. 성충은 7~9월에 출현하며, 느릅나무, 느티나무, 자작나무, 단풍나무 등의 활엽수에 기생한다.

1 2 3 4 5 6 **7** **8** **9** 10 11 12

분포 한국(북부·중부·남부), 일본, 동부 시베리아

충청남도 천안시
광덕산, 1994. 9. 3.

노린재목/노린재과

장흙노린재

Pentatoma semiannulata
(Motschulsky)

몸의 길이는 18~20 mm. 몸의 등
면은 약간 적색을 띤 황백색 내지 담
황갈색이며 흑갈색의 점각이 산포되
어 있다. 앞가슴등판의 앞가장자리는

① ② ③ ④ ⑤ ⑥ ⑦ ⑧ ⑨ ⑩ ⑪ ⑫

몹시 만입되어 있고 양 끝은 작은 이
모양의 돌기처럼 되어 있다. 양 옆모
서리는 크게 돌출되어 상승해 있으며
적색을 띤다. 반시초는 배 끝을 넘고
연한 색의 개체에서는 혁질부의 앞가
장자리 부분이 적색을 띠기도 한다.
전체적인 몸의 빛깔이 흙빛 같아 붙
여진 이름이다. 성충은 7~9월에 출
현하며, 느티나무류의 활엽수에서 기
생한다.

분포 한국(북부·중부·남부·제주도),
일본, 몽고, 동부 시베리아

133

보호색을 띤 모습　　　　대전시 식장산, 1991. 4. 30.

노린재목/노린재과

얼룩대장노린재

Placosternum esakii Miyamoto

몸의 길이는 20~22 mm. 몸은 황갈색, 회갈색 또는 짙은 갈색의 복잡한 색깔로 흑색의 점각이 불규칙하게

| 1 | 2 | 3 | 4 | 5 | 6 | 7 | 8 | 9 | 10 | 11 | 12 |

산포되어 있어 불규칙한 흑색 무늬를 나타낸다. 앞가슴등판의 옆모서리는 폭넓게 돌출되어 있고 그 위 끝은 물결 모양으로 절단되어 있다. 작은방패판은 크고 뒤쪽으로 신장되어 있으며 기부는 황색이고 말단 쪽은 밝은 색이며 불규칙한 구름 무늬가 있다. 반시초도 회황색 바탕에 불규칙한 무늬가 산포되어 있다. 성충은 4~10월에 출현하며, 백양나무, 은수원사시나무, 이탈리아포플라 등에 모인다. 분포 한국(중부·남부), 일본

134

제주도 추자도, 1985. 7. 17.

노린재목/노린재과

홍줄노린재

Graphosoma rubrolineatum
(Westwood)

　몸의 길이는 9~12 mm. 몸의 등면
이 흑색 바탕에 아름다운 적색의 세

1 2 3 4 5 6 7 8 9 10 11 12

로줄 무늬가 있어 다른 종과 쉽게 구
별된다. 이 줄무늬는 색의 짙은 정도
에 따라 변화가 심하여 지역에 따른
변이 현상이 나타나고 있는데, 특히
격리된 도서 지방에서 그 변이가 뚜
렷하다. 성충은 6~8월에 출현하며,
유충은 미나리과 식물에 기생한다.
특히, 미나리과 식물의 꽃이나 종자
에 많이 모이는데 때로는 인삼의 종
자를 해치기도 한다.

분포 한국(북부·중부·남부·제주도), 일
본, 중국, 만주, 동부 시베리아

135

■ 매미목(同翅目)　Homoptera

　몸길이가 0.3∼80 mm 로 종류에 따라 크기가 다양하나 대개는 작은 무리가 많다. 머리는 후구식(後口式)이어서 주둥이는 머리의 뒤쪽 또는 앞다리의 밑마디 사이에서 발생하여 배면의 뒤쪽으로 향해 있다. 구기는 흡수형이며, 작은턱수염과 아랫입술수염은 퇴화되어 없다. 더듬이는 실 모양 또는 털 모양으로 대개는 3∼10마디이나 깍지벌레의 수컷은 25마디나 된다. 겹눈은 일반적으로 잘 발달되었고, 홑눈은 날개를 갖춘 경우는 2∼3개, 날개가 없는 경우는 없다. 대부분 날개를 가지고 있으나 무시형도 있으며, 깍지벌레와 같이 수컷의 1쌍이 퇴화된 무리도 있다. 앞날개와 뒷날개는 모두 막질이며, 뒷날개가 앞날개보다 조금 짧은데 쉴 때에는 대개 몸 위에 날개를 지붕 모양으로 접어 둔다. 다리는 보통 기어다니기 적합하며, 거품벌레, 매미충, 멸구 등의 무리는 뒷다리가 뛰는 데 잘 적응되어 있다. 가운뎃다리와 뒷다리의 발목마디는 매미, 거품벌레, 매미충, 멸구 등을 포함한 경문군(頸吻群)은 3마디이나, 깍지벌레, 진딧물, 나무이 등을 포함한 복문군(腹吻群)은 1∼2마디이거나 또는 없다. 매미목 무리는 불완전 변태를 하며 대체로 다른 무리에 비해 생활사가 복잡하다. 즉, 대부분 양성 생식(兩性生殖)을 하나, 진딧물 무리와 같이 단성 생식(單性生殖)과 양성 생식을 병행하는 경우도 있다. 모든 종류의 구기가 흡수성이 강하며, 식물의 즙액을 빨아먹고 살아서 중요한 농작물의 해충이 되며 식물 바이러스의 병을 매개하기도 한다. 또한, 많은 무리가 밀랍을 분비하며, 특이하게 감로(甘露)를 배설하는 종류도 많다. 세대 기간이 짧아 연중 2∼3회가 거듭되는 무리도 있는 반면, 매미 무리와 같이 2∼5년에서 13∼17년이나 되는 긴 생활사를 가지는 경우도 있다.
　현재 전세계에 44,000여 종, 우리 나라에는 940여 종이 알려져 있다.

● 몸의 구조

⬇ 성충

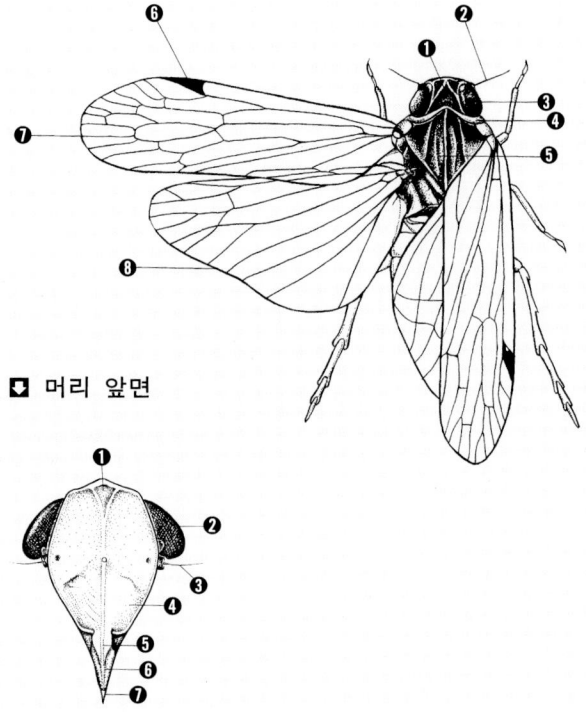

⬇ 머리 앞면

* 성충
❶ 정수리 ❷ 더듬이 ❸ 겹눈 ❹ 앞가슴등판 ❺ 작은방패판(소순판) ❻ 날개 무늬 ❼ 앞날개 ❽ 뒷날개
* 머리 앞면
❶ 정수리 ❷ 겹눈 ❸ 더듬이 ❹ 뺨 ❺ 머리방패 ❻ 윗입술 ❼ 주둥이

대전시 식장산, 1991. 4. 30.

매미목/거품벌레과

광대거품벌레

Lepyronia coleoptrata (Linné)

몸의 길이는 6.5~8.0 mm. 몸의 등면은 색깔의 변화가 심하여 개체에 따라 흑색 바탕에 백색 무늬가 있는

① ② ③ ④ ⑤ ⑥ ⑦ ⑧ ⑨ ⑩ ⑪ ⑫

것 같거나 또는 옅은 개체에서는 회갈색 바탕에 흑갈색 무늬가 있는 것 같이 보인다. 정수리는 평평하고 짙은 갈색 또는 흑갈색이며, 정수리와 앞가슴등판의 전반부에 걸쳐 정중선이 얕고 좁은 홈으로 나타난다. 작은방패판의 길이와 너비는 거의 비슷하고, 짙은 색의 개체에서는 그 끝이 옅은 색이다. 성충은 4~5월에 출현하며, 유충은 쑥류에 기생한다.

분포 한국(북부·중부·남부), 일본, 만주, 러시아

대전시 식장산, 1991. 4. 30.

매미목/거품벌레과

만주거품벌레

Aphrophora straminea Kato

몸의 길이는 수컷이 약 11 mm, 암컷은 약 12 mm. 몸의 등면은 옅은 회황갈색이다. 정수리 부분과 앞가슴

① ② ③ ④ ⑤ ⑥ ⑦ ⑧ ⑨ ⑩ ⑪ ⑫

등판의 정중선에는 얕은 융기선이 이어져 있으나 그 끝부분은 희미하다. 몸의 등면에는 황은색의 미모(微毛)가 분포하고, 머리, 앞가슴등판, 작은방패판 및 날개의 조상부(爪狀部)에는 점각이 밀포해 있다. 배면은 탁한 황갈색이고, 머리방패는 점각이 뚜렷하여 특이한 무늬를 만든다. 성충은 4~7월에 출현하며, 산지성이다. **분포** 한국(북부·중부·남부), 만주

강원도 설악산, 1984. 8. 30.

매미목/매미충과

금강산귀매미

Neotituria kongosana (Matsumura)

　몸의 길이는 수컷이 약 11 mm, 암컷은 약 14 mm. 몸의 등면은 탁한 황색이나 간혹 표본에 따라 녹색을 띠는 부분도 있다. 머리는 평평하고

① ② ③ ④ ⑤ ⑥ ⑦ ⑧ ⑨ ⑩ ⑪ ⑫

앞쪽으로 크게 돌출되어 그 윤곽은 포물선 모양이며 그 앞가장자리선은 적색을 띤다. 앞가슴등판은 평평하고 양쪽 옆모서리는 돌출되어 거의 직각이며 가장자리선은 흑색이고 그 안쪽은 희미한 적색을 띤다. 작은방패판은 비교적 크고 가로홈은 손톱 자국같이 나타난다. 성충은 8~9월에 출현하며, 산지성이다.

[분포] 한국(북부·중부·남부), 만주, 러시아

충청남도 계룡산, 1992. 5. 8.

매미목/매미충과

끝검은말매미충

Bothrogonia japonica Ishihara

몸의 길이는 11~13.5 mm. 몸의 등면은 화려한 황록색을 띠나 죽은 후에 등황색으로 변한다. 머리는 앞쪽으로 크게 돌출해 있고 크게 둥글

며 머리 중엽의 폭이 홑눈의 간격보다 훨씬 넓다. 앞가슴등판에는 원에 가까운 3개의 흑색 무늬가 정삼각형으로 배열되어 있다. 작은방패판은 비교적 크고 중앙에 1개의 흑색 둥근 무늬가 있다. 날개는 균일하게 등황색인데 끝부분에 폭이 넓은 흑청색 무늬가 있다. 성충으로 월동하며, 거의 연중 내내 볼 수 있다.

분포 한국(북부·중부·남부), 일본, 만주

1 2 3 4 5 6 7 8 9 10 11 12

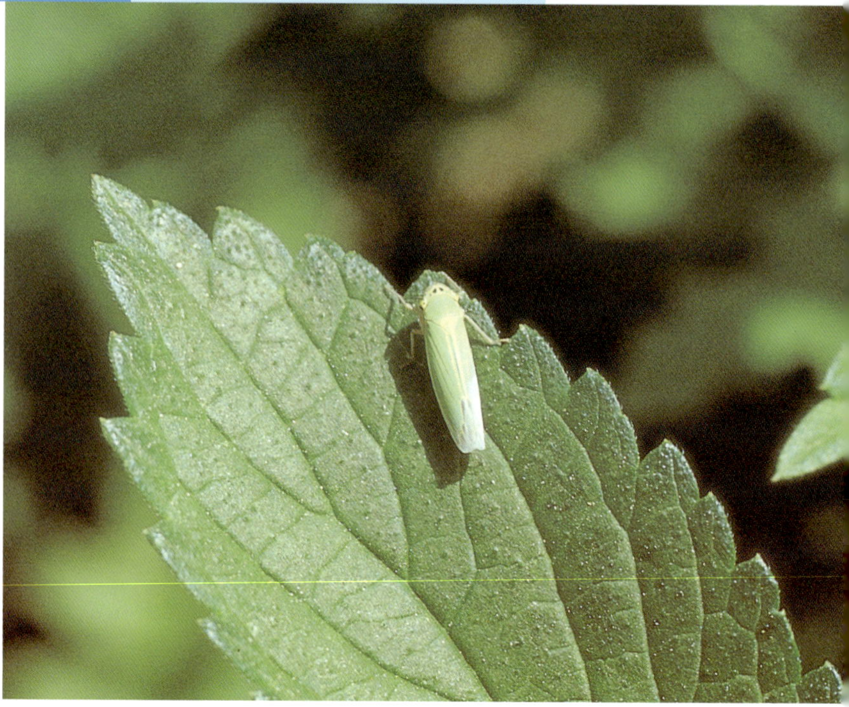

전라북도 무주군 구천동, 1992. 6. 18.

매미목/매미충과

말매미충

Cicadella viridis (Linné)

몸의 길이는 9 mm 안팎. 몸의 등면은 보통 녹색이나 황색을 띤 개체도 있으며 빛깔의 변이가 심하다. 앞가슴등판의 앞가장자리는 크게 활 모양으로 팽창되어 있으며 그 앞의 옆모서리는 겹눈의 뒤쪽에 가려져 있

1 2 3 **4** **5** **6** **7** **8** **9** **10** 11 12

다. 작은방패판은 비교적 크고 옅은 녹색이며 그 중간쯤 가로홈이 있고 그 중간이 단절되어 좌우 2개의 선으로 나타난다. 성충은 4~10월에 출현하며, 매미충류 중에서 가장 개체밀도가 높아 들판 어느 곳에서나 흔히 볼 수 있다. 많은 농작물과 수목에 피해를 끼치는데 특히 화본과·사초과 식물 등에 기생한다.

분포 한국(북부·중부·남부·울릉도·제주도), 일본, 만주, 중국, 러시아, 유럽

경기도 포천군 광덕산, 1984. 8. 8.

매미목/큰날개매미충과

신부날개매미충

Euricania clara Kato

　배 끝까지의 길이는 5.3~5.6 mm, 날개 끝까지의 길이는 9.1~9.3 mm. 몸은 등 쪽에서 보면 머리가 매우 짧고 앞뒷가장자리 및 양 옆 겹눈 쪽이

[1][2][3][4][5][6][7][8][9][10][11][12]

다소 융기되어 윤곽이 뚜렷하다. 정수리는 흑갈색이고, 겹눈은 암갈색과 갈색으로 얼룩져 있으며 둘레가 옅은 갈색이다. 앞가슴등판도 대단히 짧고 전면이 흑색이나 뒷가장자리와 겹눈 쪽 가장자리는 옅은 갈색을 띤다. 작은방패판은 대단히 크고 등 쪽으로 불룩하며 정중선은 길게 융기되어 있다. 앞날개는 크고 날개막은 극히 희미한 옅은 황색의 투명막이다. 성충은 7~9월에 출현한다.

분포 한국(북부·중부·남부), 만주

143

매미목　Homoptera

대전시 식장산, 2003. 8. 12.

매미목/큰날개매미충과

일본날개매미충

Orosanga japonica (Melichar)

날개 끝까지의 길이는 수컷이 6~8 mm, 암컷은 9~11 mm. 몸은 등 쪽에서 보면 옅은 갈색이며, 머리는 매우 짧고 정수리의 가장자리선은 융기

1 2 3 4 5 6 **7** **8** **9** 10 11 12

하여 윤곽이 뚜렷하고 중앙이 오목하다. 정수리, 앞가슴등판은 옅은 황색이고, 정중선에는 작은 융기선이 있다. 작은방패판은 매우 크고 옅은 적갈색이며 등 쪽으로 불룩하고 정중선에 긴 융기선이 있다. 날개는 크고 기부와 끝부분은 갈색이며 중앙에는 2개의 옅은 갈색의 가로띠 무늬가 있다. 이 날개를 폈을 때의 길이는 20~24 mm 이다. 성충은 7~9월에 출현하며, 산지성이다.

분포 한국(중부·남부), 일본, 타이완

144

매미목/매미과

말매미

Cryptotympana dubia (Haupt)

　날개 끝까지의 길이는 65 mm 안 팎. 우리 나라 매미류 중에서 가장 크다. 몸은 검고 광택이 나며, 가운 뎃가슴등판의 X자 모양 융기부는 넓

① ② ③ ④ ⑤ ⑥ ⑦ ⑧ ⑨ ⑩ ⑪ ⑫

적하고 짙은 갈색이다. 성충은 6월 하순부터 우화하기 시작하여 9월 하 순까지 출현하는데, 대체로 그 지방 의 최고 기온 시기와 성충 발생의 최 성기가 일치한다고 볼 수 있다. 수컷 은 아주 강한 울음소리를 낸다. 주로 평지나 낮은 산지의 수목에 나타나며 오후에는 줄기에 모여 수액을 빨아먹 는다. 우리 나라에서는 특히 제주도 에 그 개체 밀도가 높다.

분포 한국(북부·중부·남부·제주도)

경기도 광릉, 1986. 8. 7.

145

서울 북한산, 1986. 7.

매미목/매미과

유지매미

Graptopsaltria nigrofuscata
(Motschulsky)

몸의 길이는 36~38 mm, 날개 끝까지의 길이는 60 mm 안팎. 몸은 흑색이며, 앞뒷날개는 모두 짙은 적갈

① ② ③ ④ ⑤ ⑥ ⑦ ⑧ ⑨ ⑩ ⑪ ⑫

색이다. 성충은 7~10월에 출현하며, 오전 7시경부터 어두워질 때까지 울음소리를 내는데 흡사 기름이 끓는 것 같은 소리로 간헐적으로 운다. 평지로부터 700 m 이내의 산에 가장 많으며, 나무에는 특별한 선택성이 없고 모든 종류의 나무에 서식한다. 성충은 배나 사과의 즙을 즐겨 빨아 먹는다.

분포 한국(북부·중부·남부·제주도), 일본, 중국, 뉴기니

146

대전시 가양동, 1993. 8. 1. 수컷　　　　암컷

매미목/매미과

애매미

Meimuna opalifera (Walker)

몸의 길이는 30 mm 안팎, 날개 끝까지의 길이는 45 mm 안팎. 몸은 흑갈색 바탕에 옅은 녹색의 무늬가 있

1 2 3 4 5 6 **7** **8** **9** **10** 11 12

으며, 앞날개는 비교적 길다. 배의 등판은 삼각형이며, 수컷의 뱃잎(울음판)은 특히 커서 다른 종과 쉽게 구별된다. 성충은 7~10월에 출현하며, 울음소리가 대단히 특이하다. 평지로부터 400 m 내외의 산에서 사는데, 나무의 선택성은 없으나 줄기가 회색인 활엽수에 많다.

분포 한국(북부·중부·남부·울릉도), 일본, 중국

147

서울 북한산, 1986. 7. 2.

매미목/매미과

쓰름매미

Meimuna mongolica (Distant)

몸의 길이는 31 mm 안팎, 날개 끝까지의 길이는 44 mm 안팎. 날개는 투명하고 적자색으로 반사되며 시맥

① ② ③ ④ ⑤ ⑥ ⑦ ⑧ ⑨ ⑩ ⑪ ⑫

의 기부 쪽은 갈색이다. 수컷의 뱃잎은 크며 끝이 좌우로 떨어져 있고 뾰족하여 제 5 배마디 중앙에 이른다. 성충은 7~8월에 출현하며, '쓰르람-쓰르람-' 하는 울음소리를 내어 경기도 지방에서는 '쓰르라미'라고 불리기도 한다. 보통 평지로부터 300 m 내외의 야산에서 산다.

분포 한국(북부·중부·남부·울릉도), 중국

148

서울 북한산, 1986. 7. 2.

매미목/매미과

참매미

Oncotympana fuscata Distant

　　몸의 길이는 33 mm 안팎, 날개 끝까지의 길이는 58 mm 안팎. 몸은 녹

① ② ③ ④ ⑤ ⑥ **⑦ ⑧ ⑨** ⑩ ⑪ ⑫

색 바탕에 큰 흑색의 무늬가 있으며, 앞날개는 긴 편이다. 울 때에는 날개를 약간 벌리고 배를 위로 올리면서 소리를 내고, 울음이 끝나면 재빨리 다른 곳으로 이동한다. 성충은 7~9월에 출현하며, 평지나 산기슭에서 산다. 주로 벚나무, 감나무, 배나무 등의 수액을 빨아먹는다.

분포 한국(북부·중부·남부), 일본, 중국, 시베리아

149

전라북도 무주군
구천동, 1991. 7. 20.

매미목/매미과

털매미

Platypleura kaempferi (Fabricius)

　몸의 길이는 20 mm 안팎, 날개 끝까지의 길이는 32～40 mm. 몸은 녹갈색 바탕에 흑색의 무늬가 있다. 날개에는 투명하고 불투명한 구름 모양

① ② ③ ④ ⑤ ⑥ ⑦ ⑧ ⑨ ⑩ ⑪ ⑫

의 얼룩무늬가 있는데, 특히 뒷날개는 바탕이 짙은 갈색을 띠고 있어 '늦털매미'와 쉽게 구분된다. 성충은 7～9월 초에 출현하며, 벚나무, 느티나무 등 활엽수가 많은 평지로부터 200 m 이내의 산기슭에서 산다. 주로 복숭아나무, 배나무, 사과나무 등 나무 껍질이 회갈색인 곳에 앉아 쉽게 눈에 띄지 않는다.

분포 한국(북부·중부·남부), 일본, 중국, 타이완, 동남 아시아, 필리핀

150

대전시 가양동, 1988. 9. 22.

매미목/매미과

늦털매미

Suisha coreana (Matsumura)

몸의 길이는 22 mm 안팎, 날개 끝까지의 길이는 35~45 mm. 몸은 짙은 녹색을 띤 황갈색이며, 머리, 배,

| 1 | 2 | 3 | 4 | 5 | 6 | 7 | 8 | 9 | 10 | 11 | 12 |

다리 등에 긴 털이 나 있다. '털매미'와 비슷하나 뒷날개의 바탕이 황갈색 무늬로 되어 있어 쉽게 구분된다. 성충은 9~10월에 출현하며, 주로 졸참나무숲에서 많이 산다. 벌채한 후 수년이 경과한 졸참나무, 구슬잣밤나무 등 낮은 나무나 산의 급경사면, 햇빛이 비치지 않는 곳에서는 서식하지 않는다.

분포 한국(북부·중부·남부), 일본, 중국

151

충청북도 소백산, 1994.8.2.

매미목／매미과

깽깽매미

Tibicen japonicus (Kato)

　몸의 길이는 65~68 mm. 몸은 흑색 또는 흑갈색이고 황갈색의 무늬가 있으며 원통상이고, 암수는 모양과

① ② ③ ④ ⑤ ⑥ ⑦ ⑧ ⑨ ⑩ ⑪ ⑫

크기가 거의 같다. 앞가슴등은 가운뎃가슴등보다 짧고, 배는 머리와 가슴을 합한 길이와 같다. 성충은 7~9월에 출현하며, 산지성이어서 높이 500 m 이상의 산에서 주로 산다. 나무에 앉는 방법이 다른 매미류와 달리 등을 밑으로 하고 가로로 된 가지에 앉는데 머리는 굵은 나무 줄기 쪽으로 향한다. 즉, 일종의 향지성(向地性)으로 볼 수 있다. 숲 주변의 죽은 활엽수 가지에 산란한다.

분포 한국(북부·중부·남부), 일본

충청남도 계룡산,
1989. 4. 30.

매미목/왕진딧물과

밤나무왕진딧물

Lachnus tropicalis (van der Goot)

몸의 길이는 유시충이 3.1 mm, 무
시충은 약 2.8 mm. 유시충은 긴 달
걀 모양의 광택이 있는 흑색의 진딧

1 2 3 4 5 6 7 8 9 10 11 12

물로, 몸에는 긴 털이 많이 나 있다.
날개는 흑색이며 날개의 무늬 끝부분
및 날개의 중앙부를 가로지르는 투명
부가 있다. 무시충도 달걀 모양으로
흑색을 띠며 몸에는 긴 털이 많이 나
있다. 밤나무, 상수리나무, 떡갈나무
등 너도밤나무과 식물과 아카시아나
무 등 콩과 식물을 해친다.

분포 한국(중부·남부·제주도), 일본, 중
국, 타이완, 동남 아시아

153

충청북도 영동군 천마령, 1990. 6. 3.

매미목/진딧물과

인도볼록진딧물

Indomegoura indica (van der Goot)

　몸의 길이는 유시충이 4.46 mm, 무시충은 약 4.2 mm. 몸은 오렌지 ① ② ③ ④ ⑤ ⑥ ⑦ ⑧ ⑨ ⑩ ⑪ ⑫

색, 더듬이는 흑색이나 제 1~2 더듬이마디와 제 3 더듬이마디의 밑부분은 거무스름한 황색이다. 뿔관은 검고 중앙부가 볼록하며 끝부분에 그물 무늬와 테두리가 있다. 콩과의 새콩, 느릅나무과의 팽나무, 노박덩굴과의 화살나무, 무릇난과의 원추리, 백합과의 흰나리, 고추나무과의 고추나무 등의 잎과 줄기를 해친다.
분포 한국(중부·남부), 일본, 중국, 타이완, 인도, 동남 아시아

154

충청북도 영동군
천마령, 1991. 9. 22.

매미목/진딧물과

조팝나무진딧물

Aphis citricola van der Goot

몸의 길이는 유시충이 약 1.5 mm, 무시충은 약 1.65 mm. 유시충의 몸은 황색 또는 녹색을 띠며, 배의 빛깔은 계절에 따라 녹색, 황색, 갈색, 적갈색 등으로 변한다. 무시충의 몸은 타원형이고 황록색을 띠며, 배는 ① ② ③ ④ ⑤ ⑥ ⑦ ⑧ ⑨ ⑩ ⑪ ⑫

둥그스름하고 끝부분은 넓은 원뿔 모양으로 옆에 몇 개의 강모가 나 있다. 숙주 식물은 미나리과, 엉거시과, 매자나무과, 느릅나무과, 능금나무과, 성탄꽃과, 굴과, 장미과, 꼭두서니과, 명아주과, 콩과, 노박덩굴과, 조팝나무과, 쇠비름과, 인동과, 포도과 등으로, 광범위한 먹이 습성을 지니고 있다.

분포 한국(북부·중부·남부·제주도), 일본, 중국, 타이완, 동남 아시아, 오스트레일리아, 뉴질랜드, 아프리카, 북아메리카, 남아메리카

155

충청북도 월악산, 1987. 5. 1

매미목/진딧물과

누리장진딧물

Aphis clerodendri Matsumura

몸의 길이는 유시충이 약 2.06 mm, 무시충은 약 2.44 mm. 유시충의 몸

① ② ③ ④ **⑤ ⑥ ⑦ ⑧ ⑨ ⑩** ⑪ ⑫

은 직사각형으로 흑록색이며, 더듬이는 황록색이다. 날개는 투명하며 시맥은 옅은 황색이다. 무시충은 배 끝편이 옅은 빛깔이고 대개 7~8개의 강모가 나 있으며, 배의 등면에 있는 강모는 길고, 머리의 강모는 끝이 뾰족하며 제3더듬이마디의 지름과 거의 같거나 약간 길다. 마편초과의 누리장나무를 해친다.

분포 한국(중부·남부·제주도), 일본

156

전라북도 무주군
구천동, 1991. 8. 25.

매미목/진딧물과

딱총나무진딧물

Aphis sambuci Linné

　몸의 길이는 유시충이 약 2.5 mm, 무시충은 약 2.98 mm. 유시충의 몸은 흑록색이고 머리, 눈, 더듬이, 가슴, 뿔관, 끝편, 다리 등은 모두 흑

① ② ③ ④ ⑤ ⑥ ⑦ ⑧ ⑨ ⑩ ⑪ ⑫

색이며, 배의 등면 중앙에 짧은 흑색의 띠무늬가 있고, 옆구리에도 약간의 작은 흑색의 무늬가 있다. 무시충의 몸도 유시충과 대체로 비슷하나 가슴과 등 쪽에 흑색 점무늬가 있고, 배에도 뿔관 뒤쪽에 2개의 흑색 띠무늬가 있다. 층층나무과의 희말채나무, 고추나무과의 말오줌나무, 인동과의 딱총나무 등을 해친다.

분포 한국(중부·남부·제주도·울릉도), 일본, 영국, 유럽, 북아메리카

157

■ 풀잠자리목(脈翅目)　Neuroptera

　　몸은 소형 내지 대형까지 크기와 모양이 다양하며, 연약하다. 머리는 하구식(下口式)이며, 구기는 씹기에 적합한 저작형인데 특히 큰턱이 잘 발달해 있다. 더듬이는 일반적으로 길며 그 형태는 채찍 모양, 실 모양, 염주 모양, 빗살 모양, 곤봉 모양 등 다양하다. 겹눈은 크게 잘 발달되었으며, 홑눈은 3개가 있거나 또는 없는 경우도 있다. 머리와 가슴은 원시적인 구조인데, 머리는 보통 옆으로 퍼져 있다. 2쌍의 날개는 막질로 시맥이나 크기가 비슷한 편인데, 시맥은 대체로 많은 편이며 맥상(脈相)이 원시적이다. 성충은 정지하였을 때 날개를 몸 위에 지붕 모양으로 접어 둔다. 일부 종은 날개 가장자리에 갈라진 많은 시맥이 있는데, 특히 전연부에 많고 경분맥(徑分脈)은 빗살 모양으로 갈라져 있다. 앞가슴은 비교적 크거나 길게 잘 발달되었는데, 특히 뱀잠자리, 약대벌레, 사마귀붙이 등이 그러한 경우이다. 다리는 보통 기어다니기에 적합한 구조이나, 사마귀붙이와 같이 특히 앞다리가 크게 발달되어 사마귀와 비슷하게 된 경우도 있다. 발목마디는 5마디이며, 배에는 돌출된 미모가 없다. 유충은 다양한 모습을 하고 있으며 대부분 육상 생활을 하나, 뱀잠자리아목 무리는 수서 생활을 한다. 특히 수서종(水棲種)은 배에 쌍으로 된 돌기와 기관아가미가 있다. 완전 변태를 하며, 번데기는 부속지가 없으며 나용(裸蛹)인데, 뿔잠자리아목 무리는 유충의 항문에서 토해 낸 견사로 고치를 형성하기도 한다. 풀잠자리목 무리는 대부분 익충으로, 수서종은 담수어류의 좋은 먹이가 되며, 육서종(陸棲種)은 진딧물, 깍지벌레, 나무이, 개미 등 미소 곤충을 포식하는 천적(天敵)이 된다. 또한, 명주잠자리와 같이 유충이 모래땅에 서식하며 함정을 파고 그 속에서 개미를 사냥하는 기이한 습성도 있다.

● 몸의 구조

⬇ 성충

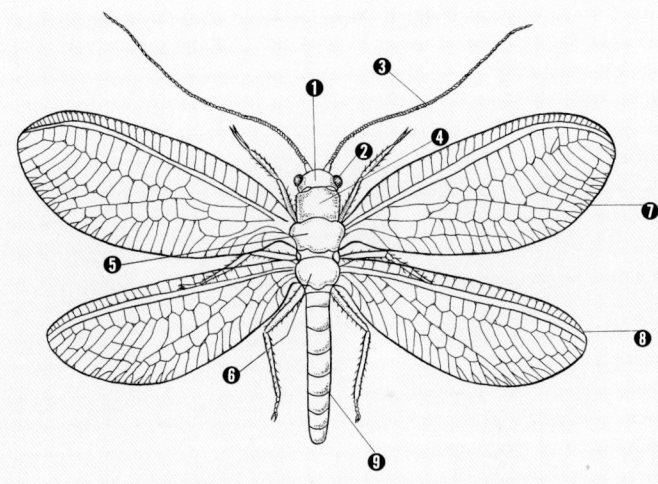

* 성충
❶ 정수리 ❷ 겹눈 ❸ 더듬이 ❹ 앞가슴 ❺ 가운뎃가슴 ❻ 뒷가슴 ❼ 앞날개
❽ 뒷날개 ❾ 배

풀잠자리목/뱀잠자리과

대륙뱀잠자리

Parachauliodes continentalis
van der Weele

1 2 3 4 5 6 7 8 9 10 11 12

날개의 편 길이는 80~92 mm, 몸의 길이는 50 mm 안팎. 머리는 전체적으로 거의 짙은 갈색이며 그 폭이 6 mm에 달한다. 가슴등판과 배는 황갈색을 띠며, 앞날개는 몸에 비해 대단히 크다. 성충은 5월 하순~9월 중순에 출현하며, 유충은 평지나 구릉지의 수량이 많은 하천의 바닥에서 서식한다.

분포 한국(중부·남부), 일본

충청남도 천안시 광덕산, 1994. 6. 18.

충청북도 영동군 천마령, 1992. 6. 20.

풀잠자리목 / 사마귀붙이과

애사마귀붙이

Mantispa japonica MacLachlan

날개의 편 길이는 23~24 mm. 몸은 황색 바탕에 흑색의 무늬가 어우러져 있다. 날개는 투명하며 전연맥은 적갈색을 띤다. 앞날개의 경실은 2줄의 가로맥이 뻗어 있어 3실로 분할되어 있다. 앞다리의 종아리마디가 '사마귀'의 톱니다리 모양으로 잘 발달되어 있다. 성충은 6~8월에 출현하며, 유충은 거미류의 알주머니에서 기생한다.

① ② ③ ④ ⑤ ⑥ ⑦ ⑧ ⑨ ⑩ ⑪ ⑫

분포 한국(중부·남부), 일본

161

날개를 접은 모습   충청북도 민주지산, 1988. 5. 10.

풀잠자리목/뿔잠자리과

노랑뿔잠자리

Ascalaphus sibiricus Eversmann

몸의 길이는 수컷이 20 mm, 암컷은 25 mm 안팎. 몸 전체에 털이 나 있으며, 더듬이는 긴데 끝이 원형으로 평평하다. 앞날개의 기부와 뒷날개의 대부분이 황색을 띤다. 성충은 양지바른 풀밭에서 4월 말~6월에 출현하며, 지상 1 m 정도의 높이를 직선상으로 난다. 짝짓기가 끝난 암컷은 풀의 줄기에 알을 낳는다.
분포 한국(중부·남부), 일본, 중국, 만주

① ② ③ ④ ⑤ ⑥ ⑦ ⑧ ⑨ ⑩ ⑪ ⑫

전라북도 무주군 구천동, 1991. 8. 20.

풀잠자리목/뿔잠자리과

뿔잠자리

Hybris subjacens (Walker)

날개의 편 길이는 70 mm 안팎. 성충은 몸통이 가늘고 길며 머리, 가슴, 배의 등면을 따라 황색의 띠무늬가 넓게 나 있다. 날개는 가늘고 길며 끝이 뾰족하고 투명하며 시맥은 가늘다. 겹눈은 중앙이 홈으로 둘로 나누어진다. 성충은 6~9월에 출현하며, 낮 동안에는 숲 속에서 활동하고 밤에는 불빛으로 날아든다.
[분포] 한국(중부·남부), 일본, 타이완, 중국

① ② ③ ④ ⑤ ⑥ ⑦ ⑧ ⑨ ⑩ ⑪ ⑫

163

■ 딱정벌레목(鞘翅目)　Coleoptera

　딱정벌레목은 곤충 중에서 가장 큰 분류군으로, 전체의 약 40 %를 차지한다. 종류가 많음에 비례하여 몸의 크기와 형태의 변이도 심하여 작은 종은 0.25 mm에서 큰 종은 150 mm에 달한다. 머리는 일반적으로 짧고 보통의 모양이나 때로는 다소 돌출된 것도 있다. 머리 형은 전구식 또는 하구식으로 움직일 수 있으며, 큰턱이 잘 발달되었고, 구기는 씹기에 적합한 저작구이다. 더듬이는 보통 11마디로 그 이하이거나 드물게 1∼2마디로 된 경우도 있으며, 모양이 다양하여 분류학상 중요한 특징이 된다. 겹눈이 잘 발달되었으며 일부 종을 제외하고는 보통 홑눈이 없다. 몸의 형태는 구형, 난원형, 원통형, 편평형 등 여러 가지이며, 날개는 2쌍인데 1쌍의 앞날개는 딱딱하게 굳은 시초(翅鞘)를 형성한다. 날 때만 사용하는 뒷날개는 막질로서 앞날개보다 크지만 정지시에는 앞날개 밑에 접어 둔다. 또한, 날개가 짧은 단시형도 있으며, 일부 무리는 뒷날개가 퇴화되어 비행하지 못하거나 전혀 없는 종류도 있다. 유충은 3쌍의 가슴다리와 1쌍의 배다리가 있으며, 큰턱이 잘 발달해 있다. 번데기는 나용이며 대부분 땅 속에서 번데기가 되지만 상당수의 종이 식물체 내, 유충의 껍질 속, 또는 고치 속에서 번데기가 되기도 한다. 완전 변태를 하며, 1년에 1∼4세대를 나는 종으로부터 수년에 1세대를 경과하는 종 등 다양하나 보통은 1년에 1세대를 난다. 또한, 월동형도 종류에 따라 다르다. 딱정벌레 무리는 종의 수만큼 습성, 발생, 분포의 범위도 다양하여 세계 각지의 고산, 평야, 하천, 늪, 지상이나 동굴, 식물체의 내부·외부, 흙 속 등 거의 모든 지역에서 발견되는데, 그 이유로는 견고한 앞날개와 날 수 있는 뒷날개가 있는 점, 유충기에 땅 속, 식물체의 내부·외부 등 외적의 눈으로부터 쉽게 피할 수 있는 곳에서 지내는 점, 각종 동식물 등 유기 물질을 식이하는 식성의 다양성 등을 들 수 있다.

● 몸의 구조

⬇ 등면

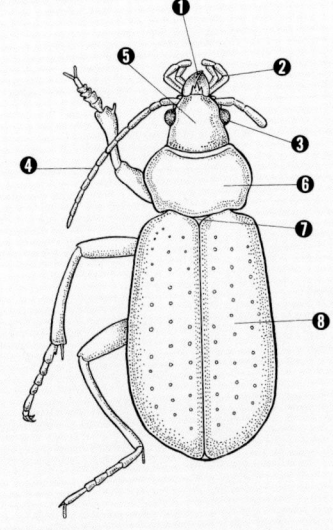

* 등면
❶ 큰턱 ❷ 작은턱수염 ❸ 겹눈 ❹ 더듬이 ❺ 머리 ❻ 가슴 ❼ 작은방패판 (소순판) ❽ 딱지날개

⬇ 배면

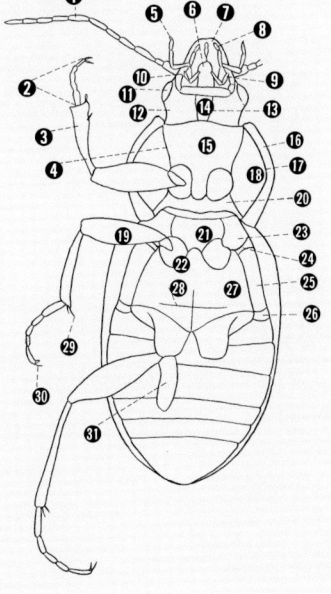

* 배면
❶ 더듬이 ❷ 부절 ❸ 경절 ❹ 앞가슴복판선 ❺ 작은턱수염 ❻ 입술혀 ❼ 큰턱 ❽ 외엽 ❾ 아랫입술수염 ❿ 작은턱 ⓫ 겹눈 ⓬ 뒷뺨 ⓭ 후선 ⓮ 후판 ⓯ 앞가슴배판 ⓰ 앞가슴등판 ⓱ 배측선 ⓲ 앞가슴전배판 ⓳ 퇴절 ⓴ 앞가슴후측판 ㉑ 가운뎃가슴배판 ㉒ 기절 ㉓ 가운뎃가슴전복판 ㉔ 가운뎃가슴후측판 ㉕ 뒷가슴전배판 ㉖ 뒷가슴후측판 ㉗ 뒷가슴배판 ㉘ 뒷가슴배판횡선 ㉙ 경절센털 ㉚ 부절발톱 ㉛ 전절

충청남도 계룡산, 1989. 10. 2.

딱정벌레목/길앞잡이과

좀길앞잡이

Cicindela (*Cicindela*) *japana*
Motschulsky

1 2 3 4 5 6 7 8 9 10 11 12

　몸의 길이는 15～18 mm. 몸의 등면은 짙은 녹색 또는 짙은 구릿빛의 두 가지 계통이 있으며, 배면은 청록색 또는 청자색의 광택이 난다. 윗입술은 황백색을 띠며, 앞날개의 무늬는 변이가 심하여 때로는 전혀 무늬가 없는 경우도 있다. 성충은 4～10월에 출현하며, 야산의 오솔길이나 모래와 자갈이 노출된 들판에서 볼 수 있다.

분포 한국(북부·중부·남부·제주도), 일본

충청남도 천안시 광덕산, 1994. 6. 17.

딱정벌레목/길앞잡이과

길앞잡이

Cicindela (*Sophiodela*) *chinensis flam-mifera* Horn

몸의 길이는 18~22 mm. 몸은 금속성 광택이 나며 녹색, 청색, 적색

1 2 3 4 5 6 7 8 9 10 11 12

의 무늬가 잘 어우러져 대단히 아름답다. 유충은 벼랑이나 길바닥에 세로로 된 구멍집을 짓고 그 속에 숨어서 지나가는 곤충을 잡아먹는다. 이들의 생활사는 2년이 걸리는데 11월부터 이듬해 4월까지는 유충과 성충이 함께 월동한다. 따라서, 성충은 봄에서 가을까지 나타나며, 사람의 앞에서 길을 안내하듯 나는 습성이 있어 그 이름이 붙여졌다.

분포 한국(북부·중부·남부·제주도), 일본, 중국

충청남도 계룡산, 1988. 6. 2.

딱정벌레목/딱정벌레과

풀색명주딱정벌레

Calosoma inquisitor cyanescens
Motschulsky

① ② ③ ④ ⑤ ⑥ ⑦ ⑧ ⑨ ⑩ ⑪ ⑫

몸의 길이는 19~24 mm. 몸의 등면은 녹색, 금동빛, 구릿빛 등이며 금속 광택이 난다. 몸의 옆면은 다소 녹색이 강하며, 배면은 흑색이다. 성충은 5~10월에 출현하며, 주로 지상의 나무 위에서 생활하며, 나비류의 작은 유충을 포식한다.

분포 한국(북부·중부·남부·제주도), 일본, 타이완, 중국, 시베리아, 유럽, 북아프리카

168

경기도 양주군 앵무봉, 1984. 5. 10.

딱정벌레목/송장벌레과

수중다리송장벌레

Necrodes nigricornis (Harold)

몸의 길이는 19 mm 안팎. 몸은 흑색을 띠며, 더듬이의 끝마디는 적색을 띤다. 머리에는 작은 점각이 있고, 윗입술의 앞가장자리에는 황색의 짧은 털이 빽빽이 나 있다. 앞가슴등판과 작은방패판에도 작은 점각이 밀포해 있다. 앞날개에는 세로로 3줄의 융기부가 있으며, 수컷의 뒷다리 허벅마디가 특히 굵다. 성충은 5~9월에 출현한다.

분포 한국(중부·남부), 일본, 타이완, 중국

1 2 3 4 5 6 7 8 9 10 11 12

전라북도 지리산, 1992. 5. 18.

딱정벌레목/송장벌레과

넓적송장벌레

Silpha perforata perforata Gebler

① ② ③ ④ ⑤ ⑥ ⑦ ⑧ ⑨ ⑩ ⑪ ⑫

몸의 길이는 17～20 mm. 몸은 흑색으로 다소 둔한 광택이 난다. 앞가슴등판과 작은방패판에는 점각이 밀포되어 있고, 가슴등판의 중앙부에는 함몰된 부위가 있다. 딱지날개는 약한 금동빛의 광택을 띠며 3개의 줄이 나 있다. 성충은 5～8월에 출현하며, 돌 밑이나 풀의 줄기 등에서 썩은 동물질을 먹고 산다.

분포 한국(북부·중부·남부·제주도), 일본, 중국, 타이완, 몽고, 시베리아

170

딱정벌레목/사슴벌레과

애사슴벌레

Macrodorcas rectus rectus
(Motschulsky)

① ② ③ ④ ⑤ ⑥ ⑦ ⑧ ⑨ ⑩ ⑪ ⑫

　몸의 길이는 수컷이 17～45 mm, 암컷은 20～28 mm. 암컷이 수컷에 비해 작다. 몸은 흑색 또는 적갈색을 띠며 약간 광택이 난다. 수컷의 큰 턱은 개체가 큰 경우 끝 가까이에 이가 있으나 작은 것에서는 소실되어 없다. 성충은 5～10월에 출현하며, 참나무류의 나뭇진에 잘 모이고 밤에는 불빛에 날아든다.

분포 한국(북부·중부·남부·제주도), 일본, 중국

전라북도 무주군 용담 댐, 2003. 6. 22.

171

전라북도 지리산, 1992. 5. 25.

딱정벌레목/사슴벌레과

넓적사슴벌레

Serrognathus platymelus castanicolor
(Motschulsky)

몸의 길이는 수컷이 40~60 mm, 암컷은 25~35 mm. 몸은 흑색이며, ①②③④⑤⑥⑦⑧⑨⑩⑪⑫

더듬이의 끝은 갈색의 털 뭉치로 되어 있다. 수컷의 큰턱은 가늘고 길며 직선 모양이고 제1내치는 기부의 1/4에 있으며, 작은 이는 큰 개체에서 잘 발달하여 있고 그 수도 많다. 앞가슴등판의 가장자리는 거의 평행하며 이 모양의 돌기는 작다. 성충은 5~8월에 출현하며, 상수리나무, 졸참나무 등의 나뭇진에 모이고, 밤에는 불빛에 모여든다.
[분포] 한국(북부·중부·남부·제주도), 일본, 중국

172

경기도 용문산, 1993. 9. 10.

딱정벌레목/검정풍뎅이과

왕풍뎅이

Melolontha incana (Motschulsky)

몸의 길이는 28~32 mm. 몸은 적갈색이나 옅은 황색의 짧은 털이 빽빽이 나 있어 황갈색으로도 보인다. 딱지날개에는 세로로 3개의 융기선이 있으며, 복부의 미절판은 딱지날개보다 길게 돌출되어 있다. 성충은 6~9월에 출현하며, 참나무와 같은 활엽수의 잎을 먹는다. 우리 나라에서는 점차 그 수가 줄어드는 추세에 있는 종이다.

분포 한국(북부·중부·남부·제주도), 일본, 중국

① ② ③ ④ ⑤ ⑥ ⑦ ⑧ ⑨ ⑩ ⑪ ⑫

강원도 점봉산, 1983. 7. 2

딱정벌레목/장수풍뎅이과

장수풍뎅이

Allomyrina dichotoma (Linné)

몸의 길이는 머리에 있는 뿔을 제외하고 35~55 mm 로, 풍뎅이 무리 가운데 가장 큰 종에 속한다. 수컷은 머리와 가슴의 등에 성징을 나타내는 ① ② ③ ④ ⑤ ⑥ ⑦ ⑧ ⑨ ⑩ ⑪ ⑫

큰 사슴뿔 모양의 각상 돌기가 돌출해 있고, 암컷은 돌기가 나 있지 않으며 크기도 작다. 성충은 7~8월에 출현하며, 활엽수의 나뭇진이나 불빛에 모여든다. 유충은 썩은 나무 속이나 퇴비 속에서 섬유질을 먹고 산다. 환경부에서 특정 야생 동물로 지정, 보호하고 있다.

분포 한국(북부·중부·남부·제주도), 일본, 중국, 타이완, 동남 아시아

174

전라북도 무주군 구천동, 1991. 7. 30.

딱정벌레목/풍뎅이과

연노랑풍뎅이

Blitopertha pallidipennis (Reitter)

① ② ③ ④ ⑤ **⑥ ⑦ ⑧** ⑨ ⑩ ⑪ ⑫

　몸의 길이는 10~12 mm. 몸은 옅은 황색이고, 앞가슴등판에는 2개의 큰 흑갈색의 얼룩무늬가 세로로 나 있다. 딱지날개는 옅은 갈색에서 짙은 갈색까지 변이가 심하고 7~8개의 융기된 줄이 세로로 나 있다. 성충은 6~8월에 출현하며, 활엽수림에서 흔히 볼 수 있다.

분포 한국(북부·중부·남부·제주도), 일본, 시베리아 동부

175

충청남도 천안시 광덕산, 1994. 6. 17.

딱정벌레목/풍뎅이과

풍뎅이

Mimela splendens Gyllenhal

①②③④⑤⑥⑦⑧⑨⑩⑪⑫

　몸의 길이는 17~23 mm. 몸의 등면은 금속 광택이 나는 녹색으로 개체에 따라 적자색 또는 청자색을 띠는 것도 있다. 앞가슴등판의 뒷가장자리와 중앙에는 약간의 융기된 테가 있으며 돌기는 잘 발달되어 있다. 성충은 5~8월에 출현하며, 주로 활엽수림에서 산다. 밤나무, 오리나무, 벚나무, 버드나무류 등의 잎을 해친다. [분포] 한국(북부·중부·남부·제주도), 일본, 중국, 타이완, 인도차이나

경기도 용문산, 1986. 5. 5.

딱정벌레목/풍뎅이과

별줄풍뎅이

Mimela testaceipes Motschulsky

1 2 3 4 5 6 7 8 9 10 11 12

　몸의 길이는 15~19 mm. 몸의 등면은 금속 광택이 나는 녹색이며, 배면은 구릿빛이 도는 녹색이다. 개체에 따라서는 간혹 몸과 날개가 짙은 자주색을 띠는 경우도 있다. 성충은 5~8월에 출현하며, 삼나무, 소나무, 낙엽송, 해송, 잎갈나무류, 사시나무, 버드나무류 등을 해친다.

분포 한국(북부·중부·남부·제주도), 일본, 만주, 아무르, 시베리아 동부

전라북도 지리산 뱀사골, 1986. 8. 23.

딱정벌레목/풍뎅이과

참콩풍뎅이 (흰점박이콩풍뎅이)

Popillia flavosellata Fairemaire

1 2 3 4 ⑤ ⑥ 7 ⑧ ⑨ ⑩ 11 12

　몸의 길이는 10~13 mm. 몸은 광택이 나는 흑람색이며, 미절판의 배마디에 5개의 백색 털의 점무늬가 있다. 딱지날개는 간혹 부분적으로 갈색을 나타내는 개체도 있다. 성충은 5~10월에 출현하며, 주로 꽃에서 무리 지어 생활한다.

분포 한국(북부·중부·남부·제주도), 중국, 만주

178

전라북도 지리산 뱀사골, 1986. 6. 23.

딱정벌레목/풍뎅이과

콩풍뎅이

Popillia mutans Newmann

① ② ③ ④ ⑤ ⑥ ⑦ ⑧ ⑨ ⑩ ⑪ ⑫

몸의 길이는 10~12 mm. 몸과 날개는 '참콩풍뎅이'와 거의 비슷하게 광택이 나는 흑람색이며, 복부의 미절판에 백색 털의 점무늬가 없는 것으로 쉽게 구별할 수 있다. 성충은 5~10월에 출현하며, 주로 콩과 식물의 꽃에 무리 지어 모여든다.

분포 한국(북부·중부·남부·제주도), 중국, 만주

179

인천시 강화도 보문사, 1986. 5. 26.

딱정벌레목/꽃무지과

호랑꽃무지 (범꽃무지)

Trichius succinctus (Pallas)

① ② ③ ④ ⑤ ⑥ ⑦ ⑧ ⑨ ⑩ ⑪ ⑫

　몸의 길이는 8~13 mm. 몸은 흑색으로 온몸이 황색의 긴 털로 덮여 있다. 딱지날개에는 호랑이 몸의 무늬를 연상케 하는 흑갈색으로 된 3줄의 가로띠가 폭넓게 나 있다. 성충은 5~7월에 출현하며, 여러 종류의 꽃에 무리 지어 모여든다.

분포 한국(북부·중부·남부·제주도), 일본, 중국, 만주, 시베리아

180

딱정벌레목/꽃무지과

풀색꽃무지 (애초록꽃무지)

Gametis jucunda Faldermann

몸의 길이는 11~16 mm. 개체에 따라 몸의 크기와 빛깔에 변이가 많다. 녹색 바탕에 백색의 점무늬가 있는 경우가 가장 흔하며, 다갈색 바탕이나 때때로 흑갈색 바탕의 개체도 나타난다. 성충은 5~10월에 출현하며, 야산이나 숲에서 가장 흔하게 볼 수 있는 풍뎅이 무리 가운데 하나이다. 주로 꽃을 좋아하여 꽃 속에 머리를 묻고 있는 경우가 많다.

분포 한국(북부·중부·남부·제주도), 일본, 중국, 타이완, 시베리아, 미국

① ② ③ ④ ⑤ ⑥ ⑦ ⑧ ⑨ ⑩ ⑪ ⑫

경기도 천마산, 1986. 5. 10.

꽃가루를 좋아하는 풀색꽃무지(위)

충청남도 계룡산 갑사, 1991. 8. 18.

딱정벌레목/꽃무지과

점박이꽃무지

Protaetia orientalis submarmorea (Burmeister)

① ② ③ ④ ⑤ ⑥ ⑦ ⑧ ⑨ ⑩ ⑪ ⑫

몸의 길이는 20~25 mm. 몸은 짙은 녹색 또는 구릿빛 바탕에 녹색의 광택이 난다. 머리방패의 중앙에는 점각이 있고 약간 패어 있으며 앞가장자리가 약간 위로 휘어 있다. 딱지날개에도 점각이 밀포되어 있고 백색의 점무늬가 불규칙하게 나 있다. 성충은 6~8월에 출현하며, 주로 활엽수의 나뭇진에 모여든다.

분포 한국(중부·남부·제주도), 일본

경기도 포천군 광덕산, 1984. 8. 8.

딱정벌레목/비단벌레과

금테비단벌레

Scintillatrix pretiosa (Mannerheim)

몸의 길이는 8~13 mm. 몸은 아름 다운 금록색 광택이 나며, 가슴등판

1 2 3 4 5 **6 7 8** 9 10 11 12

과 딱지날개의 가장자리에 금속 광택 이 나는 적등색 테두리가 있다. 성충 은 6~8월에 출현하며, 유충은 수목 의 목질부를 해치는 해충이다. 몸의 빛깔이 매우 아름다워 공예품의 재료 로 사용된 적도 있다.

분포 한국(중부·남부·제주도), 일본, 중국, 만주, 시베리아

183

딱정벌레목 Coleoptera

충청남도 칠갑산, 1992. 5. 30.

딱정벌레목/방아벌레과

대유동방아벌레

Agrypnus argillaceus (Solsky)

① ② ③ ④ ⑤ ⑥ ⑦ ⑧ ⑨ ⑩ ⑪ ⑫

몸의 길이는 15~18 mm. 몸은 납작하며 등면은 적색을 띠고 비늘 모양의 털로 덮여 있으며, 배면도 적갈색을 띤 비늘 모양의 털이 비교적 빽빽이 나 있다. 앞가슴등판은 약간 둥글고 다소 어두운 색이다. 성충은 4~6월에 출현하며, 주로 나뭇잎이나 풀의 줄기 위에서 생활한다.

분포 한국(북부·중부·남부), 중국, 타이완, 인도차이나, 몽고, 시베리아

184

전라북도 지리산, 1991. 5. 20.

딱정벌레목/방아벌레과

녹슬은방아벌레

Agrypnus binodulus coreanus Kishii

　몸의 길이는 15~18 mm. 몸은 무쇠가 녹슨 듯한 짙은 갈색을 띠며, 더듬이, 구기(口器) 등은 옅은 색을 띤다. 등면에는 비늘 모양의 털이 덮여 있고, 딱지날개에는 작은 점각이 열을 지어 밀포되어 있다. 성충은 5~8월에 출현하며, 주로 풀잎이나 줄기 위에서 생활한다.

분포 한국(북부·중부·남부·제주도), 일본, 유럽

1 2 3 4 5 6 7 8 9 10 11 12

185

충청남도 계룡산 갑사,
1995. 6. 17.

딱정벌레목/방아벌레과

가는꽃녹슬은방아벌레

Agrypnus fuliginosus (Candéze)

　몸의 길이는 15~16 mm. 몸은 전체적으로 흑갈색을 띠고 있으나 촉

① ② ③ ④ ⑤ ⑥ ⑦ ⑧ ⑨ ⑩ ⑪ ⑫

각, 입 주위, 다리 등은 밝은 적갈색을 띤다. 등면에 나 있는 인모는 백색·회색·회갈색 등이 불명료하게 어우러져 있어 쇠가 녹슨 모습이다. 몸은 비교적 가는 편이며, 앞가슴등판은 앞쪽으로 굽어 있다. 또한, 중앙에서 양 옆으로 융기부를 형성하고 있어 가는 경계부가 나타난다. 성충은 6~8월에 출현한다.

분포 한국(중부·남부), 일본

186

충청북도 민주지산, 1992. 5. 8.

딱정벌레목/방아벌레과

얼룩방아벌레

Actenicerus pruinosus
(Motschulsky)

몸의 길이는 17~19 mm. 몸은 흑색 또는 흑갈색 바탕에 회백색 비늘 모양의 털이 빽빽이 덮여 있다. 딱지날개에는 세로로 가는 융기열이 나 있으며 회백색의 점무늬가 얼룩지게 드문드문 나 있다. 성충은 5~7월에 출현하며, 주로 풀의 줄기나 나뭇가지 위에서 생활한다.

분포 한국(북부·중부·남부·제주도), 일본

1 2 3 4 5 6 7 8 9 10 11 12

187

충청남도 칠갑산, 1991. 6. 20.

딱정벌레목/홍반디과

주홍홍반디

Dictyopterus aurora (Herbst)

몸의 길이는 8~13 mm. 머리는 흑색이고, 가슴등판은 짙은 갈색으로 그 변두리를 따라 적갈색의 융기부가 있다. 딱지날개는 선명하게 적색을 띠며 세로로 4줄의 융기열이 나 있다. 성충은 5~7월에 출현하며, 주로 나뭇잎이나 풀잎 위에서 생활한다. 산지성이다.

분포 한국(북부·중부·남부), 일본, 시베리아, 유럽, 북아메리카

① ② ③ ④ ⑤ ⑥ ⑦ ⑧ ⑨ ⑩ ⑪ ⑫

188

몸의 등면

유충

전라북도 무주군 설천면, 1989. 7. 10.

딱정벌레목/반딧불이과

애반딧불이

Luciola lateralis Motschulsky

몸의 길이는 7~10 mm. 몸은 흑색이고, 가슴은 앞쪽으로 약간 좁으며 뒷모서리 각이 돌출되어 있다. 앞가슴등판은 적색을 띠며 중앙에 띠 모양의 흑색 줄이 있다. 수컷은 배의

제 5~6 배마디에, 암컷은 제 5 배마디에 황백색의 발광기가 있다. 시냇가의 이끼와 같은 습지에 산란하며, 유충은 물 속에서 다슬기를 먹고 산다. 성충은 5~8월에 출현하는데, 주로 6월 말에서 7월 초순경에 가장 많이 볼 수 있다. 전라북도 무주군 설천면의 서식지가 천연 기념물 제 322호로 지정되었다.

분포 한국(북부·중부·남부), 일본, 만주, 시베리아 동부

189

1 2 3 4 5 6 7 8 9 10 11 12

전라북도 무주군 설천면, 1989. 9. 1. 수컷(왼쪽)과 암컷(오른쪽)

딱정벌레목/반딧불이과

늦반딧불이

Lychnuris rufa (Olivier)

몸의 길이는 16~18 mm. 머리는 앞가슴에 가려져서 잘 보이지 않으며, 가슴등판은 등황색을 띠는데 양 옆으로 투명부가 있다. 수컷은 흑갈

1 2 3 4 5 6 7 **8 9** 10 11 12

색의 날개가 있어 날 수 있으나, 암컷은 날개가 퇴화되어 지면이나 풀의 줄기 위를 기어다닌다. 성충은 8~9월에 주로 잡목림이 우거지고 햇볕이 잘 들지 않는 북사면(北斜面)의 습한 숲 속에서 주로 활동한다. 유충은 길게 마디로 구획된 벌레 모양이며, 육상 달팽이류나 고둥류를 먹고 산다. 전라북도 무주군 설천면의 서식지가 천연 기념물 제 322 호로 지정되었다. 분포 한국(북부·중부·남부·제주도), 일본, 중국

빛을 발하는 성충

육상 달팽이를 포식하는 유충

전라북도 지리산, 1992. 5. 25.

딱정벌레목/병대벌레과

회황색병대벌레

Athemus vitellinus (Kiesenwetter)

몸의 길이는 9~11 mm. 머리는 황적색을 띠며 정수리에서 앞가슴등판

① ② ③ ④ ⑤ ⑥ ⑦ ⑧ ⑨ ⑩ ⑪ ⑫

의 중앙까지 짙은 갈색 무늬가 있다. 딱지날개는 회황색 바탕에 황색의 잔털이 촘촘히 나 있다. 앞가슴등판은 정중앙을 따라 가늘게 함몰되어 있고, 뒷가슴의 양쪽 옆은 경사지게 약간 융기되어 있다. 딱지날개에는 2~3줄의 약한 융기선이 나 있다. 성충은 5~8월에 출현하며, 주로 야산의 숲 속에서 생활하며 꽃에 잘 모여든다.

분포 한국(중부·남부), 일본

충청북도 영동군 천마령, 1992. 6. 20.

딱정벌레목/병대벌레과

병대벌레

Prothemus ciusianus (Kiesenwetter)

① ② ③ ④ ⑤ ⑥ ⑦ ⑧ ⑨ ⑩ ⑪ ⑫

몸의 길이는 10~14 mm. 머리의 뒤쪽 절반과 앞가슴등판의 무늬는 흑갈색을 띠며, 그 밖의 딱지날개 일부와 다리의 허벅마디 끝부분과 발목마디를 제외한 부분은 황갈색 또는 황적색을 띤다. 딱지날개에는 과립상의 잔털이 덮여 있다. 성충은 5~8월에 출현하며, 주로 나뭇잎 위에서 생활한다.

분포 한국(중부·남부), 일본

193

충청북도 민주지산, 1988. 5. 12.

딱정벌레목/개미붙이과

개미붙이

Thanassimus lewisi Jacobson'

　몸의 길이는 7~10 mm. 머리와 앞가슴등판은 흑색을 띤다. 딱지날개의 앞쪽은 적색을 띠며 뒷부분은 흑람색을 띠는데, 가로로 백색의 띠무늬가 선명하게 나 있다. 몸에는 잔털이 많이 나 있으며, 다리는 흑색이다. 성충은 4~8월에 출현하며, 주로 나무줄기 위를 기어다니며 작은 임목 해충 등을 포식한다.

분포 한국(중부·남부), 일본

① ② ③ ④ ⑤ ⑥ ⑦ ⑧ ⑨ ⑩ ⑪ ⑫

딱정벌레목/개미붙이과

불개미붙이

Trichodes sinae Chevrolat

①②③④⑤⑥⑦⑧⑨⑩⑪⑫

몸의 길이는 13~16 mm. 온몸에 잔털이 많이 나 있으며, 머리, 가슴 등판, 다리 등은 짙은 흑람색을 띤다. 딱지날개는 아름다운 주황색 바탕에 흑람색의 띠가 2개 있고 날개 끝도 흑람색을 띤다. 성충은 6~8월에 출현하며, 꽃 주변에 모여드는 작은 곤충을 즐겨 포식한다.

분포 한국(북부·중부·남부)

충청북도 소백산, 1994. 8. 4.

195

딱정벌레목　Coleoptera

대전시 세천, 1988. 5. 1.

딱정벌레목/나무쑤시기과

고려나무쑤시기

Helota fulviventris Kolbe

몸의 길이는 12～14 mm. 몸은 흑
갈색을 띠며 구릿빛 광택이 난다. 몸
에는 전체적으로 점각이 많이 밀포되
어 있고, 가슴등판에는 세로로 커다
란 융기열이 나 있다. 딱지날개에도
융기된 점각이 선을 이루고 있으며
황색의 커다란 점무늬가 4개 있다.
성충은 4～10월에 출현하며, 고목나
무 속이나 나뭇진 등에 잘 모인다.
분포 한국(북부·중부·남부), 일본

1 2 3 4 5 6 7 8 9 10 11 12

196

교미 장면

대전시 식장산, 1988. 4. 20.

딱정벌레목/무당벌레과

남생이무당벌레

Aiolocaria hexaspilota (Hope)

몸의 길이는 11～13 mm. 한국산 무당벌레 무리 중에서 가장 큰 종이다. 몸 전체에 광택이 나며, 딱지날개는 둥글게 팽대해 있고 적황색 바탕에 흑색의 띠무늬가 서로 연결되어

1 2 3 4 5 6 7 8 9 10 11 12

있다. 날개의 무늬는 개체에 따라 다소 변이가 있으며 간혹 흑화종도 생겨난다. 4월에 교미를 마친 암컷은 적황색을 띤 타원형의 알을 40～50개씩 군데군데 낳는다. 부화된 유충은 진딧물이나 깍지벌레 등의 해충을 포식한다. 성충은 봄부터 가을까지 출현하며, 성충으로 월동한다.

분포 한국(북부·중부·남부·제주도), 일본, 중국, 만주, 인도, 히말라야, 시베리아

197

충청북도 속리산, 1987. 5. 7.

딱정벌레목/무당벌레과

달무리무당벌레

Anatis halonis Lewis

| 1 | 2 | 3 | 4 | 5 | 6 | 7 | 8 | 9 | 10 | 11 | 12 |

몸의 길이는 8~9 mm. 몸은 황갈색이며, 머리와 가슴등판의 흑색 무늬와 딱지날개의 흑색 점무늬를 제외한 부분은 황백색을 띤다. 딱지날개의 황백색으로 된 눈알 모양 무늬 안에는 흑색의 점이 있으나 일부 소실되어 나타나지 않는 경우도 있다. 딱지날개의 눈알 모양 무늬는 2-4(3)-3-1로 배열되어 있다. 성충은 4~6월에 출현한다.

분포 한국(중부·남부), 일본, 사할린

198

충청남도 계룡산, 1987. 5. 10. 교미 장면

번데기

딱정벌레목/무당벌레과

칠성무당벌레

Coccinella (*Coccinella*) *septempunctata* Linné

몸의 길이는 8 mm 안팎. 더듬이, 머리, 앞가슴등판은 흑색을 띠고, 딱지날개는 광택이 나는 옅은 황색 바탕에 7개의 흑색 점이 나 있다. 성충은 4~11월에 들판의 풀밭에서 흔히 볼 수 있으며, 진딧물을 포식하는데 유충기에 한 마리가 약 4000 마리의 진딧물을 포식할 정도로 익충으로서의 역할이 크다.

분포 한국(북부·중부·남부·제주도·울릉도), 일본, 중국, 타이완, 만주, 유럽, 북아프리카

① ② ③ ④ ⑤ ⑥ ⑦ ⑧ ⑨ ⑩ ⑪ ⑫

199

대전시 식장산, 1988. 5. 1. 교미 장면

딱정벌레목/무당벌레과

무당벌레

Harmonia axyridis (Pallas)

몸의 길이는 7~9 mm. 몸은 광택이 나고, 딱지날개의 무늬는 변이가 ① ② ③ ④ ⑤ ⑥ ⑦ ⑧ ⑨ ⑩ ⑪ ⑫ 대단히 심하여 황갈색 바탕에 흑색 점무늬, 흑색 바탕에 붉은 점무늬, 황색 바탕에 점이 없는 경우 등 다양하다. 성충은 4~11월에 출현하며, 성충으로 무리 지어 월동한다. 유충과 성충이 모두 진딧물을 잡아먹어 살아 있는 농약이라고도 한다.

분포 한국(북부·중부·남부·제주도·울릉도), 일본, 중국, 타이완, 사할린, 시베리아

교미 장면

진딧물을 포식하는 성충

유충

알

충청남도 계룡산 갑사, 1991. 8. 18.

딱정벌레목/무당벌레과

중국무당벌레

Epilachna chinensis (Weise)

1 2 3 4 5 6 7 8 9 10 11 12

몸의 길이는 4.5~5.5 mm. 몸과 날개는 적갈색을 띠고, 앞가슴등판과 딱지날개에는 흑색의 점무늬가 있다. 딱지날개의 표면에는 황백색 잔털이 빽빽이 나 있으며 점각이 있다. 성충은 5~8월에 출현하며, 산지성이다. 분포 한국(북부·중부·남부), 일본, 중국

202

딱정벌레목/홍날개과

애홍날개

Pseudopyrochroa rubricollis Lewis

① ② ③ ④ ⑤ ⑥ ⑦ ⑧ ⑨ ⑩ ⑪ ⑫

몸의 길이는 8.5~9.5 mm. 머리는 흑색으로 때로는 적색의 무늬가 있다. 앞가슴등판은 적갈색을 띠는데 간혹 흑색의 무늬가 있는 경우도 있다. 딱지날개는 전체적으로 적갈색을 띠며 부드러운 털로 덮여 있다. 성충은 5~7월에 출현하며, 산지성이다. 분포 한국(중부·남부), 일본

충청남도 계룡산 갑사, 1994. 5. 8.

충청북도 월악산, 1995. 9. 30.

딱정벌레목/가뢰과

애남가뢰

Meloe auriclatus Marseul

몸의 길이는 8∼20 mm. 몸은 흑청색을 띠고 있으나 때로는 남색의 광택이 나기도 한다. 양 겹눈은 비교적 크게 돌출되었으며 그 사이의 중앙에 주황색을 띤 작은 무늬가 있다. 머리, 가슴의 크기에 비해 복부가 대단히 팽배해 있으며, 딱지날개가 복부를 완전히 덮지 않는다. 성충은 낙엽이 지기 시작하는 가을에 출현하며, 9∼10월 말까지 활동한다. 운동성이 약하여 점차 도태되어 가는 무리 중의 하나이다.

분포 한국(중부·남부), 일본

| 1 | 2 | 3 | 4 | 5 | 6 | 7 | 8 | 9 | 10 | 11 | 12 |

충청남도 계룡산, 1994. 5. 10

교미 장면(위)

딱정벌레목/가뢰과

청가뢰

Lytta caraganae Pallas

몸의 길이는 20~22 mm. 더듬이의 길이는 10~12 mm. 날개와 다리를 포함하여 몸 전체가 연둣빛이 도는

| 1 | 2 | 3 | 4 | 5 | 6 | 7 | 8 | 9 | 10 | 11 | 12 |

금속 광택을 띤다. 머리는 세모꼴에 가깝고, 앞가슴등판은 비교적 평활하며, 딱지날개에는 미소한 점각이 있어 금속 광택을 반사시킨다. 성충은 5~7월에 출현하며, 주로 풀줄기나 활엽수의 나뭇잎 위에서 생활한다. 몸 안에 독성 물질이 있어 적으로부터 기피 현상을 받는다. 최근 이 종을 포함한 가뢰과 무리의 수가 눈에 띄게 줄어드는 경향이 있다.

분포 한국(북부·중부·남부), 중국, 만주

205

경기도 광릉, 1987. 7. 28.

딱정벌레목/하늘소과

장수하늘소

Callipogon relictus
Semenov-Tian-Shansky

몸의 길이는 수컷이 85～108 mm, 암컷은 65～85 mm. 몸은 황갈색 또는 흑갈색이며 대부분 황색 잔털로 덮여 있다. 큰턱은 크고 튼튼하게 생겼으며 위로 구부러져 있고 바깥쪽에

①②③④⑤⑥⑦⑧⑨⑩⑪⑫

1개의 가지가 있다. 앞가슴등판의 옆가장자리에는 톱니 모양의 돌기가 나 있으며 등판에는 황색의 털뭉치가 있다. 성충은 7～8월에 출현하며, 유충은 서나무, 신갈나무, 물푸레나무 등의 목질부를 해친다. 구북구 지역에서는 가장 큰 하늘소이다. 우리 나라에서는 현재 경기도 광릉과 강원도 소금강에서만 볼 수 있으며, 천연 기념물 제 218 호로 지정되었다.

分布 한국(북부·중부), 일본(대마도), 중국, 아무르

206

톱사슴벌레와 다투는 모습

나무 줄기에 상처를 내고 산란하는 암컷

충청북도 민주지산, 1987. 7. 20.

딱정벌레목/하늘소과

톱하늘소

Prionus insularis Motschulsky

몸의 길이는 23~48 mm. 몸은 흑색을 띠며, 가슴의 양 옆에 톱니 모양의 돌기가 있다. 더듬이는 암수 모두 12 마디로 톱날처럼 날카로우며 길이가 짧아 앞날개의 끝에 이르지 못한다. 성충은 5월 중순~9월에 출현하며, 나뭇진이나 불빛에 모여든다. 유충은 각종 침엽수의 뿌리에 기생하며 목질부를 해친다.

분포 한국(북부·중부·남부·제주도·울릉도), 일본, 중국, 아무르, 우수리, 시베리아

① ② ③ ④ ⑤ ⑥ ⑦ ⑧ ⑨ ⑩ ⑪ ⑫

208

딱정벌레목/하늘소과

남풀색하늘소

Dinoptera minuta (Gebler)

①②③④⑤⑥⑦⑧⑨⑩⑪⑫

  몸의 길이는 6~8 mm. 몸은 흑색을 띠며, 딱지날개는 흑색을 띤 남색의 광택이 난다. 머리와 앞가슴등판에는 작은 점각이 나 있으며, 딱지날개에도 비교적 큰 점각이 나 있다. 성충은 4~7월에 출현하며, 주로 꽃에 잘 모여든다.

분포 한국(북부·중부·남부), 일본, 사할린, 만주, 우수리, 시베리아 동부

대전시 식장산, 1992. 5. 10.

전라북도 지리산, 1992. 5. 22.

딱정벌레목／하늘소과

줄각시하늘소

Pidonia（*Pidonia*） *gibbicolis*
（Blessig）

① ② ③ ④ **⑤** **⑥** **⑦** ⑧ ⑨ ⑩ ⑪ ⑫

몸의 길이는 8～13 mm. 몸은 흑색이고, 더듬이는 황갈색을 띤다. 딱지날개는 황갈색 바탕에 옆가장자리와 날개의 결합부가 흑색의 세로띠를 이룬다. 다리는 황갈색을 띠는데 뒷다리의 허벅마디는 흑색이다. 성충은 5～7월에 출현하며, 주로 꽃을 즐겨 찾는다.

분포 한국(북부·중부·남부), 일본, 중국, 만주, 우수리, 시베리아

210

충청남도 칠갑산, 1989. 5. 15.

딱정벌레목/하늘소과

꽃하늘소

Leptura aethiops Poda

몸의 길이는 12~17 mm. 머리, 가슴, 더듬이, 다리 등은 모두 흑색을 띤다. 딱지날개는 옅은 갈색을 띠며 약간 어두운 인모(鱗毛)가 살짝 드리워져 있다. 성충은 5~8월에 출현하며, 찔레나무, 보리수나무, 나무딸기 등의 꽃에 잘 모여든다.

분포 한국(북부·중부·남부·제주도), 일본, 중국, 만주, 사할린, 몽고, 시베리아, 유럽

1 2 3 4 5 6 7 8 9 10 11 12

211

대전시 식장산, 1991. 6. 4.

딱정벌레목/하늘소과

긴알락꽃하늘소

Leptura arcuata Panzer

몸의 길이는 12~18 mm. 수컷은 암컷에 비해 약간 작으며 더듬이와 다리가 흑색을 띠고 있어 황갈색을

| 1 | 2 | 3 | 4 | 5 | 6 | 7 | 8 | 9 | 10 | 11 | 12 |

띤 암컷과 구별된다. 머리와 가슴은 흑색을 띠며, 딱지날개에는 흑색 바탕에 아름다운 황색 띠무늬가 있다. 성충은 5~8월에 출현하며, 특히 찔레나무 꽃 등 여러 종류의 꽃에 잘 모여든다.

분포 한국(북부·중부·남부·울릉도·제주도), 일본, 사할린, 중국, 몽고, 시베리아, 유럽

전라북도 무주군 구천동, 1991. 8. 20.

딱정벌레목/하늘소과

노랑띠하늘소

Polyzonus fasciatus (Fabricius)

몸의 길이는 15~20 mm. 몸과 날
개는 광택이 나는 흑람색이며, 딱지
날개에는 아름다운 황색 띠가 2줄
나 있다. 수컷은 암컷에 비해 더듬이
가 길다. 성충은 7~9월에 출현하며,
주로 숲에 피어 있는 꽃에 많이 모여
든다.

분포 한국(북부·중부·남부), 만주, 중
국, 내몽고, 시베리아

1 2 3 4 5 6 7 8 9 10 11 12

대전시 식장산, 1991. 9. 5.

딱정벌레목/하늘소과

포도호랑하늘소

Xylotrechus pyrrhoderus Bates

① ② ③ ④ ⑤ ⑥ ⑦ ⑧ ⑨ ⑩ ⑪ ⑫

몸의 길이는 9~14 mm. 몸은 흑색을 띠며, 앞가슴등판은 앞가장자리를 제외하고는 아름다운 적색을 띤다. 딱지날개는 흑색 바탕에 가로로 2줄의 옅은 황색 띠가 있다. 성충은 7~10월에 출현하며, 포도나무류에 잘 모여들고, 유충도 포도나무의 목질부를 해친다.

분포 한국(중부・남부), 일본, 중국

214

충청남도 칠갑산, 1989. 5. 20.

딱정벌레목/하늘소과

무늬소주홍하늘소

Amarysius altajensis (Laxmann)

몸의 길이는 14~19 mm. 몸은 흑색을 띠며, 딱지날개는 아름다운 홍

1 2 3 4 5 6 7 8 9 10 11 12

적색 바탕에 커다랗게 흑색 세로 무늬가 나 있어 쉽게 다른 종과 구별된다. 딱지날개의 흑색 무늬는 변화가 심하여 크고 긴 것에서부터 아예 없는 경우도 있다. 성충은 5~6월에 출현하며, 꽃이나 단풍나무류의 잎에 잘 모여든다.

분포 한국(북부·중부·남부·제주도), 중국, 몽고, 아무르, 우수리, 시베리아

215

충청북도 민주지산, 1988. 5. 15.

딱정벌레목/하늘소과

모자주홍하늘소 (모자무늬주홍하늘소)

Purpuricenus lituratus Ganglbauer

① ② ③ ④ ⑤ ⑥ ⑦ ⑧ ⑨ ⑩ ⑪ ⑫

몸의 길이는 17~23 mm. 가슴등판과 딱지날개는 아름다운 적황색을 띤다. 딱지날개의 중앙 부분에서 아래쪽으로 모자 모양의 흑색 무늬가 있어 그 이름이 붙여졌다. 성충은 5~6월 중순에 출현하며, 주로 꽃이나 참나무류의 잎에 날아든다.

분포 한국(북부·중부·남부·제주도), 일본, 중국, 만주, 시베리아

216

충청남도 칠갑산, 1989. 5. 20.

딱정벌레목/하늘소과

남색초원하늘소(송낙수염남털보하늘소)

Agapanthia pilicornis (Fabricius)

　몸의 길이는 11~17 mm. 몸은 짙은 남색으로 광택이 난다. 긴 더듬이가 있는데 자루마디와 제 3 마디에 흑색의 털뭉치가 있어 특이한 모습을 하고 있다. 성충은 5~7월에 출현하며, 국화과 식물이나 엉겅퀴 등에 많이 모이며, 5월 중순경에 교미하는 모습을 흔히 볼 수 있다.

분포 한국(북부·중부·남부·제주도), 일본, 중국, 만주, 몽고, 시베리아

① ② ③ ④ ⑤ ⑥ ⑦ ⑧ ⑨ ⑩ ⑪ ⑫

충청남도 계룡산 갑사, 1991. 8. 20.

딱정벌레목/하늘소과

알락하늘소

Anoplophora malasiaca (Thomson)

몸의 길이는 25~35 mm. 몸은 청색을 띤 흑색으로 광택이 난다. 더듬이는 수컷이 몸길이의 약 2 배이고, 암컷은 약 1.2 배이다. 앞가슴등판과 딱지날개에는 백색의 점무늬가 불규칙하게 나 있으며 잔털이 덮여 있다. 성충은 6~8월에 출현하며, 유충은 버드나무류를 해친다.

분포 한국(북부·중부·남부), 일본, 중국, 타이완

① ② ③ ④ ⑤ ⑥ ⑦ ⑧ ⑨ ⑩ ⑪ ⑫

서울 청계산, 1985. 8. 20.

딱정벌레목/하늘소과

목하늘소

Lamia textor (Linné)

몸의 길이는 24~28 mm. 몸은 흑갈색 바탕에 전체적으로 옅은 갈색의

1 2 3 4 5 6 7 8 9 10 11 12

가는 털이 덮여 있다. 앞가슴등판의 양 옆에는 뾰족한 가시돌기가 나 있으며, 딱지날개에는 과립상의 점각이 덮여 있다. 성충은 6~8월에 출현하며, 유충은 버드나무류를 해친다. 성충의 비상력은 약한 듯하며 주로 나무 줄기나 지면 위를 기어다닌다.

분포 한국(북부·중부), 일본, 중국, 만주, 시베리아, 유럽

충청북도 민주지산, 1988. 7

딱정벌레목/하늘소과

털두꺼비하늘소

Moechotypa diphysis (Pascoe)

몸의 길이는 19~25 mm. 몸은 전체적으로 흑갈색을 띤다. 앞가슴등판과 딱지날개의 표면이 두꺼비의 피부와 비슷한 모습이고 날개의 기부에 흑색의 털다발이 있어 그 이름이 붙여졌다. 성충은 5~9월에 출현하며, 참나무류의 벌채목에서 흔히 볼 수 있다.

[분포] 한국(북부·중부·남부·제주도), 일본, 중국, 아무르, 시베리아 남동부

① ② ③ ④ ⑤ ⑥ ⑦ ⑧ ⑨ ⑩ ⑪ ⑫

대전시 식장산, 1992. 5. 10.

딱정벌레목/하늘소과

별긴하늘소

Compsidia balsamifera Motschulsky

① ② ③ ④ ⑤ ⑥ ⑦ ⑧ ⑨ ⑩ ⑪ ⑫

　몸의 길이는 12∼14 mm. 몸과 딱지날개는 흑갈색을 띠며 많은 점각이 밀포되어 있고, 황색의 잔털이 몸을 덮고 있다. 앞가슴등판의 양쪽 옆가장자리에는 세모꼴로 황색 세로줄 무늬가 있다. 성충은 5∼6월에 출현하며, 유충은 버드나무류를 해친다. 분포 한국(북부·중부), 일본, 중국, 시베리아

221

딱정벌레목/하늘소과

노랑줄점하늘소

Epiglenea comes Bates

① ② ③ ④ ⑤ ⑥ ⑦ ⑧ ⑨ ⑩ ⑪ ⑫

몸의 길이는 8~11 mm. 몸은 흑색 바탕에 황색 세로줄 무늬와 점이 있다. 성충은 5~7월에 출현하며, 호두나무의 고목(枯木)에 잘 모여든다. 유충은 호두나무의 목질부를 해친다. 분포 한국(북부·중부), 일본, 중국, 시베리아

충청북도 민주지산, 1987. 7. 20.

강원도 설악산, 1985. 6. 20. 교미 장면

딱정벌레목/하늘소과

사과하늘소

Oberea inclusa Pascoe

(1)(2)(3)(4)(5)(6)(7)(8)(9)(10)(11)(12)

몸의 길이는 12~18 mm. 머리와 더듬이는 흑색이며, 딱지날개는 작은 방패판 주변을 제외하고 흑갈색을 띠며 작은 점각이 밀포되어 있다. 다리와 앞가슴등판은 황갈색이다. 성충은 5~7월에 출현하며, 유충은 사과나무의 목질부를 해친다.

분포 한국(북부·중부·남부), 일본, 중국, 시베리아

223

충청남도 계룡산, 1992. 7. 13.

딱정벌레목/하늘소과

삼하늘소

Thyestilla gebleri (Faldermann)

①②③④⑤⑥⑦⑧⑨⑩⑪⑫

몸의 길이는 12～15 mm. 몸은 흑색이며 배면은 흰색의 털로 덮여 있다. 앞가슴등판에서 딱지날개 끝까지는 양쪽 옆가장자리와 정중선을 따라 세로로 백색의 띠무늬가 나 있어 다른 종과 쉽게 구별된다. 성충은 5～7월에 출현하며, 숲 속에서 삼나무의 잎에 잘 모여든다.

분포 한국(북부·중부·남부·제주도), 일본, 중국, 몽고, 시베리아

경기도 천마산, 1986. 7. 1.　교미 장면

딱정벌레목/잎벌레과

백합긴가슴잎벌레

Lilioceris(*Lilioceris*)　*merdigera*
(Linné)

몸의 길이는 6~8 mm. 머리, 더듬이, 다리는 흑색을 띠고, 앞가슴등판과 딱지날개는 엷은 황색을 띠며 작은 점각이 세로로 열을 지어 있다. 성충은 5~7월에 출현하며, 유충은 백합과 식물을 해친다.

분포 한국(북부·중부·남부·제주도), 일본, 중국, 타이완, 사할린, 시베리아, 유럽

① ② ③ ④ ⑤ ⑥ ⑦ ⑧ ⑨ ⑩ ⑪ ⑫

225

경기도 양주군 앵무봉, 1991. 7. 20. 교미 장면

딱정벌레목/잎벌레과

넉점박이큰가슴잎벌레

Clytra arida Weise

①②③④⑤⑥⑦⑧⑨⑩⑪⑫

몸의 길이는 8~10 mm. 몸은 흑색이며, 딱지날개는 옅은 황색 바탕에 4개의 흑색 점무늬가 있다. 배 쪽과 다리에는 옅은 색의 털이 나 있으며, 정수리에서 앞가슴등판의 중앙을 따라서는 약간 볼록하게 돌출되어 있다. 성충은 5~8월에 출현하며, 싸리나무류에 잘 모여든다.

분포 한국(북부·중부·남부), 일본, 중국, 만주, 시베리아

226

청북도 민주지산, 1987. 8. 5.

딱정벌레목/잎벌레과

중국청람색잎벌레

Chrysochus chinensis Baly

몸의 길이는 9~10 mm. 몸은 흑색인데, 표면은 남색으로부터 자주색의 광택이 난다. 머리에는 점각이 나 있으며, 앞가슴등판과 딱지날개에도 작은 점각이 불규칙하게 나 있다. 성충은 5~9월에 출현하며, 유충은 박주가리과 식물의 잎을 먹는다.

분포 한국(북부·중부·남부), 일본, 중국, 시베리아

1 2 3 4 5 6 7 8 9 10 11 12

227

충청남도 칠갑산, 1989. 5. 15.

딱정벌레목/잎벌레과

쑥잎벌레

Chrysolina aurichalcea
(Mannerheim)

① ② ③ ④ ⑤ ⑥ ⑦ ⑧ ⑨ ⑩ ⑪ ⑫

　몸의 길이는 7~9 mm. 몸은 흑색인데, 표면은 청람색으로부터 흑색을 띤 남색의 광택이 난다. 머리에는 가는 점각이 밀포되어 있고, 앞가슴등판과 딱지날개에도 불규칙한 점각이 밀포되어 있다. 성충은 5~7월에 출현하며, 유충은 쑥을 먹고 산다.

分포 한국(북부·중부·남부), 일본, 중국, 타이완, 사할린, 몽고, 시베리아

228

대전시 식장산, 1989. 4. 15.

딱정벌레목/잎벌레과

사시나무잎벌레 (황철나무잎벌레)

Chrysomela (*Chrysomela*) *populi*
Linné

1 2 3 **4** 5 **6** 7 **8** 9 10 11 12

몸의 길이는 10 mm 안팎. 머리와 가슴은 흑색 바탕에 남색의 광택이 나며, 딱지날개는 황적색을 띤다. 성충은 4~8월에 출현하는데, 4월 중순경에 교미를 하여 황철나무나 버드나무류의 잎에 등황색의 알을 덩어리로 낳는다.

분포 한국(북부·중부·남부·제주도), 일본, 중국, 인도, 시베리아, 유럽, 북아프리카

229

교미 장면   대전시 식장산, 1989. 4. 15.

딱정벌레목/잎벌레과

버들잎벌레

Chrysomela vigintipuncta (Scopoli)

몸의 길이는 8 mm 안팎. 몸은 약간 길쭉하며, 머리와 배 쪽은 모두 흑색 바탕에 청록색 광택이 난다. 딱

① ② ③ ④ ⑤ ⑥ ⑦ ⑧ ⑨ ⑩ ⑪ ⑫

지날개는 황색 바탕에 흑색 또는 흑색을 띤 남색의 긴 점무늬가 10개씩 세로로 나 있다. 그러나 개체에 따라 딱지날개가 흑화형인 것도 있으며 변이가 심하다. 성충은 4월 중순경에 교미하여 버드나무의 가지에 산란하고, 부화된 유충은 버드나무 잎을 먹는다.

분포 한국(북부·중부·남부·제주도), 일본, 중국, 타이완, 인도 북부, 시베리아, 중앙 아시아, 유럽

230

딱정벌레목/잎벌레과

참금록색잎벌레

Linaeidea adamsi (Baly)

① ② ③ ④ ⑤ ⑥ ⑦ ⑧ ⑨ ⑩ ⑪ ⑫

몸의 길이는 7 mm 안팎. 앞가슴등판은 주황색을 띠며, 딱지날개는 청람색의 광택이 난다. 앞가슴등판과 딱지날개에는 작은 점각의 열이 있다. 성충은 5~9월에 출현하며, 유충은 오리나무류의 잎을 주로 먹는다.
분포 한국(북부·중부·남부), 중국, 만주

전라북도 지리산, 1992. 5. 15.

231

충청남도 계룡산, 1989. 4. 3

딱정벌레목/잎벌레과

남색잎벌레

Linaeidea aenea (Linné)

몸의 길이는 7~8 mm. 몸은 금록색의 광택이 나며, 더듬이는 기부 쪽

①②③④⑤⑥⑦⑧⑨⑩⑪⑫

의 절반 정도가 황갈색을 띤다. 딱지날개는 보통 남색을 띠나 구릿빛 또는 자주색을 띠는 등 변화가 심하다. 앞가슴등판에는 크고 작은 점각이 나 있으며, 딱지날개에도 점각의 열이 있다. 성충은 4~10월에 출현하며, 유충은 황철나무, 사시나무, 자작나무, 버드나무, 오리나무류 등의 잎을 먹는다.

분포 한국(북부·중부·남부), 일본, 중국, 만주, 사할린, 시베리아, 유럽

232

대전시 식장산, 1990. 9. 15.

교미 장면

딱정벌레목/잎벌레과

열점박이별잎벌레(왕더듬이긴잎벌레)

Oides decempunctatus (Billberg)

1 2 3 4 5 6 7 8 9 10 11 12

　몸의 길이는 10~13 mm. 몸과 날개는 황갈색을 띠며, 딱지날개에는 10개의 흑색 점무늬가 있는데 그 배열은 2-2-1로 되어 있다. 더듬이는 실 모양으로 마디의 끝쪽은 흑갈색을 띤다. 성충은 7~9월에 출현하며, 유충은 포도, 담쟁이덩굴 등의 잎을 해친다.
분포 한국(북부·중부·남부), 중국, 베트남, 캄보디아, 라오스

233

대전시 식장산, 1992. 5. 10.

딱정벌레목/잎벌레과

오리나무잎벌레

Agelastica coerulea Baly

몸의 길이는 7~9 mm. 몸과 날개는 전체적으로 보랏빛 또는 녹색의

① ② ③ ④ ⑤ ⑥ ⑦ ⑧ ⑨ ⑩ ⑪ ⑫

광택이 나는 남색을 띤다. 더듬이는 실 모양으로 흑색이며, 가운뎃다리와 뒷다리의 종아리마디 끝에는 작은 돌기가 하나씩 있다. 성충은 4~9월에 출현하며, 유충은 오리나무, 개암나무, 황철나무, 사시나무, 사과나무, 박달나무, 버드나무, 벚나무류 등의 잎을 해친다.

분포 한국(북부·중부·남부·제주도), 일본, 중국, 만주, 아무르, 시베리아, 북아메리카

234

충청남도 칠갑산, 1989. 5. 15.

딱정벌레목／잎벌레과

상아잎벌레 (호장근잎벌레)

Gallerucida bifasciata Motschulsky

몸의 길이는 8~9 mm. 몸은 흑색이며, 딱지날개에는 등황색의 얼룩무

① ② ③ ④ ⑤ ⑥ ⑦ ⑧ ⑨ ⑩ ⑪ ⑫

늬가 있다. 더듬이는 제 4 마디부터 톱니 모양이다. 앞가슴등판에는 크고 작은 점각이 불규칙하게 분포되어 있으며, 딱지날개에도 작은 점각이 열을 지어 있다. 성충은 4~8월에 출현하며, 유충은 호장근류의 잎을 먹는다. 본 종은 과거 *Gallerucida nigro-maculata* Baly와 혼용되어 왔다.

분포 한국(중부·남부·제주도·울릉도), 일본, 중국, 타이완

235

대전시 식장산, 1987. 9. 20.　교미 장면

딱정벌레목/잎벌레과

왕벼룩잎벌레

Ophrida spectabilis (Baly)

①②③④⑤⑥⑦⑧⑨⑩⑪⑫

　몸의 길이는 10～12 mm. 몸과 날개는 등황색을 띠며, 딱지날개에는 불규칙하고 넓게 유백색의 무늬가 있다. 뒷다리의 넓적다리마디는 특히 굵게 잘 발달되어 있다. 성충은 7～9월에 출현하며, 주로 붉나무의 잎에서 생활한다. 유충도 붉나무의 잎을 먹고 산다.

분포 한국(북부·중부·남부), 중국, 타이완

236

충청북도 민주지산, 1992. 6. 20.

딱정벌레목/잎벌레과

루이스큰남생이잎벌레
(루이스남생이잎벌레)

Thlaspida lewisii (Baly)

몸의 길이는 6~7 mm. 몸은 짙은 황갈색을 띠는데 가장자리 쪽은 투명

① ② ③ ④ ⑤ ⑥ ⑦ ⑧ ⑨ ⑩ ⑪ ⑫

하다. 딱지날개는 앞모서리로부터 뒷부분의 옆가장자리까지 넓게 갈색의 무늬가 이어져 있으며 작은 점각이 세로로 열을 지어 있고, 작은방패판의 뒤쪽으로는 큰 융기부가 있다. 성충은 5~8월에 출현하며, 유충은 물푸레나무, 쥐똥나무류 등의 잎을 먹고 산다.

분포 한국(북부·중부·남부), 일본, 중국, 시베리아 동부

237

충청남도 칠갑산, 1990. 5. 26.

딱정벌레목/거위벌레과

붉은점뿔거위벌레

Byctiscus (*Byctiscus*)　*princeps* (Solsky)

① ② ③ ④ ⑤ ⑥ ⑦ ⑧ ⑨ ⑩ ⑪ ⑫

몸의 길이는 6~7 mm. 몸과 날개는 금록색의 광택이 난다. 딱지날개의 기부 쪽에는 금적색의 커다란 광택 부위가 있다. 머리와 가슴등판에는 작은 점각이 있으며, 가슴등판의 중앙부는 세로로 좁게 패어 있다. 성충은 5~8월에 출현한다.

분포 한국(북부·중부·남부), 일본, 중국, 시베리아 동부

238

대전시 식장산, 2003. 8. 12.

딱정벌레목/거위벌레과

거위벌레

Apoderus(*Apoderus*) *jekelii* (Roelofs)

몸의 길이는 7~10 mm. 몸은 흑색이고, 수컷의 머리는 긴 원뿔형이며

① ② ③ ④ ⑤ ⑥ ⑦ ⑧ ⑨ ⑩ ⑪ ⑫

앞가슴도 원뿔형이다. 딱지날개는 적색을 띠며 작은 점각과 가늘게 세로로 달리고 있는 융기선이 있다. 성충은 5~9월에 출현하며, 참나무, 상수리나무, 밤나무, 오리나무, 아카시아나무, 호두나무, 뽕나무류 등의 잎을 말고 그 속에 알을 낳는다.

분포 한국(북부·중부·남부), 일본, 사할린, 시베리아

239

딱정벌레목 Coleoptera

딱정벌레목/거위벌레과

검정날개거위벌레

Apoderus (*Compsapoderus*) *erythrogaster* Vollenhoven

① ② ③ ④ ⑤ ⑥ ⑦ ⑧ ⑨ ⑩ ⑪ ⑫

　몸의 길이는 4~5 mm. 몸은 대체로 흑색을 띠며, 다리와 복부는 황적색을 띠는 경우도 있다. 딱지날개는 흑색의 광택이 나며 작은 점각이 밀포되어 있고 가는 세로 융기선이 있다. 성충은 5~8월에 출현하며, 참나무, 상수리나무, 밤나무류 등의 잎을 말고 그 속에 알을 낳는다.

분포 한국(중부・남부), 일본

충청북도 민주지산, 1987. 7. 20.

충청북도 민주지산, 1987. 8. 6.   수컷

암컷

딱정벌레목/거위벌레과

사과거위벌레

Paracentrocorynus nigricollis
(Roelofs)

① ② ③ ④ ⑤ ⑥ ⑦ ⑧ ⑨ ⑩ ⑪ ⑫

몸의 길이는 6~8 mm. 몸은 적갈색을 띠며, 머리는 흑색인데 수컷의 머리가 암컷보다 길다. 딱지날개는 흑갈색 또는 적갈색을 띠며 가는 세로 융기선과 작은 점각이 밀포되어 있다. 성충은 5~9월에 출현한다.
분포 한국(중부·남부), 일본

241

충청북도 민주지산, 1987. 9. 15.

딱정벌레목/거위벌레과

왕거위벌레

Paracycnotrachelus longiceps
(Motschulsky)

몸의 길이는 수컷이 9~10 mm, 암컷은 7~8 mm. 몸은 흑색을 띠며, 머리는 곤봉 모양으로 길다. 딱지날개는 적갈색을 띠며 가는 세로 융기선 사이에는 작은 점각이 있다. 성충은 4~10월에 연 2회 출현하며, 개암나무의 잎을 말아 그 속에 알을 낳는다.

분포 한국(북부·중부·남부), 일본, 중국, 아무르, 연해주

① ② ③ ④ ⑤ ⑥ ⑦ ⑧ ⑨ ⑩ ⑪ ⑫

충청남도 칠갑산, 1992. 5. 30.

딱정벌레목/바구미과

꼬마녹색가루바구미

Phyllobius(*Diallobius*) *mundus*
(Sharp)

① ② ③ ④ ⑤ ⑥ ⑦ ⑧ ⑨ ⑩ ⑪ ⑫

　몸의 길이는 5~6 mm. 몸은 갈색 또는 적갈색을 띠는데 등면 쪽에는 옅은 녹색의 비늘가루가 곱게 덮여 있다. 더듬이와 다리는 황적갈색이며 역시 옅은 녹색의 비늘가루가 덮여 있다. 딱지날개에는 가늘게 세로로 융기선이 있다. 성충은 5~8월에 출현한다.

분포 한국(중부·남부), 일본

243

충청북도 민주지산, 1988. 5. 15.

딱정벌레목/바구미과

혹바구미

Episomus turritus (Gyllenhal)

몸의 길이는 15~17 mm. 몸에는 흑갈색이나 회백색의 비늘가루가 덮여 있다. 딱지날개에는 혹 모양의 융기가 고르게 나 있고 끝 가까이에 큰 돌기가 있다. 건드리면 잎이나 가지에서 떨어져 잠시 죽은 체하고 움직이지 않는 습성이 있다. 성충은 5~8월에 출현하며, 주로 콩과 식물의 잎을 먹는다.

분포 한국(북부·중부·남부·제주도), 일본, 중국

① ② ③ ④ ⑤ ⑥ ⑦ ⑧ ⑨ ⑩ ⑪ ⑫

244

전라북도 지리산, 1986. 6. 23.　교미 장면

딱정벌레목/바구미과

배자바구미

Mesalcidodes trifidus (Pascoe)

　몸의 길이는 10 mm 안팎. 몸은 흑색 바탕에 백색 무늬가 있는 모습이 흡사 팬더를 연상시킨다. 입은 굵게 ㄱ자 형으로 굽어 있어서 구부러진 입부리로 칡줄기에 홈을 파서 속을 파 먹는다. 다리는 흑색으로 마디는

① ② ③ ④ ⑤ ⑥ ⑦ ⑧ ⑨ ⑩ ⑪ ⑫

짧으나 오동통하며, 넓적다리마디는 특히 굵다. 성충은 5~10월에 출현하며, 주로 칡넝쿨 주변에서 생활한다. 교미를 마친 암컷은 입으로 칡줄기에 상처를 내어 그 속에 길이 1.3 mm 가량의 흰 타원형 알을 낳는다. 부화된 애벌레는 칡줄기의 홈에서 자라며, 홈 속에서 번데기를 거쳐 9월경에 성충이 되어 월동한 후, 이듬해 봄에 출현한다.

분포 한국(북부·중부·남부), 일본, 중국, 타이완

245

보호색을 띤 모습   충청남도 칠갑산, 1990. 5. 26.

딱정벌레목/바구미과

노랑쌍무늬바구미

Lepyrus japonicus Roelofs

1 2 3 4 5 6 7 8 9 10 11 12

몸의 길이는 10~11 mm. 몸은 흑색으로 백색의 비늘가루가 엷게 덮여 있으며, 배 쪽은 황갈색의 인모가 섞여 있다. 앞가슴등판에는 양 옆에 엷은 황색의 줄무늬가 있으며, 딱지날개에도 양 옆의 중앙 부위에 황색의 무늬가 있어 쉽게 다른 종과 구분된다. 성충은 4~9월에 출현하며, 주로 버드나무에 잘 모인다.

분포 한국(북부·중부·남부·제주도), 일본, 중국, 시베리아 동부

246

딱정벌레목/바구미과

흰띠밤바구미 (흰띠꿀꿀이바구미)

Curculio styracis (Roelofs)

①②③④⑤⑥⑦⑧⑨⑩⑪⑫

　　몸의 길이는 6~6.5 mm. 주둥이의 길이가 5~6 mm 나 된다. 몸은 대체로 흑색이며, 딱지날개의 기부와 중앙에 백색 인모가 나 있고, 배면에도 백색 인모가 드리워져 있다. 더듬이는 주둥이의 중간 부분에 나 있으며 적갈색을 띤다. 성충은 5~8월에 출현하며, 주로 잡목림 숲에서 생활한다.

분포 한국(북부·중부·남부), 일본

충청북도 민주지산, 1987. 7. 20.

247

■ 벌목(膜翅目)　Hymenoptera

　몸길이 0.1 mm 정도의 기생벌로부터 50 mm의 장수말벌 등 형태와 크기가 다양하다. 외피는 두껍게 각질화되었고, 측판은 상당히 유합되었다. 더듬이는 3~60 마디이며 모양은 보통 실 모양, 염주 모양, 곤봉 모양, 빗살 모양, 부채꼴, 고리 모양 등 다양하고, 병절(柄節), 경절(梗節), 편절(鞭節) 등의 구분이 분명하다. 겹눈은 잘 발달되었고, 대개 홑눈이 있다. 구기는 생김새가 특이하며 대부분 저작형이고 핥고 빨아들이는 기능을 겸한다. 큰턱과 작은턱은 기능에 맞게 변형되었으며, 작은턱수염은 1~2 절 또는 4~6 절 등으로 구성되었고, 아랫입술수염은 2~4 절로 짧거나 길고 가늘다. 가슴의 형태는 여러 모양으로 대개 뒷가슴과 배의 밑마디는 유합되고 배와 가슴의 폭이 같다. 날개는 잘 발달되었는데 퇴화되었거나 아예 없는 것도 있으며, 날개의 폭은 비교적 좁은 편으로 앞날개가 뒷날개보다 훨씬 크다. 또한, 날개는 막질이고 단단하며 표면에 비늘이 없으며 시맥이 다양하게 변이하였다. 다리는 보통 가는 편이며 3 개의 다리 모양이 같지만 종류에 따라 다소의 변이가 있다. 복부는 타원형이거나 원통형인데, 기생성 종류는 가늘고 긴 것도 있다. 배마디는 10 마디이나 4~9 마디인 종도 있으며, 제 1 마디는 뒷가슴과 유합되었고, 제 2 마디는 넓적허리벌아목은 폭이 넓으나 호리허리벌아목은 개미 허리 모양으로 날씬하다. 암컷의 복부 끝에는 여러 가지 모양의 산란관이 있다. 유충은 대개 다리가 없으며 털벌레 또는 굼벵이 모양이고 대부분 뚜렷한 머리와 저작형의 구기가 있다. 현존하는 벌 중에서 원시형 잎벌 무리 중에는 더듬이와 각 가슴마디에 잘 발달된 부속지가 있는 경우가 있다. 원시형 넓적허리벌아목 무리는 대개 식식성(食植性)이어서 해충이 많으며, 맵시벌, 고치벌, 좀벌 등 호리허리벌아목은 식충성(食蟲性)이 많아 익충이 되는 등 좋은 자원 구실을 한다. 현재 전세계에 10 만 여 종이 알려져 있다.

● 몸의 구조

🔽 성충

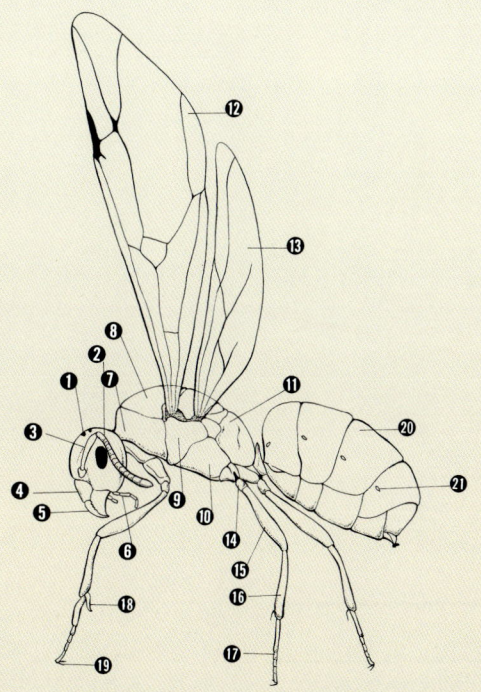

* 성충

1 홑눈 **2** 겹눈 **3** 더듬이 **4** 이마방패 **5** 큰턱 **6** 작은턱수염 **7** 앞등판엽 **8** 견갑판 **9** 가슴옆판 **10** 중후측판 **11** 전신복절 **12** 앞날개 **13** 뒷날개 **14** 밑마디 **15** 넓적다리마디 **16** 종아리마디 **17** 발목마디 **18** 며느리발톱 **19** 발톱 **20** 배 **21** 숨구멍

충청북도 민주지산, 1992. 6. 20.

벌목/등에잎벌과

극동등에잎벌

Arge similis (Vollenhoven)

몸의 길이는 9 mm 안팎. 암컷의 몸은 전체가 청람색이며, 날개는 좀 더 짙은 색으로 반투명한데 바깥가장 자리는 짙은 색이 약간 약하다. 온몸에 거의 점각이 없고 광택이 강하다. 더듬이 사이의 융기부는 뚜렷한 Y자 모양이며, 머리방패 끝의 오목한 곳은 비교적 좁다. 성충은 5~9월에 출현하며, 유충은 진달래의 잎을 먹고 산다.

분포 한국(중부·남부), 일본, 중국, 타이완

1 2 3 4 5 6 7 8 9 10 11 12

250

대전시 식장산, 1991. 6. 3.

벌목/수중다리잎벌과

구리수중다리잎벌

Abia iridescens Marlatt

① ② ③ ④ ⑤ ⑥ ⑦ ⑧ ⑨ ⑩ ⑪ ⑫

　　몸의 길이는 14 mm 안팎. 암컷의 몸은 흑갈색 바탕에 강한 구릿빛 광택이 있다. 더듬이와 각 다리의 종아리마디, 발목마디는 황갈색 내지 짙은 갈색이고, 날개는 투명한 황색이며, 앞날개의 앞가장자리에는 넓게 뒷가장자리에는 좁게 짙은 색의 띠가 있다. 머리와 가슴에는 뚜렷한 점각이 밀포되어 있으며 비교적 짧고 짙은 색의 털이 나 있다. 더듬이는 7마디이고 끝으로 감에 따라 굵어져서 곤봉 모양을 하고 있다. 성충은 4~6월에 출현한다.

분포 한국(중부), 일본

251

충청북도 영동군 천마령, 1992. 5. 8.

벌목/수중다리잎벌과

노랑수중다리잎벌

Cimbex lutea (Linné)

몸의 길이는 20 mm 안팎. 암컷은 머리와 가슴에 짙은 회색의 긴 털이 나 있다. 머리는 황색으로 약간 광택

① ② ③ ④ ⑤ ⑥ ⑦ ⑧ ⑨ ⑩ ⑪ ⑫

이 있고, 이마와 얼굴의 양쪽 옆은 흑색이다. 가슴은 대부분 흑색이나 앞가슴등판, 가운뎃가슴옆판, 작은방패판, 가운뎃가슴등판의 양 옆은 황갈색이다. 다리와 배는 황색이며 광택이 없으나 배 기부 쪽에 약간 광택이 있다. 날개는 황색이나 바깥가장자리와 중앙 반실이 옅은 갈색이다. 성충은 4～5월에 출현하며, 유충은 버드나무류의 잎을 먹는다.

분포 한국(북부·중부), 일본, 사할린, 시베리아, 유럽

252

벌목/잎벌과

등빨간잎벌

Dolerus ephippiatus Smith

① ② ③ ④ ⑤ ⑥ ⑦ ⑧ ⑨ ⑩ ⑪ ⑫

몸의 길이는 10 mm 안팎. 암컷의 몸은 흑색에 금속 광택이 있고, 배는 다소 청람색을 띤다. 가슴의 대부분은 주홍색이며, 작은방패판, 앞가슴과 가운뎃가슴등판, 뒷가슴은 흑색을 띤다. 날개는 투명하고 겉쪽이 약간 어두운 색이며, 시맥은 흑갈색이다. 성충은 7~8월에 출현하며, 유충은 쇠뜨기 잎을 먹는다.

분포 한국(북부·중부), 일본, 사할린

충청북도 소백산, 1994. 8. 4.

253

충청북도 속리산, 1989. 9. 25.

벌목/갈고리벌과

등빨간갈고리벌 (신칭)

Poecilogonalos fasciata Strand

① ② ③ ④ ⑤ ⑥ ⑦ ⑧ ⑨ ⑩ ⑪ ⑫

몸의 길이는 8~11 mm. 머리와 배는 흑색이며, 가슴은 아름다운 적색을 띤다. 배에는 황백색의 띠무늬가 있으며, 각 다리의 밑마디 일부와 넓적다리마디의 기부 등은 백색을 띤다. 날개는 반투명한 어두운 색을 띤다. 성충은 7~9월에 출현한다.

분포 한국(중부), 일본

충청남도 계룡산, 1990. 8. 2.

벌목/곤봉호리벌과

곤봉호리벌

Gasteruption thomasoni Schletterer

1 2 3 4 5 6 7 8 9 10 11 12

　몸의 길이는 14 mm 안팎. 암컷의 몸은 전체적으로 흑색이고, 제 1~2 배마디의 뒷슭은 적갈색을 띤다. 가슴이 짧고, 배는 가늘고 길며 배자루는 전신복절의 위쪽에 부착되어 있다. 더듬이는 비교적 짧고 흑색이며, 날개는 투명하다. 성충은 7~8월에 출현하나 대단히 드문 편이다.

분포 한국(중부·남부·울릉도), 일본

255

대전시 만인산, 1992. 6. 21.

벌목/맵시벌과

송곳벌살이꼬리납작맵시벌

Megarhyssa groliosa (Matsumura)

① ② ③ ④ ⑤ ⑥ ⑦ ⑧ ⑨ ⑩ ⑪ ⑫

몸의 길이는 40 mm 안팎. 암컷의 몸은 적갈색이고 불규칙한 황색 무늬가 많다. 제 1 배마디는 가늘고 길어서 전신복절의 약 1.5 배이며, 배판의 키틴화한 부분은 전체 길이의 2/3에 달한다. 더듬이는 황갈색을 띠고, 날개는 옅은 황색이다. 성충은 6~7월에 출현하며, '얼룩송곳벌'의 유충에 기생한다.

[분포] 한국(중부), 일본, 사할린

256

충청남도 칠갑산, 1992. 5. 30.

벌목/맵시벌과

송곳벌살이납작맵시벌

Rhyssa persuasoria (Linné)

몸의 길이는 38 mm 안팎. 암컷의 몸은 흑갈색이나 앞가슴의 뒷숡, 양쪽 옆구리 등의 무늬와 어깨판, 작은

① ② ③ ④ ⑤ ⑥ ⑦ ⑧ ⑨ ⑩ ⑪ ⑫

방패판의 끝, 뒷가슴의 옆 무늬, 제 1 배마디의 뒷숡, 제 2~6 배마디의 뒷숡 양쪽의 무늬는 황백색이다. 날 개는 옅은 적갈색이고, 다리는 황적 색이며 각 밑마디는 흑색이다. 배마 디에는 가로로 주름이 있으며, 산란 관은 몸의 길이보다 길다. 성충은 5 월 하순~7월에 출현하며, '잣나무송 곳벌'의 유충에 기생한다.

분포 한국(북부·중부·남부·제주도), 일본, 사할린, 인도, 유럽, 북아메리카

257

충청남도 예산군 수덕사, 1994. 5. 20.

벌목/맵시벌과

검보라맵시벌

Ichneumon nigroindicus (Kim)

몸의 길이는 23 mm 안팎. 암컷의 몸은 강한 자주색을 띤 흑색이나 머리와 가슴은 흑색이다. 이마 양쪽 옆, 정수리의 뒤 양쪽 옆, 앞다리의 넓적다리마디의 끝과 그 종아리마디, 가운뎃다리와 뒷다리의 도래마디 위쪽과 그 종아리마디의 중앙, 뒷다리의 발목마디는 황색을 띤다. 더듬이는 흑색인데 중앙의 제 7～14 마디는 황색을 띤다. 성충은 5～10월에 출현한다.

분포 한국(중부·제주도)

① ② ③ ④ **⑤ ⑥ ⑦ ⑧ ⑨ ⑩** ⑪ ⑫

충청북도 소백산, 1994. 8. 3.

벌목/배벌과

애배벌

Campsomeris(*Campsomeris*) *annulata*
Fabricius

몸의 길이는 수컷이 13~20 mm,
암컷은 15~20 mm. 암컷은 머리가
평활하고 광택이 있으며, 앞이마와
① ② ③ ④ ⑤ ⑥ ⑦ ⑧ ⑨ ⑩ ⑪ ⑫

더듬이의 도랑 및 뒷머리에는 점각이
밀포되어 있고 옅은 황색의 털이 빽
빽이 나 있다. 몸은 대체로 흑색이
고, 털은 옅은 황색 내지 회백색이
며, 제 1~4 배마디의 뒷슭 털은 회백
색이나 그 이하의 각 마디에는 흑갈
색의 털이 나 있다. 성충은 5~8월에
출현하며, '콩풍뎅이'의 유충에 기생
한다.

분포 한국(북부·중부·남부·제주도),
일본, 중국, 타이완, 필리핀

259

충청남도 계룡산, 1992. 10. 12.

벌목/배벌과

금테줄배벌

Campsomeris (*Megacampsemeris*)
prismatica Smith

몸의 길이는 20~22 mm. 암컷의
정수리와 얼굴에는 큰 점각이 성기게
있고 뒷머리와 앞이마에는 배게 있

1　2　3　4　5　6　7　**8**　**9**　**10**　11　12

다. 몸은 흑색으로 옅은 황갈색 내지
황백색의 털이 나 있는데, 가슴의 등
면에는 특히 빽빽이 나 있다. 날개는
옅은 황색이나 바깥가장자리는 약간
짙은 황색이다. 다리와 제 1 배마디의
털은 길고 성기며, 제 5 배마디 이하
에는 흑색 털이 빽빽이 나 있다. 성
충은 8~10월에 출현하며, '콩풍뎅이'
의 유충에 기생한다.

분포 한국(중부·남부), 일본, 중국, 타
이완, 자바 섬, 셀레베스 섬, 인도

260

벌목/배벌과

황띠배벌

Scolia (*Discolia*) *oculata* Matsumura

몸의 길이는 수컷이 13~20 mm, 암컷은 23~27 mm. 암컷은 머리가 평활하고 광택이 있으며, 앞이마와

① ② ③ ④ ⑤ ⑥ ⑦ ⑧ ⑨ ⑩ ⑪ ⑫

더듬이의 도랑에는 점각이 배게 나 있다. 몸은 흑색이며 제3배마디의 양 옆에는 뚜렷한 황색의 무늬가 있다. 날개는 짙은 적갈색이고 짙은 보랏빛의 광택이 있다. 수컷은 암컷보다 몸이 가늘고 길며, 제3배마디의 황색 무늬가 커서 마치 넓은 황색 띠처럼 보인다. 성충은 6~10월에 출현한다.

분포 한국(북부·중부·남부), 일본, 중국, 타이완

충청북도 소백산, 1994. 8. 4.

261

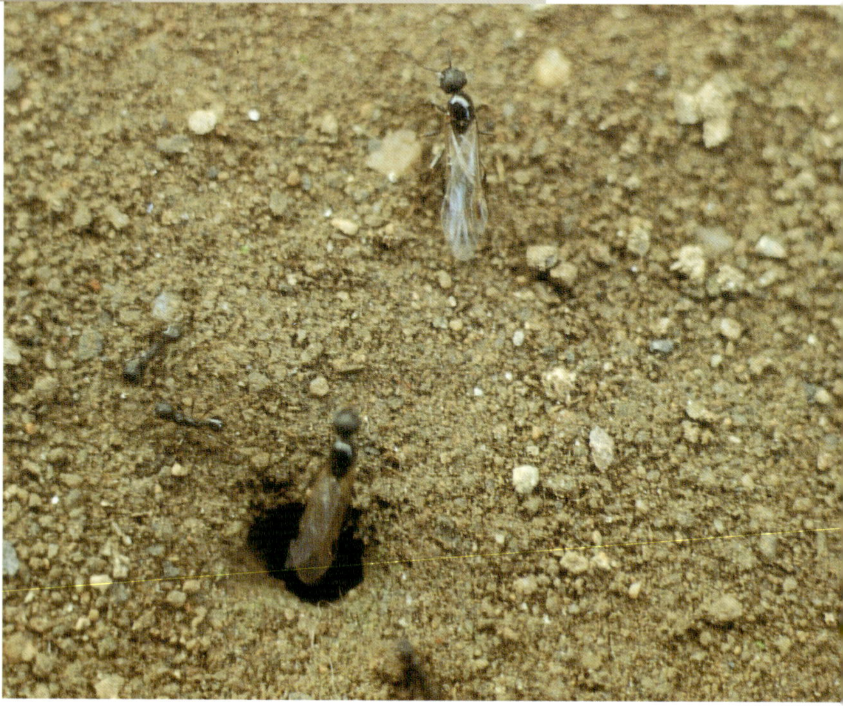

충청남도 칠갑산, 1990. 5. 28.

벌목/개미과

일본왕개미

Camponotus (*Camponotus*) *japonicus* Mayr

몸의 길이는 여왕개미가 약 17 mm, 수컷은 약 11 mm, 일개미는 7~13 mm. 여왕개미는 가슴이 발달하였고

1 2 3 4 5 6 7 8 9 10 11 12

날개와 시맥은 갈색이다. 수컷은 몸이 좁고 길며 머리는 둥글고 겹눈과 홑눈이 크다. 일개미는 몸이 흑색이며 미세한 갈색 털이 나 있고 가슴과 배의 털은 머리의 털보다 촘촘히 나 있으며, 머리는 타원형이고 홑눈은 없고 머리방패의 앞습은 다소 둥글고 중앙이 돌출해 있다. 여왕개미의 짝짓기는 5~6월의 날씨 좋은 날 저녁에 이룬다.

분포 한국(북부 · 중부 · 남부 · 제주도 · 울릉도), 일본, 중국, 필리핀, 미얀마

충청남도 계룡산, 1990. 8. 2.

벌목/개미과

곰개미

Formica (*Serviformica*) *japonica*
Motschulsky

몸의 길이는 여왕개미가 10~11
mm, 일개미는 약 5 mm. 여왕개미
의 몸은 흑색이고 부드러운 털이 나
있으며 다소 광택이 있다. 수컷은 몸

①②③④⑤⑥⑦⑧⑨⑩⑪⑫

길이가 여왕개미와 같으나 배가 긴
편이다. 일개미의 몸은 흑색 또는 흑
갈색이며 온몸에 광택이 있는 회갈색
의 부드러운 털이 빽빽이 나 있고 강
모도 약간 나 있다. 성충은 6~10월
에 출현하며, 우리 주변에서 흔히 볼
수 있는 종으로, 비교적 건조한 땅에
집을 만들고 진딧물을 보호하는 일이
많다.

분포 한국(중부·남부·제주도), 일본,
중국, 타이완, 사할린, 몽고, 만주,
유럽, 아프리카, 북아메리카

263

벌목/호리병벌과

황슭감탕벌 (황테감탕벌)

Anterhynchium flavomarginatum Smith

몸의 길이는 15~18 mm. 몸은 흑색이며, 머리와 가슴에 점각이 밀포되어 있고, 머리방패의 변두리는 흑

① ② ③ ④ ⑤ ⑥ ⑦ ⑧ ⑨ ⑩ ⑪ ⑫

색이다. 앞가슴의 변두리에는 중단된 황색의 줄이 있고, 어깨판에는 적갈색 점이 있다. 날개는 짙은 자주색으로 아름다운 무지개빛이 난다. 배에는 깊은 점각이 있고 2개의 황색 띠무늬가 있다. 성충은 5~9월에 출현하며, '뽕나무들명나방', '솜들명나방', '포도들명나방' 등의 유충을 포식한다.

분포 한국(북부·중부·남부·제주도), 일본, 중국

나무에 구멍을 파고 산란 장소를 만든다.

경기도 용문산, 1993. 9. 10.

264

충청북도 민주지산, 1991. 10. 12.

벌목/호리병벌과

애호리병벌

Eumenes pomiformis Fabricius

몸의 길이는 16～19 mm. 몸은 흑색이며, 머리방패 위의 八자 무늬, 더듬이 사이의 세로줄, 앞가슴등판 ① ② ③ ④ ⑤ ⑥ ⑦ ⑧ ⑨ ⑩ ⑪ ⑫ 양 옆의 무늬, 뒷가슴등판의 가로줄 무늬, 전신복절의 양쪽 옆의 무늬, 가운뎃가슴옆판의 둥근 무늬, 제 1, 2 배마디의 뒷슭 띠무늬 등은 황색을 띤다. 몸에는 또 점각이 많은데 머리, 가슴, 배자루마디 등에는 거칠고 크나 다른 배마디에는 미세하다. 성충은 10월에 출현하며, 나비목 곤충의 유충을 잡아먹는다.

분포 한국(중부·남부·제주도), 일본, 유럽, 북아프리카

265

대전시 보문산, 1995. 9. 30.

벌목/호리병벌과

호리병벌

Oreumenes decoratus (Smith)

몸의 길이는 수컷이 25~30 mm. 몸은 흑색이나 머리방패와 그에 접하는 더듬이의 기부, 더듬이의 자루마디에 있는 줄무늬, 겹눈의 뒷슬 등줄무늬는 짙은 황색이다. 앞가슴등판의

1 2 3 4 5 6 7 8 9 10 11 12

뒷모서리를 제외한 대부분과 가운뎃가슴등판의 양 옆의 줄무늬, 뒷가슴등판의 가로줄, 전신복절의 옆구리의 점 등은 황갈색이다. 날개는 갈색이 돌고 광택이 있다. 머리, 가슴, 배자루에는 점각이 밀포하고, 몸의 등 쪽에는 갈색의 짧은 털이 나 있고, 배쪽에는 회백색 잔털이 나 있다. 성충은 6~10월에 출현한다.

분포 한국(중부·남부·제주도), 일본, 중국, 타이완, 남만주

266

벌집(위)　　　　　　　충청북도 월악산, 1994.10.1.

벌목/말벌과

말벌

Vespa crabro flavofasciata Cameron

몸의 길이는 수컷이 20 mm, 암컷이 약 25 mm. 암컷은 몸빛이 흑갈색이며 황갈색과 적갈색의 무늬가 있다. 머리는 황갈색이고 정수리에는 흑갈색의 마름모꼴 무늬가 있다. 머

① ② ③ ④ ⑤ ⑥ ⑦ ⑧ ⑨ ⑩ ⑪ ⑫

리방패의 윗슭과 옆슭이 접한 곳은 흑색이고, 더듬이는 적갈색이나 자루마디 앞면은 황갈색이다. 제1 배판은 전연에는 적갈색, 후연에는 가는 황갈색의 띠가 있다. 제2 배판 후연에는 단순한 황색 띠가 있으나 제3 마디 이후는 물결 모양으로 팬 띠가 있다. 성충은 6~10 월에 출현하며, 수액에도 모이고 다른 곤충류를 포식하기도 한다.

분포 한국(전역), 일본, 중국, 만주, 사할린, 시베리아, 유럽

267

충청남도 계룡산, 1990. 8. 2.

벌목/말벌과

장수말벌

Vespa mandarinia Cameron

몸의 길이는 수컷이 27～39 mm, 암컷은 37～44 mm. 몸에는 갈색 또는 황갈색의 잔털이 빽빽이 나 있고, 몸의 표면은 갈색이나 배에는 황갈색의 긴 털이 성기게 나 있다. 머리는

① ② ③ ④ ⑤ ⑥ ⑦ ⑧ ⑨ ⑩ ⑪ ⑫

황적갈색인데 홑눈 부근과 큰턱의 끝 부분은 흑갈색이다. 주로 나무 속의 빈 공간, 땅 속, 인가의 벽이나 추녀 밑에 둥글고 크게 벌집을 만든다. 암컷은 굵은 고목나무의 빈 공간 속에서 월동한다. 성충은 4～10월에 출현한다. 한국산 벌 무리 중에서 가장 큰 종으로 매우 공격적이고 독성이 강하여 쏘이면 심한 상처를 입는다. 분포 한국(북부·중부·남부), 일본, 중국, 사할린, 타이완, 스리랑카, 인도, 유럽

268

충청북도 소백산, 1994. 8. 4.

벌목/말벌과

땅벌

Vespula flaviceps lewisi (Cameron)

몸의 길이는 수컷이 12～18 mm,
암컷은 15～19 mm. 몸은 흑색 바탕

1 2 3 4 5 6 7 8 9 10 11 12

에 많은 황색의 무늬가 있으며 그 무
늬는 변이가 심하다. 머리의 전면에
는 점각과 흑색의 털이 빽빽이 나 있
고, 머리방패에는 둔한 2개의 이가
있다. 수컷은 암컷보다 온몸에 흑색
의 털이 더 빽빽이 나 있고 더듬이가
길다. 성충은 땅 속에 여러 층의 집
을 만들며, 간혹 사람을 쏘아 피해를
주기도 한다.

분포 한국(북부·중부·남부·제주도),
일본, 중국, 타이완, 사할린, 만주,
우수리, 시베리아, 유럽

충청남도 계룡산 갑사 1994. 5. 8.    벌집

벌목/말벌과

뱀허물쌍살벌

Parapolybia varia (Fabricius)

몸의 길이는 수컷이 10~13 mm, 암컷은 15~22 mm. 몸은 황적갈색을 띠며, 머리방패는 황색이고 큰턱의 끝과 윗슭, 머리방패의 앞슭과 중앙

1 2 3 **4 5 6 7 8 9** 10 11 12

의 세로 무늬, 더듬이가 박힌 곳에서 머리방패 기부에 이르는 줄 등은 짙은 갈색이다. 가운뎃가슴등판은 짙은 갈색 또는 황적갈색이고 평행으로 달리는 2개의 줄무늬는 황갈색이다. 배는 짙은 갈색으로 제2배마디에 황색의 둥근 무늬가 2개 있고, 제3~5배마디 기부에도 황색 무늬가 있다. 성충은 4~9월에 출현하며, 나뭇가지에 길쭉한 벌집을 만든다.

분포 한국(중부·남부·제주도), 일본, 중국, 타이완, 미얀마, 인도

270

충청북도 월악산, 1988. 5. 10.

벌목/말벌과

등검정쌍살벌

Polistes jadwigae jadwigae
Dalla Torre

몸의 길이는 20~26 mm. 몸은 흑색이고, 더듬이는 적갈색이다. 자루마디의 윗면은 흑색이며, 큰턱, 머리방패, 뺨, 뒷머리, 겹눈과 더듬이의

1 2 3 4 5 6 7 8 9 10 11 12

밑마디 사이 및 정수리의 2개 무늬는 황갈색이다. 앞가슴등판의 앞 절반은 적갈색이며, 전신복절에는 가로로 주름이 많다. 각 배마디의 뒷솔은 황갈색이나 제2배마디 이하의 황갈색 띠는 양 옆에서 활무늬를 이룬다. 성충은 4~10월에 출현하며, 성충으로 월동한다. 포식성이 강하여 '배추흰나비', '갈구리나비', '밤나무산누에나방' 등의 유충을 포식한다.

분포 한국(북부·중부·남부·제주도·울릉도), 일본, 중국, 만주, 몽고

271

충청북도 민주지산, 1987. 7. 20.

벌목/말벌과

어리별쌍살벌

Polistes mandarinus
Saussure de Geer

몸의 길이는 15 mm 안팎. 몸은 흑색이고, 더듬이는 흑갈색이다. 머리방패는 황갈색이고 심장 모양이며, 가슴에는 점각이 산포되어 있다. 앞

| 1 | 2 | 3 | 4 | 5 | 6 | 7 | 8 | 9 | 10 | 11 | 12 |

가슴등판의 위 절반과 어깨판, 작은 방패판은 적갈색이며, 가운뎃가슴옆판은 봉합선에 의하여 2조각으로 나누어져 있고, 전신복절에는 많은 가로 주름이 있다. 제1배마디 등판 뒷슭 양쪽 옆에 황색 무늬가 있는 개체가 있으나 제2마디 이하의 띠무늬는 적갈색 또는 짙은 갈색이다. 성충은 4~10월에 출현하며, 성충으로 월동한다. 나비류의 유충을 포식한다.

분포 한국(북부·중부·남부·제주도·울릉도), 일본, 중국, 만주

272

벌목/말벌과

별쌍살벌

Polistes snelleni Saussure

몸의 길이는 12 mm 안팎. 몸은 흑색이며 적갈색 무늬가 있지만 앞가슴

1 2 3 4 5 6 7 8 9 10 11 12

등판의 뒷슭, 작은방패판의 앞슭, 뒷가슴등판, 전신복절의 뒷모서리와 2개의 세로 무늬, 제 1 배마디의 등판 뒷슭과 제 2~4 배마디의 등판 뒷슭의 무늬는 황색이다. 배에는 미세한 황갈색 털이 나 있고 광택이 있다. 날개는 다소 옅은 색인데 앞날개의 앞슭은 짙은 색이다. 성충은 4~10월에 출현하며, 성충으로 월동한다. '배추흰나비' 등의 유충을 포식한다.

분포 한국(북부·중부·남부·제주도), 일본, 만주

충청남도 계룡산, 1980. 8. 2.   벌집(위)

273

대전시 식장산, 1990. 10. 12.

벌목/구멍벌과

나나니

Ammophila sabulosa infesta Smith

　몸의 길이는 수컷이 18∼20 mm, 암컷은 20∼25 mm. 몸은 흑색이고, 배는 흑람색을 띠는데 배자루 제 2 마

① ② ③ ④ ⑤ ⑥ ⑦ ⑧ ⑨ ⑩ ⑪ ⑫

디의 뒷면 또는 후부의 아랫면과 제 3 배마디의 대부분은 적갈색을 띤다. 머리와 가슴에는 회갈색의 긴 털과 짧은 털이 많고, 다리에는 은색의 미세한 털이 많다. 성충은 5∼10월에 출현하며, 여름 동안 암컷은 나비류의 유충을 사냥하여 땅 속의 집에 끌고 들어가 산란한다.

분포 한국(북부·중부·남부·제주도), 일본, 중국, 만주, 우수리, 사할린

전라북도 지리산, 1991. 5. 12.

벌목/꿀벌과

어리꿀벌

Colletes collaris Dours

몸의 길이는 11~12 mm. 몸은 흑색이고, 큰턱은 흑적색이며, 어깨판은 갈색이다. 머리와 가슴에는 황백

① ② ③ ④ ⑤ ⑥ ⑦ ⑧ ⑨ ⑩ ⑪ ⑫

색의 털이 빽빽이 나 있으며, 작은 방패판보다 앞쪽에는 흑갈색의 털이 섞여 있다. 제 1 배마디의 등판과 각 배마디의 밑면에는 황백색의 털이 나 있다. 날개는 투명하고 다소 황갈색을 띠나 시맥은 대부분 흑갈색이고, 연문은 등황색이다. 성충은 5~8 월에 출현한다.

분포 한국(중부·남부·울릉도), 일본, 중국, 만주, 시베리아

275

충청남도 계룡산 감사, 1994. 5. 8.

벌목/꿀벌과

스미스애꽃벌 (구리꼬마꽃벌)

Halictus aerarius Smith

몸의 길이는 8 mm 안팎. 몸은 구릿빛으로 광택이 강하며, 앞가슴등판은 황색이고, 윗입술, 큰턱의 대부분, 더듬이의 대부분, 어깨판, 각 다리의 넓적다리마디의 끝과 그 이하의 각 마디 등은 황갈색이다. 배에는 회백색의 털이 나 있으며, 제 1~4 배마디의 등판 뒷슭에는 회백색의 누워 있는 털이 가로띠를 이루고 있다. 날개는 투명하고 약간 황갈색을 띠며 바깥가장자리는 다소 옅은 흑갈색이다. 성충은 4~9월에 출현한다.

분포 한국(북부 · 중부 · 남부 · 제주도 · 울릉도), 일본, 중국, 타이완, 만주, 우수리, 시베리아

| 1 | 2 | 3 | 4 | 5 | 6 | 7 | 8 | 9 | 10 | 11 | 12 |

276

충청북도 소백산, 1994. 8. 4.

벌목/꿀벌과

주홍가위벌

Euaspis basalis Ritsema

①②③④⑤⑥⑦⑧⑨⑩⑪⑫

　몸의 길이는 14~16 mm. 몸은 흑색이며, 배의 제2마디 이하는 아름다운 적갈색을 띤다. 몸에는 전체적으로 작은 점각이 밀포되어 있으며 금속성의 광택이 난다. 날개는 기부를 제외하고는 짙은 갈색을 띤다. 성충은 7~9월에 출현하며, '왕가위벌'의 집에서 기생한다.

분포 한국(북부·중부·남부), 일본, 중국, 타이완, 만주

277

충청남도 계룡산, 1990. 8. 2.

벌목/꿀벌과

어리호박벌

Xylocopa appendiculata circumvolans
Smith

몸의 길이는 20~22 mm. 뒷머리에서 가슴등판까지는 아름다운 황색의 털이 많이 나 있다. 날개는 어두운 흑갈색 바탕에 자주색 광택이 나며, 배는 전체적으로 흑색을 띤다. 주로 죽은 식물의 줄기 속에 굴을 파고 그 속에서 생활하며, 들판이나 숲의 가장자리에서 꽃의 꿀을 즐겨 빨아먹는다. 성충은 5~8월에 출현한다.

분포 한국(중부·남부·제주도), 일본, 중국

1 2 3 4 5 6 7 8 9 10 11 12

278

충청남도 계룡산, 1990. 8. 2.

벌목/꿀벌과

좀뒤영벌 (센뒤영벌)

Bombus ardens ardens Smith

몸의 길이는 14~16 mm. 몸은 흑색이며, 다리는 다소 흑갈색을 띤다.

① ② ③ ④ ⑤ ⑥ ⑦ ⑧ ⑨ ⑩ ⑪ ⑫

머리에는 황색의 긴 털이 나 있고, 얼굴에는 옅은 황색의 긴 털이 나 있으며, 뺨은 털이 없이 매끄럽다. 뒷머리, 가슴, 배에는 황색의 긴 털이 빽빽이 나 있고, 제 4~6 배마디에는 옅은 갈색의 긴 털이 나 있다. 날개는 투명하고 옅은 갈색이며 바깥가장자리는 다소 짙은 색이다. 성충은 6~8월에 출현한다.

분포 한국(북부·중부·남부·제주도), 일본

279

충청북도 민주지산, 1988. 7. 20.

벌목/꿀벌과

삿포로뒤영벌 (좀호박벌)

Bombus hypocrita sapporoensis
Cockerell

몸의 길이는 15~17 mm. 몸은 흑색이며, 다리는 흑갈색을 띠는데 끝

① ② ③ ④ ⑤ **⑥ ⑦ ⑧ ⑨** ⑩ ⑪ ⑫

으로 감에 따라 갈색이다. 몸에는 길고 부드러운 털이 빽빽이 나 있고, 가운뎃가슴 앞쪽의 가로띠와 제2배마디의 등판 쪽의 띠는 옅은 황색이고, 제4~6배마디의 띠는 황갈색이며 나머지는 거의 흑색이다. 날개는 투명하고 옅은 갈색을 띤다. 성충은 6~9월에 출현한다.

분포 한국(북부·중부·남부·울릉도), 일본, 사할린

280

암컷

충청북도 소백산, 1994. 8. 4. 수컷

벌목/꿀벌과

호박벌

Bombus ignitus Smith

몸의 길이는 17~23 mm. 암컷은
온몸에 흑색의 털이 나 있고, 제3 배
마디 이하는 적갈색의 털이 나 있다.
수컷은 온몸이 선명한 황색의 털로
덮여 있고 얼굴에도 황색의 긴 털이
빽빽이 나 있다. 무늬의 변이가 심하
여 과거 다른 종들과 혼동하여 취급
되었다. 성충은 5~10월에 출현하며,
주로 평지보다 산지에 많다.

분포 한국(북부·중부·남부·제주도·
울릉도), 일본, 중국, 만주, 우수리

① ② ③ ④ ⑤ ⑥ ⑦ ⑧ ⑨ ⑩ ⑪ ⑫

대전시 식장산, 1990. 3. 25.

벌목/꿀벌과

떡벌

Psithyrus sylvestris popovi Yasumatsu

몸의 길이는 18~20 mm. 몸은 흑갈색이며, 정수리 중앙부의 앞쪽, 앞가슴등판, 가운뎃가슴등판의 앞슭, 작은방패판, 제1배마디와 제3배마디의 등판 양 옆, 제4배마디의 등판 위의 털 등은 탁한 황백색을 띤다. 배면은 탁한 황백색 털과 갈색의 털이 섞여 있다. 날개는 엷은 황색으로 흐리고 바깥가장자리는 다소 색이 짙다. 성충은 7~8월에 출현한다.

분포 한국(중부)

① ② ③ ④ ⑤ ⑥ ⑦ ⑧ ⑨ ⑩ ⑪ ⑫

충청남도 계룡산, 1990. 8. 2.

벌목/꿀벌과

양봉꿀벌

Apis mellifera Linné

몸의 길이는 12 mm 안팎. 여왕벌은 더듬이와 머리방패의 가장자리가 황갈색을 띠고 있어 일벌과 구별된

1 2 3 4 5 6 7 8 9 10 11 12

다. 수컷은 일벌보다 크고 겹눈은 정수리에 서로 붙어 있으며 주둥이는 퇴화했고 회황색의 털이 촘촘히 나 있다. 일벌은 온몸에 갈회황색 털이 많이 나 있으며 제 1~2 배마디는 적갈색이고 나머지는 흑갈색이다. 날개는 투명하고 황색이 돌며 시맥은 흑갈색을 띤다. 인가 주변의 산이나 들에서 흔히 양봉되고 있다.

분포 한국(전역), 전세계

283

■ 밑들이목(長翅目)　Mecoptera

　　몸은 소형 내지 중형이며, 머리가 주둥이처럼 길어져서 그 끝에 입이 있기도 하다. 구기는 길게 수직으로 자리잡은 하구식(下口式)이며 저작형이나 약한 편이다. 더듬이는 길고 마디가 많으며 실 모양이다. 겹눈은 크고 서로 떨어져 있으며, 홑눈은 대개 3개이나 없는 경우도 있다. 다리는 가늘고 긴 편이며, 보통 2쌍의 날개가 있으나 일부 날개가 짧거나 퇴화된 종류도 있다. 정상형의 날개는 폭이 좁고 긴 편이며 앞뒷날개의 크기나 시맥이 거의 같고 정지했을 때 날개를 몸 위에 지붕 모양으로 접어 두는 경우가 많다. 밑들이과에 속하는 무리의 수컷은 배 끝에 구근 모양의 외부 생식막(生殖膜)이라는 생식 보조기가 있는데, 마치 전갈(scorpion)의 배 부분이 길게 늘어나다 위로 돌출된 모습이어서 'scorpionflies'라 한다. 암컷의 배는 끝으로 갈수록 점차 가늘어지며 땅 속에 산란하기에 적합한 산란관이 있다. 유충은 나비류와 비슷한데 털벌레 또는 구더기 모양이다. 피부는 엷고 연한 편이며, 항상 가슴에 부속지가 있는데 일부 무리는 배에 있는 경우도 있다. 이끼, 섞은 나무, 또는 산림이 우거진 습지나 진흙에서 여러 가지 유기물을 먹고 살며, 번데기는 땅 속에서 만들어지는데 대개는 1년에 1회 발생한다. 암컷은 땅 속이나 땅 위에 1개씩 혹은 100개 이상씩 무더기로 알을 낳기도 한다. 날개가 있는 종류의 나는 동작은 활발하며, 대개는 그늘진 숲 속이나 햇볕이 들지 않는 곳에서 산다. 성충은 잡식성으로 작은 곤충류를 먹기도 하나, 꽃잎, 꽃가루, 열매, 당밀, 식물의 새순이나 이끼류도 보조 먹이로 이용된다. 밑들이 무리는 고생대의 이첩기 전기에 지구상에 출현하여 현재에 이르렀는데, 생태계 내에서의 경쟁의 약화로 인해 점차 도태되어 가는 양상을 보인다.

● 몸의 구조

■ 성충

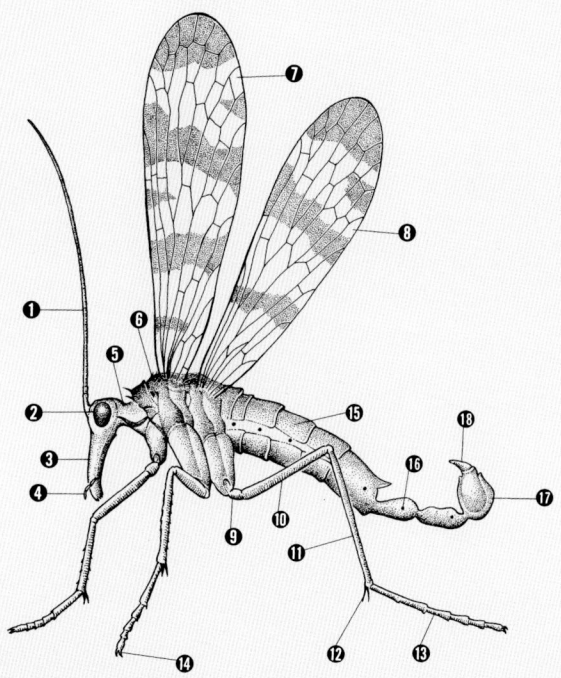

＊ 성충(수컷)
❶ 더듬이 ❷ 겹눈 ❸ 이마방패 ❹ 작은턱수염 ❺ 경판 ❻ 앞가슴등판
❼ 앞날개 ❽ 뒷날개 ❾ 밑마디 ❿ 넓적다리마디 ⓫ 종아리마디 ⓬ 며느
리발톱 ⓭ 발목마디 ⓮ 발톱 ⓯ 배 ⓰ 숨구멍 ⓱ 아생식판 ⓲ 미각

충청북도 소백산, 1994. 8. 4. 암컷

286

전라북도 지리산, 1991. 5. 20.　수컷

밑들이목/밑들이과

참밑들이

Panorpa coreana Okamoto

　앞날개의 길이는 15 mm 안팎. 머리와 겹눈은 흑색이고 가슴, 배, 다리는 수컷이 흑색, 암컷은 황갈색을 띤다. 앞날개에는 흑색의 띠무늬가 많이 있는데 띠의 넓이에는 변이가 심하다. 수컷이 배 끝이 위쪽으로 들린 생식 보조기를 가지고 있어 '밑들이'라는 이름이 붙여졌다. 또한, 전갈의 배와 같은 모양을 하고 있어서 'Scorpionflies'라고도 부른다. 성충은 5~8월에 출현하며, 주로 그늘진 숲에서 생활한다. 성충은 작은 곤충류를 먹지만 꽃가루, 꽃잎, 연한 열매, 이끼류 등도 기호 식품으로 섭취한다.

1 2 3 4 **5** **6** **7** **8** 9 10 11 12

분포 한국(북부·중부·남부)

287

■ 파리목(雙翅目)　Diptera

몸이 대체로 작고 연한 편이며, 피부 구조는 얇은 양피막(羊皮膜)과 같아 탄력이 있다. 대부분은 몸에 여러 모양의 강모(剛毛)가 있으며, 몸 표면이나 날개에 인편(鱗片)이 있는 종류도 있다. 몸 빛깔은 종류에 따라 여러 가지인데, 대개 어두운 회색이거나 금속성 광택을 띤 것도 있다. 머리는 하구식이며 가는 목에 의해 가슴에 붙어 있다. 더듬이는 일정한 모양 없이 여러 모양으로 끝 부분에 강모나 단자(端刺)가 있는 것, 또는 마디가 6∼39 마디인 염주형도 있다. 겹눈은 큰 편이며 종류에 따라 서로 접해 있거나 떨어져 있는데, 수컷은 완전히 맞붙고 암컷은 떨어져 있어 암수를 쉽게 구분하기도 한다. 홑눈은 보통 3 개이나 3 개 이하, 또는 아예 없는 것도 있다. 구기는 흡수성이면서 먹이를 핥아먹기에 적합하며, 가슴은 뚜렷하게 나뉘고 몇몇 절편으로 결합되었다. 기문(氣門)은 앞가슴과 뒷가슴 양측에 각각 1 쌍씩 있다. 날개는 앞날개 1 쌍만 잘 발달하였고, 뒷날개는 가는 막대기 모양의 평균곤(平均棍)으로 퇴화되었다. 따라서, 앞날개만 나는 기능을 하고 뒷날개는 몸의 평형과 나는 방향을 결정하는 작용을 한다. 다리는 긴 무리와 짧은 무리가 있으며, 발목마디는 2∼5 마디로 끝에 1 쌍의 발톱과 1 개의 욕반(褥盤)이 있다. 배는 12 마디로 된 것이 원형이나 종류에 따라 4∼8 절, 9∼10 절로 된 것도 있으며 고등한 것에서는 제 1∼2 절이 유합된 경우가 많다. 유충은 다리가 없는 무각형(無脚型)으로 원통형이거나 방추형이다. 완전 변태를 하며, 번데기는 위용각(圍蛹殼)에 둘러싸여 있다. 파리류는 육서 및 수서 생활을 하며 광범위한 지역에 분포하여 인간에게는 경제적, 위생적으로 중요한 역할을 한다. 모기, 파리, 등에류 등과 같이 질병을 매개하기도 하며, 파리매, 기생파리와 같이 해충의 포식충, 또는 꽃등에와 같이 농작물의 결실을 도와 주는 유용 곤충이기도 하다.

● 몸의 구조

🔽 성충

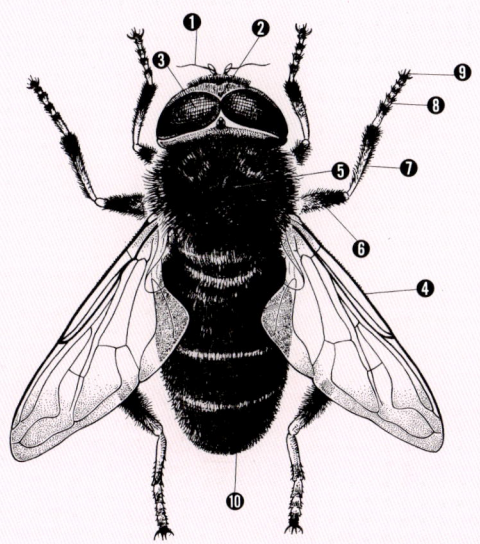

* 성충
❶ 더듬이 ❷ 홑눈 ❸ 겹눈 ❹ 앞날개 ❺ 가슴등판 ❻ 넓적다리마디 ❼ 종아리마디 ❽ 발목마디 ❾ 발톱 ❿ 배

충청북도 영동군 천마령, 1992. 5. 8.

파리목/각다귀과

큰황나각다귀(큰노랑각다귀)

Nephrotoma pullata (Alexander)

① ② ③ ④ ⑤ ⑥ ⑦ ⑧ ⑨ ⑩ ⑪ ⑫

몸의 길이는 18~21 mm. 몸은 황색이며, 가운뎃가슴등판의 바탕색도 황색인데 3개의 흑색 줄무늬가 있다. 겹눈과 더듬이는 흑갈색이고, 후두부는 흑색이다. 배의 마디에는 열은 갈색의 띠가 각각 나 있다. 성충은 5~8월에 출현하며, 그늘진 숲에서 생활한다.

분포 한국(북부·중부·남부), 일본, 중국, 시베리아 동부

290

경기도 천마산, 1986. 5. 20.
교미 장면

파리목/각다귀과

섬각다귀

Tipula(*Schummelia*)　*nipponensis*
Alexander

　몸의 길이는 11~14 mm, 앞날개의
길이는 13~15 mm. 몸은 황갈색 내
지 흑갈색이고, 머리는 황갈색이지만
겹눈의 뒤쪽은 흑갈색인 경우가 많
다. 가슴등판은 황갈색이고, 방패판
위의 세로줄과 무늬는 흑갈색이다.
배는 대부분 흑갈색이지만 각 마디의
경계부는 회백색이고 뚜렷한 백색 띠
무늬가 있다. 날개는 투명하고 회갈
색을 띠며 그 앞가장자리는 황색을
띤다. 성충은 5~8월에 출현한다.
분포 한국(중부), 일본, 사할린

1 2 3 4 5 6 7 8 9 10 11 12

충청남도 칠갑산, 1990. 5. 30.

파리목/각다귀과

어리아이노각다귀

Tipula (*Yamatotipula*) *patagiata*
Alexander

① ② ③ ④ ⑤ ⑥ ⑦ ⑧ ⑨ ⑩ ⑪ ⑫

몸의 길이는 16~17 mm, 앞날개의 길이는 22~24 mm. 더듬이, 주둥이, 작은턱수염은 황색이고, 머리와 가슴은 회갈색으로 서리가 내린 것같이 보인다. 가운뎃가슴등판의 3 개의 흑갈색 세로줄은 뚜렷하고 중앙의 1줄은 그 중심이 다시 가는 흑색의 줄로 나누어져 있다. 배는 황색이나, 등판의 옆구리에 넓은 흑갈색 줄이 있다. 성충은 4~6월에 출현한다.

분포 한국(중부·남부), 일본

292

전라북도 지리산, 1990. 5. 22.　　교미 장면　　　　수컷(위)

파리목/털파리과

붉은배털파리(왜털파리)

Bibio rufiventris (Duda)

몸의 길이는 10~11 mm. 수컷은 몸 전체가 광택이 있는 흑색이고, 암컷은 가운뎃가슴등판과 배가 옅은 적

①②③④⑤⑥⑦⑧⑨⑩⑪⑫

갈색인데 제1배마디 등판에는 1쌍의 흑색 점이 있다. 암컷의 이마는 겹눈의 폭보다 길고 앞가장자리의 중앙은 조금 융기해 있으며 중앙부는 다소 오목하다. 날개는 다소 짙은 갈색인데 뒤쪽은 옅은 색이다. 성충은 4~5월에 출현하며, 주로 냇가 근처의 수풀에서 활동한다.

분포 한국(중부·남부), 일본, 중국, 만주

293

충청북도 소백산, 1994. 8. 4.

파리목/등에과

왕소등에

Tabanus chrysurus Loew

몸의 길이는 21~26 mm. 몸은 흑갈색이며, 머리에는 회갈색 가루와 황금색 털이 촘촘히 덮여 있고, 앞이

마는 등황색 가루로 덮여 있다. 가슴 등판은 흑갈색이나 중앙에서 멀리 떨어진 부분에 황금색의 털로 된 2개의 세로줄이 있다. 날개는 황갈색이나 겉쪽은 짙은 색이고, 다리는 흑갈색 내지 흑색이며, 종아리마디는 황적색이다. 배에는 각 마디의 뒷가장자리에 황금색 털로 된 가로띠가 있다. 성충은 4~9월에 출현하며, 소와 말 등의 몸에 붙어서 흡혈한다.

분포 한국(북부·중부·남부·제주도), 일본, 중국, 만주, 아무르, 우수리

1 2 3 4 5 6 7 8 9 10 11 12

294

충청북도 민주지산, 1989. 5. 20.

파리목/등에과

재등에

Tabanus mandarinus Schiner

　몸의 길이는 17~19 mm. 몸은 흑색이며, 겹눈 사이는 가늘고, 앞이마는 회색 가루로 덮여 있으며, 이마 중앙의 세로홈이 뚜렷하다. 얼굴도

① ② ③ ④ ⑤ ⑥ ⑦ ⑧ ⑨ ⑩ ⑪ ⑫

회색 가루로 덮여 있고, 가슴등판에는 회색의 가루로 된 5개의 세로줄이 있으며, 가슴의 옆면과 아랫면은 갈색 가루로 덮여 있다. 시맥은 흑갈색이며, 아전연맥의 끝은 갈색이다. 배는 제1마디를 제외하고 각 마디의 뒷가장자리의 띠와 뒷가장자리에 접하는 삼각 무늬, 제1~3 배마디의 옆가장자리 세로 무늬가 회백색을 띤다. 성충은 5~8월에 출현한다.

분포 한국(북부·중부·남부), 일본, 중국, 타이완

295

경상북도 울진, 1990. 8. 6.

파리목/등에과

타카사고등에

Tabanus takasagoensis Shiraki

몸의 길이는 16~18 mm. 몸은 흑회색이고, 암컷의 겹눈 사이는 회색이며, 가운데 이마혹과 아래 이마혹은

1	2	3	4	5	6	7	8	9	10	11	12

유합하여 광택 있는 흑갈색의 곤봉 모양을 이루고 있다. 가슴등판은 흑회색이며 뚜렷한 5개의 세로줄 무늬가 있다. 배는 흑회색이고 각 배마디 등판의 뒷가장자리 띠와 중앙에는 회색의 가늘고 긴 삼각 무늬가 있고, 또 그 양쪽에도 다소 비스듬히 달리는 회색 삼각 무늬가 있어서 배에는 3개의 세로줄을 형성하고 있다. 성충은 5~9월에 출현한다.

분포 한국(중부·남부·제주도), 일본, 중국, 타이완, 만주

전라북도 무주군
구천동, 1991. 8. 25.

파리목/파리매과

왕파리매

Cophinopoda chinensis (Fabricius)

몸의 길이는 20~28 mm. 몸은 황갈색 또는 적갈색이며, 겹눈 사이는 황갈색 가루로 덮여 있고 옆가장자리의 앞쪽에는 옅은 황색의 짧은 털이 성기게 나 있다. 가슴등판은 등황색 내지 황색의 가루로 덮여 있고 중앙의 굵은 세로띠와 2쌍의 옆쪽 세로무늬는 짙은 갈색이며 뒷가장자리 부근에 다시 3개의 세로 무늬가 있다. 날개는 옅은 황갈색, 다리는 흑색, 종아리마디는 황색이다. 성충은 7~8월에 출현하며, 파리, 풍뎅이류 등을 사냥한다.

분포 한국(중부・남부), 일본, 중국, 타이완, 인도

1 2 3 4 5 6 **7** **8** 9 10 11 12

297

전라북도 무주군 용담 댐, 2003. 6. 22. 교미 장면

파리목/파리매과

파리매

Promachus yesonicus Bigot

| 1 | 2 | 3 | 4 | 5 | 6 | 7 | 8 | 9 | 10 | 11 | 12 |

몸의 길이는 25~28 mm. 몸은 흑색이고, 겹눈 사이는 머리 폭의 약 1/4로 갈색 가루로 덮여 있으며 옆 가장자리에는 흑색 털이 나 있다. 수컷은 복부의 꼬리 끝에 백색 털다발이 있으며, 암컷은 꼬리 끝의 2마디가 청람색 광택이 난다. 성충은 6~8월에 출현하며, 주로 들판이나 숲에서 파리, 밑들이, 벌, 풍뎅이 등 작은 곤충류를 사냥한다.

분포 한국(중부·남부·제주도), 일본

298

충청남도 계룡산, 1990. 8. 2.

파리목/파리매과

호랑무늬파리매

Astochia virgatipes (Coquillett)

몸의 길이는 19~24 mm. 몸은 흑색이며, 이마 길이는 머리 폭의 1/5

정도로 회색 가루가 촘촘히 덮여 있으며 옆가장자리에는 흑색의 털이 나 있다. 얼굴은 황백색 가루로 덮여 있고 아래쪽 절반은 융기하였으며 황백색의 긴 털이 나 있다. 가슴등판은 비교적 크고 어깨, 옆가장자리, 뒷가장자리와 가로홈 부분은 백색 가루로 덮여 있다. 배는 가늘고 각 마디의 뒷가장자리는 회백색 가루로 덮여 있다. 성충은 5~9월에 출현한다.

분포 한국(중부·남부·제주도), 일본, 타이완

1 2 3 4 **5 6 7 8 9** 10 11 12

299

파리목/파리매과

쥐색파리매

Philonicus albiceps (Meigen)

몸의 길이는 15~20 mm. 몸은 회색이며, 머리와 얼굴은 은빛이 도는 쥐색이고, 뒷머리의 뒷가장자리에는

① ② ③ ④ ⑤ ⑥ ⑦ ⑧ ⑨ ⑩ ⑪ ⑫

흑색을 띤 가시 모양 털의 줄이 있다. 주둥이는 광택이 있는 흑색이고 끝에 미세한 황색 털이 나 있다. 가슴등판은 짙은 회색이고, 양 옆면, 어깨, 중앙에 있는 2줄의 세로띠, 가로홈, 날개 기부의 뒷혹, 작은방패판 등은 회백색인데 흑색의 털이 성기게 나 있다. 배는 은빛이 나는 쥐색으로 흑색의 털이 성기게 나 있다. 성충은 5~8월에 출현한다.

분포 한국(중부·남부·제주도), 일본, 시베리아, 유럽

전라북도 지리산, 1992. 5. 18.

경기도 천마산, 1986. 5. 20.

파리목/재니등에과

빌로도재니등에

Bombylius major Linné

몸의 길이는 7~11 mm. 몸은 흑색 바탕에 옅은 황색의 긴 털이 많이 나 있다. 가슴등면은 앞쪽에 흑색의 털이 섞여 있으며, 가슴의 옆구리에는

① ② ③ ④ ⑤ ⑥ ⑦ ⑧ ⑨ ⑩ ⑪ ⑫

백색의 긴 털이 많이 나 있다. 날개의 앞쪽 절반은 흑갈색이며 그 뒷가장자리에는 물결 무늬가 있다. 성충은 주로 꽃을 좋아하며, 꽃에 앉아 있으면 흡사 벌의 모습으로 착각하게 된다. 나는 모습은 헬리콥터 모양으로, 특이하게 공중에서 멈출 수 있으며 신속하게 방향 전환도 할 수 있다. 성충은 4~5월, 9~10월에 연 2회 출현한다.

분포 한국(중부·남부), 일본, 유럽, 북아프리카, 북아메리카

301

충청남도 계룡산, 1991. 8. 17

파리목/재니등에과

닮은큰재니등에(스밀리스재니등에)

Ligyra similis Coquillett

몸의 길이는 12~14 mm. 몸은 흑색이고, 더듬이의 끝은 갈색이다. 가

1 2 3 4 5 6 **7** **8** **9** 10 11 12

등등판의 양 옆에는 황갈색 털이 나 있고 중앙에는 흑색 털이 나 있다. 날개는 투명하고 회색을 띠는데 날개의 밑과 앞가장자리의 절반은 흑색을 띤다. 배의 밑마디 양 옆에는 황갈색을 띤 털이 많고, 제 1·2·3 배마디의 아랫면에는 은빛의 털 있으며, 다리에는 흑색 털이 빽빽이 나 있다. 성충은 7~9월에 출현한다.

분포 한국(중부·남부), 일본

302

전라남도 대흑산도, 1991. 8. 3.

파리목/꽃등에과

호리꽃등에

Allograpia balteata (de Geer)

몸의 길이는 8~11 mm. 몸은 흑색 바탕에 황색 줄무늬가 많으며 작고 가늘다. 머리는 비교적 길며, 이마는 매단히 좁고 황회색 가루로 덮여 있다. 가슴등판은 길고 구릿빛의 광택이 나는 흑색이며 2 쌍의 황회색 또는 회백색 가루로 된 세로띠가 있고 중앙에도 1 개의 가는 줄이 있다. 작은방패판은 크고 젖빛을 띤 황색이며, 다리는 황색이나 뒷다리는 다소 짙은 갈색이다. 수컷의 배는 폭이 좁으며 황색의 띠무늬도 단순하나, 암컷은 가는 가로띠가 나란히 더 있다. 성충은 5~10월에 출현하며, '무진딧물'을 비롯하여 많은 진딧물의 유충과 성충을 포식한다.

분포 한국(북부·중부·남부·제주도·울릉도), 일본, 중국, 타이완, 만주, 유럽, 북아메리카

1 2 3 4 5 6 7 8 9 10 11 12

충청남도 계룡산, 1990. 8. 2.

파리목/꽃등에과

물결넓적꽃등에

Metasyrphus frequens Matsumura

　몸의 길이는 10~11 mm. 수컷의 이마는 적황색이고, 더듬이 위에 2

1 2 3 **4 5 6 7 8** 9 10 11 12

개의 흑색 무늬가 있다. 얼굴은 황색이고 뺨은 흑색인데, 입 가장자리에서 위쪽으로 흑색의 줄이 뻗어 있는 것도 있다. 가운뎃가슴등판은 광택이 있는 흑람색이고 황색의 털이 덮여 있으며, 작은방패판은 황색으로 흑색의 털이 덮여 있다. 각 배마디의 뒷가장자리는 광택이 있고, 제 2 배마디의 무늬는 끊겨 있다. 성충은 4~8월에 출현한다.

분포 한국(중부·남부·제주도), 일본, 유럽

304

전라북도 무주군 구천동, 1991. 8. 25.

파리목/꽃등에과

일본수염치레꽃등에

Chrysotoxum shirakii Matsumura

　몸의 길이는 14～16 mm. 암컷은 이마가 광택이 있는 흑색이고 1쌍의 옅은 황색 무늬가 있으며 옆가장자리는 거의 직선이다. 얼굴은 겹눈보다 폭이 넓고 오렌지색이며 중앙에 광택

[1] [2] [3] [4] [5] [6] [7] [8] [9] [10] [11] [12]

이 있는 흑갈색의 비교적 가는 세로줄이 있다. 가운뎃가슴등판은 흑색인데 중앙에는 회색의 가루로 된 2개의 세로줄 무늬가 있다. 작은방패판은 오렌지색이며 중앙이 짙은 색이다. 배에는 4개의 꼬부라진, 그리고 중앙에서 가늘게 끊긴 적황색의 가로띠 무늬가 있다. 수컷은 이마가 거의 이마돌기로 되어 있고 기부는 옅은 황색 가루로 가늘게 덮여 있다. 성충은 5～9월에 출현한다.

분포 한국(중부·남부·제주도), 일본

305

충청남도 칠갑산, 1990. 5. 30.　교미 장면

파리목/꽃등에과

수선화꽃등에

Merodon equestris (Fabricius)

몸의 길이는 13~14 mm. 수컷의 몸은 둔한 흑색이고, 겹눈에는 회색

① ② ③ ④ ⑤ ⑥ ⑦ ⑧ ⑨ ⑩ ⑪ ⑫

의 털이 나 있으며 겹눈 접합선은 이마의 길이보다 약간 길다. 가슴등판의 앞 절반과 작은방패판에는 회황색의 털이 나 있고 뒤 절반에는 흑색의 털이 빽빽이 나 있다. 가슴등판과 배의 털에는 변화가 많고 전체가 회갈색 또는 흑색인 것도 있다. 성충은 5~7월에 출현하며, 유충은 글라디올러스, 백합, 수선화 등의 구근을 해친다.

[분포] 한국(중부·남부), 일본, 유럽

306

강원도 설악산, 1984. 8. 20.

파리목/꽃등에과

어리대모꽃등에

Volucella pellucens tabanoides
Motschulsky

몸의 길이는 16~18 mm. 몸은 크고 광택이 있는 흑색으로 '검정대모꽃등에'와 혼동하기 쉽다. 머리의 겹눈 사이가 오렌지색인데 수컷이 암컷보다 약간 폭이 넓은 편이다. 배의 제 2 마디는 옅은 황색 또는 옅은 오렌지색이고 뒤로 절반은 흑청색이다. 성충은 5~9월에 출현하며, 들판이나 숲의 꽃에 잘 모여든다.

분포 한국(중부·남부·제주도), 일본, 중국, 사할린, 시베리아 동부

① ② ③ ④ ⑤ ⑥ ⑦ ⑧ ⑨ ⑩ ⑪ ⑫

307

충청남도 예산군 수덕사, 1994. 5. 20. 암컷

308

충청북도 민주지산, 1987. 7. 20.

파리목/꽃등에과

배짧은꽃등에

Eristalis (*Eoseristalis*) *cerealis*
Fabricius

몸의 길이는 12 mm 안팎. 앞머리
는 황갈색의 가루로 덮여 있으며, 얼
굴은 흑색 바탕에 회색 가루와 황색
의 잔털이 덮여 있고 중앙이 튀어나
와 흑색의 세로줄이 뚜렷하다. 가슴
① ② ③ ④ ⑤ ⑥ ⑦ ⑧ ⑨ ⑩ ⑪ ⑫

등판은 짙은 회흑색이며, 배는 흑색
으로 제 2 마디에는 1 쌍의 황갈색을
띤 삼각 무늬가 있는데 수컷이 특히
뚜렷하다. 꽃에 앉아 있으면 꿀벌로
착각할 만큼 화려한 색깔과 모양을
가지고 있다. 파리 특유의 끈적거리
는 주둥이로 식물의 꽃가루받이를 도
와 준다. 성충은 4∼10월에 출현하
며, 주로 꽃이 피어 있는 들판이나
숲에서 산다.

분포 한국(북부·중부·남부·제주도·
울릉도), 일본, 중국, 타이완, 만주,
아시아

309

충청북도 민주지산, 1989. 5. 20.

파리목/꽃등에과

꽃등에

Eristalis (*Eristalis*) *tenax* (Linné)

몸의 길이는 14~15 mm. 몸은 크고 흑갈색이며, 겹눈이 크다. 가슴등판은 어두운 색의 가루로 덮여 있고,

1 2 3 4 5 6 7 8 9 10 11 12

앞쪽 절반에는 광선에 따라 5개의 짙은 회색 세로줄과 중앙이 끊긴 1개의 가로띠 무늬가 보인다. 배가 크고 황적색이며 등면에는 중앙에 흑색 무늬가 있다. 성충의 모습과는 달리, 유충은 물 속에서 구더기 모양을 하고 썩은 유기물을 먹고 산다. 성충은 4~10월에 출현하며, 식물의 꽃가루받이를 도와 준다.

분포 한국(북부·중부·남부·제주도·울릉도), 전세계

310

대전시 식장산, 1991. 4. 30.

파리목/꽃등에과

수중다리꽃등에

Helophilus(*Helophilus*) *virgatus*
Coquillett

몸의 길이는 12~14 mm. 몸은 흑갈색이며, 배에는 각 마디에 황색의 가로띠 무늬가 1개씩 있다. 다리는 흑색인데, 앞다리와 가운뎃다리의 무릎 이하는 옅은 황적색이며, 뒷다리의 넓적다리마디는 가운데가 굵고 아랫부분 가장자리에 짧은 강모가 많이 나 있다. 성충은 4~10월에 출현하며, 들판과 숲의 꽃에 잘 모여든다. 분포 한국(북부·중부·남부·제주도·울릉도), 일본, 중국

① ② ③ ④ ⑤ ⑥ ⑦ ⑧ ⑨ ⑩ ⑪ ⑫

311

충청북도 소백산,
1994. 8. 2.

파리목/꽃등에과

노랑배수중다리꽃등에

Mesembrius flavipes (Matsumura)

몸의 길이는 10~11 mm. 얼굴은 흑색으로 중앙에 가는 선이 있으며, 더듬이는 흑갈색을 띤다. 가슴등판은 흑갈색으로 황갈색의 세로줄이 선명하게 나 있다. 뒷다리의 넓적다리마디는 굵고, 종아리마디는 흑갈색을 띤다. 복부의 제2마디에는 옆가장자리에 접하여 넓게 옅은 황색 무늬부가 있다. 성충은 4~8월에 출현한다.
분포 한국(중부), 일본

① ② ③ ④ ⑤ ⑥ ⑦ ⑧ ⑨ ⑩ ⑪ ⑫

312

충청남도 계룡산, 1990. 8. 2.

파리목/벌붙이파리과

벌붙이파리

Conops (*Asiconops*) *curtulus*
Coquillett

몸의 길이는 14~15 mm. 몸은 흑
갈색이며, 머리는 크고 겹눈 사이는
폭이 매우 넓다. 얼굴은 황색이고,

① ② ③ ④ ⑤ ⑥ ⑦ ⑧ ⑨ ⑩ ⑪ ⑫

주둥이는 적갈색을 띠는데 끝은 숟가
락 모양이다. 날개는 앞쪽으로 절반
가량이 옅은 갈색을 띠며, 다리는 적
갈색이다. 배는 기부가 약간 잘록한
데 제 1~제 3 배마디의 뒷가장자리는
황색이고, 제 4 배마디 이하는 황회색
가루로 덮여 있다. 대체로 벌의 모습
을 닮았다 하여 붙여진 이름이다. 성
충은 4~8월에 출현하며, 주로 꽃을
즐겨 찾는다.

분포 한국(중부·남부), 일본

313

충청북도 영동군 천마령, 1992. 5. 8.

파리목/똥파리과

똥파리

Scathophaga stercoraria (Linné)

1 2 3 4 5 6 7 8 9 10 11 12

　몸의 길이는 18~20 mm. 겹눈은 적갈색을 띠며, 이마는 적갈색으로 폭이 비교적 넓다. 가슴등판은 옅은 황색 바탕에 갈색 세로줄 무늬가 있다. 다리와 배 전체는 황색의 털로 덮여 있어 몸 전체가 황색인 느낌이 든다. 각 다리의 종아리마디에는 쌍을 이룬 흑색의 강모가 몇 쌍 나 있다. 성충은 4~10월에 출현하며, 사람과 동물의 똥에 즐겨 모인다.

[분포] 한국(전역), 전세계 공통

대전시 식장산, 1993. 9. 5.

파리목/검정파리과

연두금파리

Lucilia illustris (Meigen)

몸의 길이는 5~9 mm. 겹눈은 흑갈색이며, 이마는 흑색으로 옆이마는 백색의 가루로 덮여 있다. 볼은 회색의 가루로 덮여 있고 짧은 흑색의 털

① ② ③ ④ ⑤ ⑥ ⑦ ⑧ ⑨ ⑩ ⑪ ⑫

이 약간 나 있다. 더듬이는 흑갈색이고, 아랫입술수염은 옅은 황색을 띤다. 가슴과 배는 광택이 있는 녹색이고 비늘 조각은 회백색이며, 시맥은 갈색이고, 다리는 흑색이다. 성충은 4~11월에 출현하며, 주로 집 주위와 들에서 많이 보이는 위생 해충이다. [분포] 한국(전역), 일본, 중국, 미얀마, 시베리아, 중앙 아시아, 인도, 유럽, 뉴질랜드, 오스트레일리아, 북아메리카

315

충청남도 계룡산, 1990. 8. 2.   교미 장면

파리목/쉬파리과

검정볼기쉬파리

Helicophagella melanura (Meigen)

몸의 길이는 7～13 mm. 이마는 흑색이며, 수컷 이마의 폭은 한쪽 겹눈의 폭과 같고 옆얼굴과 옆이마는 황

1 2 3 4 5 6 7 8 9 10 11 12

금빛 가루로 덮여 있다. 가슴등판은 회색과 황금빛 가루로 덮여 있고 한 가운데의 강모열 부위와 양쪽 등 가운데의 강모열 부위에 세로로 3개의 흑색 줄이 뻗어 있다. 배는 흑색과 회색의 가루가 섞여 바둑판 무늬를 이룬다. 성충은 4～10월에 출현하며, 사람과 짐승의 똥, 썩은 동물질에 모인다. 위생 해충으로 중요시된다.

분포 한국(중부·남부), 일본, 중국, 타이완, 시베리아, 중앙 아시아, 유럽, 북아메리카

316

전라북도 무주군 구천동, 1987. 9. 12.

파리목/기생파리과

뒤병기생파리

Tachina(*Servillia*) *jakovlewii*
(Portschinský)

몸의 길이는 10~18 mm. 암컷 이마의 폭은 겹눈과 거의 같은 폭이고,

1 2 3 4 5 6 7 8 9 10 11 12

수컷 이마의 폭은 겹눈 폭의 약 3/5 이다. 겹눈에는 털이 나 있지 않으나, 이마의 양 옆에는 2줄의 강모가 있다. 가슴등판은 옅은 황갈색 바탕에 흑갈색의 강모가 있고, 복부는 흑색 바탕에 2줄의 옅은 황색의 띠가 가로로 나 있으며 흑갈색의 강모가 빽빽이 나 있다. 성충은 4~10월에 출현하며, 꽃을 즐겨 찾는다.

분포 한국(중부·남부·제주도), 일본, 시베리아

317

전라북도 무주군 구천동, 1991. 8. 25.

파리목/기생파리과

노랑털기생파리

Tachina (*Servillia*) *luteola* Coquillett

몸의 길이는 14~16 mm. 수컷의 이마는 갈색이고 이마의 폭은 겹눈 폭의 약 2/3이다. 얼굴은 황백색이며, 옆이마와 옆얼굴, 볼 등은 황금빛 가루로 덮여 있다. 가슴등판은 적황색 바탕에 황색의 짧은 털이 많이 나 있다. 배는 황색의 털이 전면에 나 있고, 각 마디마다 나 있는 한 줄의 긴 가장자리 강모는 갈색이다. 성충은 4~10월에 출현하며, 산에 피어 있는 꽃에 잘 모인다.

분포 한국(중부·남부·제주도), 일본

1 2 3 4 5 6 7 8 9 10 11 12

318

대전시 식장산, 1988. 9. 1.

파리목/기생파리과

뚱보기생파리

Gymnosoma rotundatum (Linné)

몸의 길이는 5~7 mm. 몸은 작고 원형이며, 둥글게 부풀어오른 등면은

① ② ③ ④ ⑤ ⑥ ⑦ ⑧ ⑨ ⑩ ⑪ ⑫

오렌지색을 띤다. 가슴등판의 앞쪽 절반은 황금색이며 4 줄의 흑색 세로 줄 무늬가 있다. 가슴등판의 뒤쪽 절반과 작은방패판은 흑색이고 광택이 있다. 배의 등면은 매끄러우며 광택이 있고, 각 마디의 등면 중앙에는 뒷가장자리에 접하여 흑색의 둥근 무늬가 있다. 성충은 5~10 월에 출현하며, 유충은 '노린재'의 몸 속에서 기생한다.

[분포] 한국(북부 · 중부 · 남부 · 제주도 · 울릉도), 일본, 중국, 유럽

319

■ 날도래목(毛翅目)　Trichoptera

　몸은 소형 내지 중형이며, 나방류와 비슷한 모습이다. 머리는 자유롭게 움직일 수 있고 하구식이며, 구기는 저작형이다. 더듬이는 실 모양으로 여러 마디이고 가늘고 길다. 겹눈은 돌출되었으며, 홑눈은 3개이거나 없다. 앞가슴은 작은 편이며, 가운뎃가슴과 뒷가슴은 크기가 비슷하다. 성충은 날개가 없거나 퇴화된 암컷을 제외하고 2쌍의 커다란 막질의 날개가 있다. 대부분의 종이 몸과 날개에 털이 덮여 있으며, 시맥은 가로맥은 복잡하나 세로맥은 감소하였다. 뒷날개에는 접히는 둔부가 있으며 쉴 때는 지붕 모양으로 날개를 접는다. 다리의 크기는 비슷한데 종아리마디에는 대개 가시털이 있으며 발목마디는 5마디이다. 배는 9~10마디이며 끝의 미모(尾毛)는 1~2마디이다. 유충은 수서 생활을 하는데 그 형태나 습성이 다양하다. 더듬이는 작고 1절이며, 구기는 저작형으로 잘 발달되었다. 가슴에는 3쌍의 튼튼한 다리가 있으며, 보통 다발 모양의 배 끝에 거짓다리(擬脚)나 꼬리갈퀴가 1쌍씩 있다. 호흡은 복부에 있는 기관아가미로 한다. 대부분의 유충은 여러 가지 형태의 이동성 집을 짓는데 이는 얇은 표피로 된 몸을 보호해 준다. 집을 지을 때는 집의 끝을 막고 집의 안쪽에서 명주실을 감는 간단한 방법을 사용하는데, 집 모양은 곧은 관으로부터 나선형의 달팽이집과 유사한 것에 이르기까지 다양하다. 모든 날도래의 유충은 용화(蛹化)되기 직전에 고치를 트는데, 성숙한 번데기는 드물게 있는 강한 큰턱으로 고치를 뚫고 우화한다. 보통 완전히 1세대가 지나려면 1년이 걸리며, 이 중의 대부분은 유충 시기이다. 알 시기는 아주 짧으며, 번데기 시기는 2~3주이며, 성충 시기는 약 1개월이다. 성숙한 암컷은 물 속의 돌이나 다른 물체에 약 300~1000개의 알을 낳는다. 전세계에 7000여 종이 알려져 있다.

● 몸의 구조

⬇ 성충

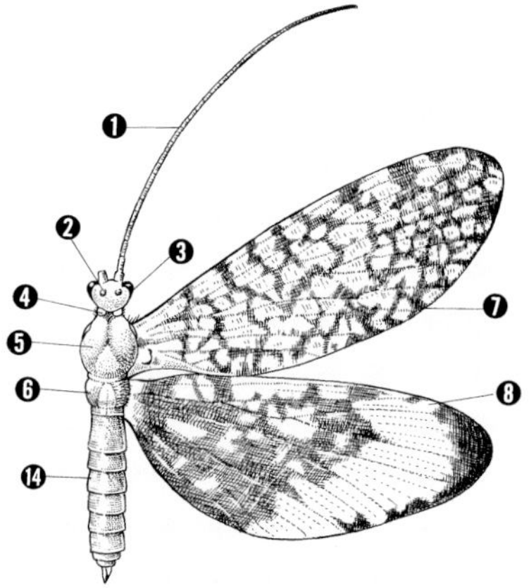

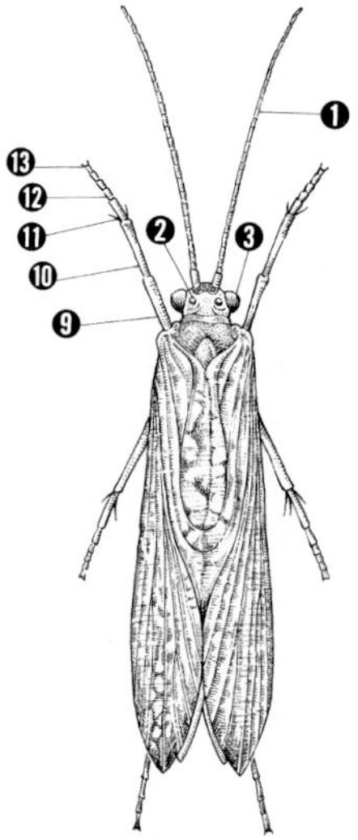

⬇ 유충

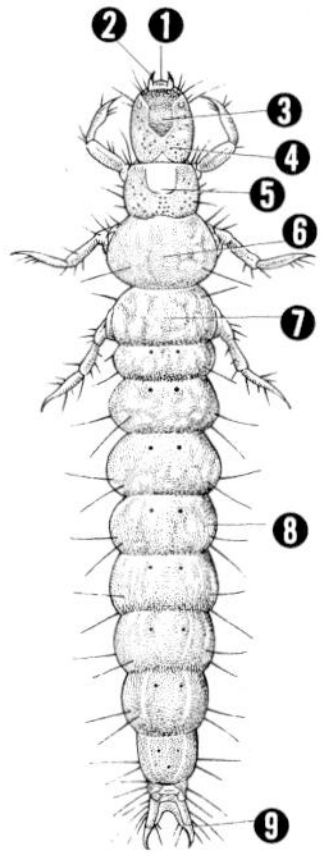

```
* 성충
❶더듬이  ❷홑눈  ❸겹눈  ❹앞가슴등판혹  ❺
가운뎃가슴등판  ❻뒷가슴등판  ❼앞날개  ❽뒷
날개  ❾넓적다리마디  ❿종아리마디  ⓫며느리
발톱  ⓬발목마디  ⓭발톱  ⓮배
* 유충
❶윗입술  ❷큰턱  ❸머리방패  ❹근육흔  ❺앞
가슴등판  ❻가운뎃가슴등판  ❼뒷가슴등판  ❽
배  ❾미상돌기
```

강원도 설악산, 1984. 8. 20.

날도래목/각날도래과

수염치레각날도래

Stenopsyche griseipennis McLachlan

몸의 길이는 11~18 mm, 날개의 편 길이는 27~28 mm. 더듬이는 옅은 황갈색으로 비교적 긴 편이며, 앞날개에는 불규칙한 갈색 무늬가 산포되어 있다. 성충은 4~11월에 출현하며, 간혹 불빛에도 모여든다. 애벌레는 유속이 빠른 산간 계류나 폭이 넓은 하천의 여울목 등의 바위나 큰 자갈 밑에 그물을 치고 생활한다.

분포 한국(북부·중부·남부·제주도), 일본, 중국, 사할린, 시베리아, 북인도

1 2 3 4 5 6 7 8 9 10 11 12

322

경기도 천마산, 1986. 5. 10.

날도래목/물날도래과

주름물날도래

Rhyacophila articulata Morton

몸의 길이는 9~11 mm, 날개의 편 길이는 22~30 mm. 몸과 더듬이는 흑갈색, 다리는 회황색을 띤다. 앞날개의 기부 쪽 절반은 옅은 흑갈색의 무늬가 있고 나머지 절반은 약간 투명하다. 성충은 4~8월에 출현하며, 주로 산간 계류 부근의 나뭇잎이나 줄기 위에서 쉰다. 유충도 유속이 빠른 산간 계류에서 생활한다.

[분포] 한국(중부·남부), 일본

① ② ③ ④ ⑤ ⑥ ⑦ ⑧ ⑨ ⑩ ⑪ ⑫

323

대전시 식장산, 1991. 9. 10.

날도래목/우묵날도래과

일본가시날도래

Goera japonica Banks

① ② ③ ④ ⑤ ⑥ ⑦ ⑧ ⑨ ⑩ ⑪ ⑫

　몸의 길이는 6~7 mm, 날개의 편 길이는 15~17 mm. 몸은 황갈색, 더 듬이는 흑갈색을 띤다. 날개는 갈색 을 띠며 짧은 털이 빽빽이 나 있다. 성충은 6~10월에 출현하며, 불빛에 도 모여든다. 애벌레는 유속이 느린 산간 계류나 소규모의 하천에서 서식 한다.

분포 한국(중부·남부·제주도), 일본

324

충청남도 칠갑산, 1988. 6. 12

날도래목/날도래과

굴뚝날도래

Semblis phalaenoides (Linné)

몸길이는 20~25 mm. 날개의 편 길이는 52~65 mm. 더듬이, 몸통, 다리 등은 흑색을 띤다. 날개는 막질로, 앞날개에는 흑색 점무늬가 많고 뒷날개에는 바깥가장자리를 따라 흑

1 2 3 4 5 6 7 8 9 10 11 12

색의 테가 둘러져 있다. 나는 모습이 둔하기는 하나 잠자리나 나비와 같이 보인다. 성충은 6~8월에 출현하며, 주로 하천 주변이나 계곡 부근에서 활동한다. 유충은 물의 흐름이 느린 하천이나 작은 연못 등에서 실을 토해 물 밑의 작은 나뭇가지로 원통형의 집을 만들고 몸을 보호하며 생활한다.

분포 한국(중부·남부), 일본, 중국, 시베리아, 사할린, 알타이, 코카서스, 유럽

325

■ 나비목(鱗翅目) Lepidoptera

　　나비목은 곤충 중에서 두 번째로 큰 목으로 전세계 동물 종의 약 10 %를 차지한다. 몸은 소형 내지 대형이며, 몸과 날개와 기타 부속기 등은 비늘털과 비늘가루로 덮여 있다. 머리는 비교적 작고 하구식이며, 구기는 작은턱이 발달한 흡수구로 용수철 모양의 주둥이가 있다. 더듬이는 곤봉 모양, 갈고리 모양, 톱니 모양, 염주 모양 등 다양한데, 많은 종류의 수컷은 깃털 모양이며 암컷보다 큰 경우가 많다. 다리는 일반적으로 잘 발달되어 있으나 때로는 앞다리가 퇴화되거나 또는 일부 무시형(無翅型)의 경우 다리가 전혀 없는 종류도 있다. 발톱은 1 쌍인데 때로는 없는 무리도 있다. 날개는 잘 발달되었으나 드물게 흔적적으로 퇴화되었거나 또는 암컷에는 없는 종류도 있다. 2 쌍의 날개 중 흔히 앞날개는 뒷날개에 비하여 크며, 날개의 앞면과 뒷면에는 보통 여러 가지 비늘과 털이 덮여 있으며 종류에 따라 다양한 무늬가 있다. 시맥은 분지된 세로맥과 소수의 가로맥으로 맥상(脈相)을 나타내는데, 종에 따라 일정하며 속(屬)이나 과(科)에도 일정한 특징이 나타나서 분류학상 중요한 요소가 된다. 또한, 많은 무리들은 날 때 앞뒷날개를 서로 연결시키기 위한 특수 장치로 날개걸이 또는 날개가시가 있다. 배는 보통 10 마디인데, 수컷은 제 9∼10 마디가 교미를 위해 특이한 형으로 골화(骨化)되어 있다. 암컷은 제 8∼10 배마디에 생식기가 있는데 일반적으로 약하게 경화(硬化)되어 있다. 유충은 원통형으로 몸에 많은 털이 있거나 또는 없으며, 구기가 저작형으로 잘 발달되어서 식물의 잎이나 줄기, 열매 등을 가해하며, 일부 종류는 동물의 사체, 모직물, 깃털, 가죽 또는 낙엽이나 부식물을 먹기도 한다. 유충은 자라는 동안 여러 번 탈피하여 번데기가 된다. 대부분의 나비류는 유충기에 섭취한 영양으로 성충이 되어서도 활동할 수 있으며, 종류에 따라 생활사가 대단히 복잡하다.

● 몸의 구조

⬇ 옆면

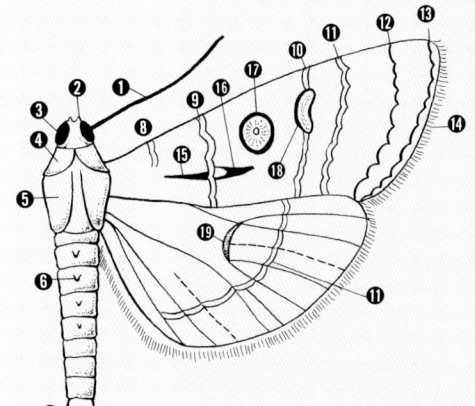

＊ 옆면
❶ 더듬이 ❷ 아랫입술수
염 ❸ 겹눈 ❹ 경판 ❺ 어
깨판 ❻ 장식털 ❼ 미모
❽ 아기선 ❾ 내횡선 ❿ 중
횡선 ⓫ 외횡선 ⓬ 아외연
선 ⓭ 외연선 ⓮ 연모 ⓯
칼 모양 모늬 ⓰ 쐐기 무
늬 ⓱ 가락지 무늬 ⓲ 콩
팥 무늬 ⓳ 가로맥 무늬

⬇ 머리 옆면

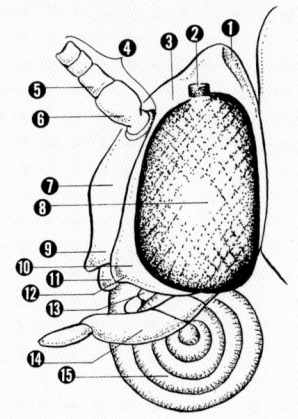

＊ 머리 옆면
❶ 뒷머리 ❷ 홑눈 ❸ 정수리 ❹
더듬이 ❺ 경절 ❻ 병절 ❼ 이마
(머리방패)❽ 겹눈 ❾ 막상골 구멍
❿ 뺨 ⓫ 윗입술 ⓬ 큰턱 ⓭ 작은
턱수염 ⓮ 아랫입술수염 ⓯ 주둥
이

나비목 Lepidoptera

경기도 천마산,
1986. 5. 10.

나비목/곡나방과

노란줄긴수염나방

Nemophora aurifera (Butler)

날개의 편 길이는 14~17 mm. 더듬이의 길이가 수컷은 앞날개 길이의 약 3.5 배이고, 암컷은 약간 초과할 정도이다. 앞날개의 중앙에는 황색의 띠가 있으며 날개의 안쪽은 금동빛 광택이 나고 바깥 부분은 강한 자주색을 띠며 황색의 인편(鱗片)이 섞여 있다. 성충은 5~7월에 출현한다.

분포 한국(중부·남부), 일본

① ② ③ ④ ⑤ ⑥ ⑦ ⑧ ⑨ ⑩ ⑪ ⑫

328

전라북도 지리산, 1992. 5. 22.

나비목/곡나방과

큰자루긴수염나방

Nemophora staududingerella
(Christoph)

날개의 편 길이는 17~20 mm. 머리의 털은 황토색 또는 황색이며, 더듬이가 매우 길어 수컷은 앞날개 길

1 2 3 4 **5** 6 **7** 8 9 10 11 12

이의 4배에 가깝고, 암컷은 약 1.8배이며 기부의 약 3/5까지는 굵고 흑색이다. 앞날개의 약 3/5에는 황토색 내지 황색의 짙은 가로띠가 있고 양쪽에는 짙은 갈색에 광택이 있는 자갈색의 선이 있으며 그 바깥쪽은 짙은 갈색 또는 짙은 자갈색이고 안쪽의 황색 부분은 바깥쪽으로 톱니 모양의 무늬를 이루고 있다. 성충은 5~7월에 출현하며, 주로 낮에 활동하며 꽃을 즐겨 찾는다.

분포 한국(중부·남부), 일본, 시베리아

충청남도 계룡산 갑사, 1995. 6. 17.

나비목/명나방과

분홍무늬들명나방

Ostrinia palustralis memnialis
(Walker)

날개의 편 길이는 30~33 mm. 머리 및 가슴의 등면은 황색이며, 더듬

| 1 | 2 | 3 | 4 | 5 | 6 | 7 | 8 | 9 | 10 | 11 | 12 |

이는 황갈색으로 날개 길이의 4/5 정도이다. 앞날개는 엷은 황색 바탕에 기부, 전연, 외횡선 부분에 아름다운 홍색 무늬가 뚜렷하게 발달되어 있어 이 속(*Ostrinia*)의 다른 종들과 쉽게 구별된다. 성충은 6~8월에 출현하며, 유충은 수영의 줄기나 뿌리 속에 들어가서 생활한다.

분포 한국(중부·남부), 일본, 유럽

330

경기도 천마산, 1986. 5. 10.

나비목/창나방과

깜둥이창나방

Thyris fenestrella seoulensis
Park et Byun

날개의 편 길이는 14~17 mm. 머리는 흑갈색이고 황색의 인편이 섞여

1	2	3	4	5	6	7	8	9	10	11	12

있다. 더듬이는 흑색이며 빗살 모양이고, 아랫입술수염은 비스듬히 위로 향하여 있다. 목과 날개의 기부는 황색이며, 배의 등면은 흑색으로 2~3개의 백색 띠가 있다. 앞뒷날개는 흑갈색으로 날개 중앙에는 반투명한 부분이 있으며 적황색의 점이 산포되어 있다. 성충은 5~8월에 출현하며, 주로 낮에 활동한다.

분포 한국(중부·남부)

331

대전시 식장산, 1989. 9. 12.

나비목/알락나방과

노랑털알락나방

Pryeria sinica Moore

| 1 | 2 | 3 | 4 | 5 | 6 | 7 | 8 | 9 | 10 | 11 | 12 |

날개의 편 길이는 30~32 mm. 수컷의 더듬이는 빗살 모양이고, 주둥이는 퇴화되어 없다. 몸은 대체로 흑색이고, 어깨판과 배에는 옅은 황색의 긴 털이 나 있는데 특히 배의 끝부분에 많이 나 있다. 날개는 투명한 편이나 기부는 황색을 띠며 시맥은 짙은 갈색이다. 성충은 9~10월에 출현하며, 주로 낮에 활동한다.

분포 한국(중부·남부), 일본, 중국

충청남도 천안시 광덕산, 1994. 6. 17.

나비목/알락나방과

사과알락나방

Illiberis pruni Dyar

1 2 3 4 5 6 7 8 9 10 11 12

　날개의 편 길이는 26~30 mm. 더듬이는 수컷이 빗살 모양이고 암컷은 실 모양이다. 몸과 날개의 뒷가장자리와 뒷날개의 앞가장자리는 옅은 흑색을 띠고, 날개에는 뚜렷한 무늬가 없다. 앞날개의 기부와 제 12 실 부근은 짙은 흑색을 띤다. 성충은 6~7월에 출현하며, 유충은 배나무, 사과나무, 벚나무 등의 잎을 먹는다.

분포 한국(중부·남부), 일본

333

전라북도 지리산, 1992. 5. 22.

나비목/알락나방과

포도유리날개알락나방

Illiberois tenuis (Butler)

날개의 편 길이는 28∼30 mm. 더듬이는 수컷이 빗살 모양이고 암컷은 실 모양이며 끝이 가늘고 뾰족하다. 몸과 날개의 바탕색은 흑색이며 몸에

① ② ③ ④ ⑤ ⑥ ⑦ ⑧ ⑨ ⑩ ⑪ ⑫

서는 청람색의 광택이 난다. 날개는 대체로 반투명하며 앞날개의 뒷가장자리와 뒷날개의 앞가장자리는 넓게 흑색의 비늘 가루가 덮여 있다. 대체로 모양이 '사과알락나방'과 비슷한데, 앞날개의 가로맥은 짙은 흑색이고 뒷날개의 가운뎃방 중앙과 제 1·제 2 중맥은 특히 흑색이 강하다. 성충은 5∼6월에 출현하며, 유충은 포도나무의 잎을 먹는다.

분포 한국(북부·중부·남부), 일본, 중국, 만주, 아무르

334

경기도 포천군 백운산, 1984. 8. 9.

나비목/갈고리나방과

참나무갈고리나방

Agnidra scabiosa (Butler)

날개의 편 길이는 25～28 mm. 앞날개의 앞가장자리는 황갈색이고 가로줄은 불명확하며 아외연선은 짙은 회색으로 대개 뚜렷하다. 앞날개는 가로맥 부근에서 뒷가장자리에 걸쳐, 뒷날개는 가로맥 부근에 회백색 무늬가 많다. 앞날개의 날개 끝은 갈고리 모양으로 바깥가장자리가 안쪽으로 구부러져 있다. 성충은 7～8월에 출현한다.

분포 한국(중부·남부·제주도), 일본, 중국

① ② ③ ④ ⑤ ⑥ ⑦ ⑧ ⑨ ⑩ ⑪ ⑫

335

나비목　Lepidoptera

대전시 식장산, 1991. 9. 20.

나비목/왕갈고리나방과

왕갈고리나방(왕민갈고리나방)

Cyclidia substigmaria (Hübner)

날개의 편 길이는 50~64 mm. 몸과 날개의 바탕색은 백색이며, 중앙부, 아외연부 및 외연부에 회색 무늬가 있는데 지역에 따라 강약의 차이

① ② ③ ④ ⑤ ⑥ ⑦ ⑧ ⑨ ⑩ ⑪ ⑫

가 있다. 기부의 띠는 때로 소실되기도 하며 내횡선을 나타낸다. 앞날개의 아외연대는 중앙에서 좁아지고 제2중맥에서 끊기는 일이 많으며, 뒷날개에서는 아외연대가 앞가장자리에 달하지 않는다. 뒷면도 비슷한 반문을 가지나 가로맥 무늬는 특히 뒷날개에서 짙다. 성충은 5~6월, 8~9월에 연 2 회 출현하며, 유충은 단풍박쥐나무의 잎을 먹고 사는 것으로 알려져 있다.

분포 한국(중부·남부), 일본

336

경기도 포천군 백운산, 1984. 8. 9.

나비목/뾰족날개나방과

무늬뾰족날개나방

Thyatira batis (Linné)

날개의 편 길이는 36~40 mm. 몸은 갈색이며, 배의 등면은 회백색이고, 발목마디의 각 마디 끝도 회백색

① ② ③ ④ ⑤ ⑥ ⑦ ⑧ ⑨ ⑩ ⑪ ⑫

이다. 배의 등면 위에는 짙은 갈색의 작은 털뭉치가 1개 있다. 날개는 짙은 갈색인데 앞날개의 기부, 날개 끝에 가까운 앞가장자리부, 날개 끝, 뒷가장자리부의 중앙과 뒷모서리에 각각 1개씩의 홍백색을 띤 큰 무늬가 있다. 뒷날개에는 어두운 색의 외횡대와 외연부가 있다. 성충은 6~8월에 출현한다.

분포 한국(북부·중부·남부), 일본, 중국, 만주, 사할린, 아무르, 우수리, 유럽, 북인도

337

대전시 식장산, 1991. 6. 20.

나비목/자나방과

별박이자나방

Naxa seraria (Motschulsky)

날개의 편 길이는 41~44 mm. 더듬이는 암수 모두 톱니 모양이며, 몸과 날개는 유백색이다. 날개는 반투 ① ② ③ ④ ⑤ ⑥ ⑦ ⑧ ⑨ ⑩ ⑪ ⑫

명하며, 앞날개의 내횡선상에는 3 개의 흑색 점이 있다. 앞뒷날개 모두 가로맥상에 큰 흑색의 무늬가 있고, 외횡선에 해당되는 흑색 점의 열은 바깥가장자리에 평행하고, 바깥가장자리에는 작은 흑색의 점이 열을 지어 있다. 성충은 6~7월에 출현하며, 유충은 쥐똥나무, 물푸레나무 등의 잎을 먹는다.

분포 한국(북부·중부·남부·제주도), 일본, 중국, 만주, 아무르, 우수리

338

충청북도 민주지산, 1987. 7. 23.

나비목/자나방과

왕눈큰애기자나방

Problepsis superans (Butler)

날개의 편 길이는 46~50 mm. 더듬이는 수컷이 미모상이고, 암컷은 실 모양이다. 몸과 날개는 모두 아름다운 순백색이다. 앞날개의 가로맥상에는 원형의 커다란 회갈색 무늬가 있는데 그 속에 등 쪽이 열린 동심원상의 흑색 고리가 있으며 그 고리의 안쪽을 은색 비늘 테두리가 세로로 달린다. 뒷날개에도 큰 무늬가 있는데 뒷가장자리에 이르는 갈색의 무늬와 결합되어 있다. 성충은 6~9월에 연 2 회 출현한다.

① ② ③ ④ ⑤ ⑥ ⑦ ⑧ ⑨ ⑩ ⑪ ⑫

분포 한국(북부·중부), 일본, 중국, 시베리아

나비목 Lepidoptera

전라북도 지리산, 1992. 5. 22.

나비목/자나방과

큰흰애기자나방

Scopula umbelaria (Hübner)

1 2 3 4 **5 6 7** 8 9 10 11 12

날개의 편 길이는 28~31 mm. 몸과 날개는 유백색이며, 날개에는 엷은 황색의 인모가 살짝 드리워져 있다. 앞뒷날개 모두 엷은 갈색을 띤 톱니 모양의 가로줄이 여러 줄 나 있다. 뒷날개의 바깥가장자리는 약간 각이 져 있다. 성충은 5~7월에 출현한다.

분포 한국(중부·남부), 일본, 유럽

나비목/자나방과

얼룩물결자나방

Typloptera bella (Butler)

날개의 편 길이는 20~29 mm. 더듬이는 암수 모두 빗살 모양이다. 앞

① ② ③ ④ ⑤ ⑥ ⑦ ⑧ ⑨ ⑩ ⑪ ⑫

날개는 앞가장자리에 짙은 회색 또는 갈색의 무늬가 있고 밑부분 가까이 뒷가장자리에 1개의 갈색 무늬가 있다. 아외연선은 백색으로 물결 모양을 이루는데, 그 안쪽은 짙은 회색이고 바깥쪽은 바깥가장자리에 이르기까지 갈색을 나타낸다. 날개 가장자리 털은 백색과 갈색으로 얼룩을 이룬다. 성충은 6~9월에 출현한다.

분포 한국(북부·중부·남부·제주도)

경기도 포천군 백운산, 1984. 8. 9.

나비목 Lepidoptera

충청남도 칠갑산, 1991. 5. 20.

나비목/자나방과

각시얼룩가지나방

Abraxas niphonibia Wehrli

날개의 편 길이는 24~38 mm. 더듬이는 수컷이 미모상이고, 암컷은 실 모양이다. 가슴과 배는 오렌지색 바탕에 흑색의 점무늬가 있다. 날개는 백색이며, 앞날개의 밑부분, 가로맥 부근, 뒷모서리 부근에는 커다란 짙은 갈색의 점무늬가 있다. 앞뒷날개의 외횡대에는 흑색 점의 열이 있다. 날개의 가장자리도 흑색 점의 열이 있는데 서로 연결된 경우도 있다. 성충은 5~7월에 출현한다.

분포 한국(중부·남부), 일본, 중국

① ② ③ ④ ⑤ ⑥ ⑦ ⑧ ⑨ ⑩ ⑪ ⑫

342

전라북도 지리산, 1992. 6. 18.

나비목/자나방과

노랑띠알락가지나방

Culcula panterinaria (Bremer et Grey)

날개의 편 길이는 50~58 mm. 더듬이는 수컷이 미모상이고, 암컷은 실 모양이다. 몸은 오렌지색이며 이마, 목둘레, 어깨판에는 짙은 갈색의

무늬가 있다. 날개는 백색인데 앞뒷날개 모두 밑부분은 옅은 황색으로 옅은 흑색의 점무늬가 섞여 있고, 가로맥상에도 커다란 옅은 흑색의 무늬가 1개 있다. 외횡선은 등황색으로 좌우에 옅은 흑색의 줄무늬 테두리가 있고, 가장자리 털은 앞날개에서는 옅은 흑색과 백색의 무늬로 이루어져 있으나, 뒷날개에서는 고르게 백색이다. 성충은 6~8월에 출현한다.

분포 한국(중부·남부), 일본, 중국, 타이완, 인도

1 2 3 4 5 6 7 8 9 10 11 12

343

경상북도 주왕산, 1984. 7. 26.

나비목/자나방과

노랑날개무늬가지나방

Obeidia tigrata (Guenée)

날개의 편 길이는 50~52 mm. 더듬이는 수컷이 톱니 모양이고, 암컷

① ② ③ ④ ⑤ ⑥ ⑦ ⑧ ⑨ ⑩ ⑪ ⑫

은 실 모양이다. 앞날개는 뒷가장자리 부분이 약간 백색이고 그 밖에는 주황색이며, 뒷날개는 앞가장자리와 바깥가장자리 부분이 주황색이다. 앞뒷날개 모두 앞면에 흑색의 점무늬가 산재해 있는데 그 중에서 외횡선상에 있는 것이 다른 것보다 크다. 성충은 7~8월에 출현하며, 주로 낮에 꽃을 즐겨 찾는다.

분포 한국(중부·남부·제주도), 일본, 중국, 타이완, 인도

344

경기도 포천군
백운산, 1984. 8. 9.

나비목/자나방과

줄고운노랑가지나방

Plagodis dolabraria (Linné)

  날개의 편 길이는 28~32 mm. 더
듬이는 수컷이 빗살 모양이고, 암컷
은 실 모양이다. 머리, 목둘레, 꼬리
끝은 짙은 갈색이고, 어깨판과 가슴
의 앞부분은 갈색을 띤다. 몸과 날개

① ② ③ ④ ⑤ ⑥ ⑦ ⑧ ⑨ ⑩ ⑪ ⑫

는 회백색으로 약간 갈색을 띤다. 앞
날개에는 갈색의 가는 선이 고르게
산재해 있는데 특히 내횡선과 외횡선
부분에서는 뚜렷하다. 외횡선은 뒷가
장자리 부분에서 현저하게 짙은 갈색
을 띠고 그 바깥쪽은 약간 자주색을
띤다. 뒷날개는 뒷모서리 부근이 약
간 자주색을 띤다. 성충은 5~7월에
출현한다.

[분포] 한국(북부·중부), 일본, 사할린,
시베리아, 유럽

345

경기도 포천군 백운산, 1984. 8. 9.

나비목/누에나방과

물결멧누에나방

Oberthueria caeca (Oberthür)

① ② ③ ④ ⑤ ⑥ ⑦ ⑧ ⑨ ⑩ ⑪ ⑫

날개의 편 길이는 44~47 mm. 더듬이는 암수 모두 빗살 모양이다. 몸은 황갈색이고, 앞날개는 흑색인 중실부를 가지며 3개의 불규칙한 흑색의 가로띠, 즉 아기선·중실선·아연선 등이 있다. 그 중에서 중실선과 아연선은 뒷날개 전체에 걸쳐 연결되어 있다. 앞날개에는 그 밖에 1개의 길게 뻗은 갈색의 테두리가 있다. 성충은 7~8월에 출현한다.

분포 한국(북부·중부), 우수리, 만주

346

충청남도 계룡산 동학사, 1987. 8. 3.

나비목/왕물결나방과

왕물결나방 (쥐똥나방)

Brahmaea certhia (Fabricius)

날개의 편 길이는 100~120 mm. 더듬이는 암수 모두 빗살 모양이며 짧은 톱니를 가졌다. 몸은 갈색 내지 흑갈색이고, 앞날개의 중앙 띠무늬는 중맥 사이에서 갑자기 좁아지고 반점이나 가락지 모양의 무늬가 약간 있거나 전혀 없다. 뒷날개에서는 물결 모양의 가장자리 부위로부터 흑색인 기부를 구획하고 있는 약한 중앙의 줄무늬가 그 전연맥 부위에서 갑자기 구부러져 있고 기부에서 볼록하게 돌출해 있다. 성충은 5~8월에 출현하며, 유충은 쥐똥나무 잎을 먹는다.

[분포] 한국(북부·중부·남부), 중국, 아무르

1 2 3 4 5 6 7 8 9 10 11 12

347

대전시 식장산, 1991. 5. 20.

나비목/산누에나방과

가중나무고치나방 (가중나무산누에나방)

Samia cynthia (Drury)

날개의 편 길이는 110~140 mm. 몸과 날개는 갈색이고, 머리의 둘레, 아랫입술수염의 등면, 가슴의 뒷가장자리, 배의 뒤 끝은 백색이다. 앞날

1 2 3 4 5 6 7 8 9 10 11 12

개는 끝이 돌출해 있는데 수컷의 경우 더 뚜렷하다. 앞뒷날개의 내횡선과 외횡선은 모두 백색이고, 내횡선은 그 바깥쪽, 외횡선은 그 안쪽을 따라 테가 둘러져 있다. 성충은 5월경에 출현하며, 유충은 소태나무, 가중나무 등의 잎을 먹는다. 다 자란 종령 유충은 회갈색의 고치를 만들고 그 속에서 번데기가 되어 월동한다.

분포 한국(북부·중부·남부·제주도), 일본, 중국, 타이완, 말레이시아, 인도

348

경기도 포천군 백운산, 1984. 8. 9.

고치

나비목/산누에나방과

옥색긴꼬리산누에나방

Actias gnoma (Butler)

　날개의 편 길이는 95~110 mm. 청색을 띤 희고 큰 나방으로 눈에 잘 띈다. 몸에는 백색의 털이 많이 나 있으며, 앞날개의 앞가장자리에는 적자색의 띠가 둘러져 있다. 유사종인

① ② ③ ④ ⑤ ⑥ ⑦ ⑧ ⑨ ⑩ ⑪ ⑫

'긴꼬리산누에나방'과는 앞날개의 끝이 뾰족하고 뒷날개의 꼬리 모양 돌기가 약간 길며 날개의 청색이 강하고 뒷날개의 눈알 모양 무늬가 길고 가는 것으로 구별된다. 성충은 5~7월에 연 2 회 출현한다. 유충은 단풍나무, 녹나무 등의 잎을 먹으며, 고치는 연둣빛을 띠고, 번데기로 월동한다.

분포 한국(북부·중부·남부), 일본, 중국, 타이완, 인도, 말레이시아

349

전라북도 무주군 구천동, 1987. 9. 12.

나비목/박각시과

박각시

Agrius convolvuli (Linné)

날개의 편 길이는 92~100 mm. 몸과 날개는 어두운 회색이고, 가슴은 갈색 바탕에 흑색의 가로줄이 있다.

① ② ③ ④ ⑤ ⑥ ⑦ ⑧ ⑨ ⑩ ⑪ ⑫

배의 등면은 회색이고 각 배마디는 백색·적색·흑색의 세 가지 가로띠 무늬가 있다. 앞날개에는 흑갈색 또는 흑색의 복잡한 물결 무늬가 있으나 개체에 따라 변화가 심하여 물결 무늬가 불분명한 경우도 있다. 일반적으로 날개 끝에서 시작되는 번갯불 모양의 사선이 있다. 성충은 8~9월에 출현한다.

분포 한국(북부·중부·남부), 일본, 중국, 타이완, 구북구, 동양구, 에티오피아구

350

제주도 한라산, 1992. 6. 12.

나비목/박각시과

갈고리박각시

Ambulyx japonica (Rothschild)

날개의 편 길이는 90~98 mm. 몸과 앞날개는 회색이고, 가슴의 좌우 1 2 3 4 5 6 7 8 9 10 11 12 는 녹색이며, 배의 제 6~7 배마디의 양 옆에 녹갈색 무늬가 있다. 앞날개의 내횡대는 녹갈색이며, 폭이 넓고 가느다란 2줄의 물결 모양의 선이 외횡대를 형성한다. 아외연선은 흑색이고 날개 끝에서 활 모양으로 휘어서 뒷가장자리의 모서리에 이른다. 날개 끝 가까이에 짧은 사선이 있고, 가로맥 위에는 작은 흑색 점이 있다. 성충은 6~7월에 출현한다.

분포 한국(중부·남부·제주도·울릉도), 일본

351

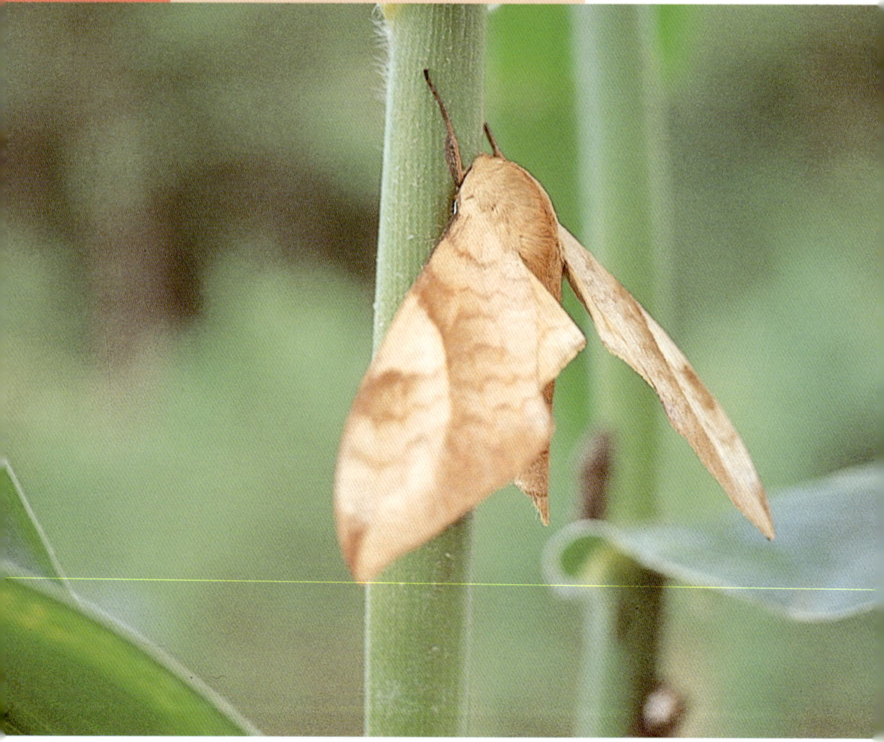

경기도 포천군 백운산, 1984. 8. 9.

나비목/박각시과

콩박각시

Clanis bilineata (Walker)

1 2 3 4 5 6 **7** **8** 9 10 11 12

날개의 편 길이는 95~105 mm. 몸과 앞날개는 황록색이고, 머리와 가슴의 등면에는 짙은 자주색의 가는 줄이 나 있다. 앞날개의 앞가장자리 중앙에는 커다란 삼각형 부분이 있으며, 각 가로줄은 불분명한 물결 모양이다. 뒷날개는 짙은 갈색으로 기부 및 뒷가장자리의 모서리 근처는 황갈색이다. 성충은 7~8월에 출현한다.

분포 한국(북부·중부·남부), 일본, 중국, 타이완, 만주, 인도

나비목/박각시과

톱날개박각시

Laothoe amurensis (Staudinger)

날개의 편 길이는 85~92 mm. 몸과 앞날개는 어두운 회색을 띤다. 날개의 바깥가장자리는 톱니 모양이며, 앞날개의 시맥은 회황색이다. 날개의 표면은 대체로 무늬가 없으며 가로띠는 거의 불분명하여 약간의 짙고 옅은 색이 도는 무늬를 형성한다. 뒷날개에는 희미한 1줄의 가로띠가 있다. 성충은 7~8월에 출현한다.

분포 한국(중부·남부), 일본, 중국, 아무르

① ② ③ ④ ⑤ ⑥ ⑦ ⑧ ⑨ ⑩ ⑪ ⑫

날개 뒷면(위)　　　　　경기도 포천군 백운산, 1984. 8.9.

경기도 포천군 백운산, 1984. 8. 9.

나비목/박각시과

큰쥐박각시

Psilogramma increta (Walker)

①②③④⑤⑥⑦⑧⑨⑩⑪⑫

　날개의 편 길이는 120~128 mm. 몸과 날개는 어두운 회색이며, 가슴에는 흑색의 테가 있다. 배의 등면 및 양 옆에는 흑색의 세로줄이 있다. 앞날개의 중앙에는 2줄의 물결 모양의 줄이 있으나 앞가장자리에서만 약간 보이며 아래쪽에서는 거의 보이지 않으며, 제2~3실에는 흑색 줄무늬가 있다. 성충은 7~8월에 출현한다.

분포 한국(중부·남부·제주도·울릉도), 일본, 중국, 타이완

354

경기도 포천군 백운산, 1984. 8. 9.

나비목/박각시과

머루박각시

Ampelophaga rubiginosa
(Bremer et Grey)

날개의 편 길이는 80~90 mm. 몸
과 앞날개는 다갈색이고, 몸의 등면
① ② ③ ④ ⑤ ⑥ ⑦ ⑧ ⑨ ⑩ ⑪ ⑫

쪽으로는 옅은 홍색의 가로줄이 있
다. 머리와 가슴도 가장자리가 옅은
홍색이다. 날개 끝은 돌출되어 있는
데 위쪽 절반은 짙은 갈색을 띤다.
뒷날개는 흑갈색이고 바깥가장자리
및 뒷가장자리의 모서리 부근은 다갈
색을 약간 띠며 가장자리의 털은 적
색을 약간 띤다. 성충은 7~8월에 출
현한다.
분포 한국(북부·중부·남부·제주도·
울릉도), 일본, 중국, 만주, 아무르

355

충청북도 영동군 천마령, 1990. 9. 28.

나비목/박각시과

꼬리박각시

Macroglossum stellaparum (Linné)

날개의 편 길이는 40~50 mm. 몸과 앞날개는 회갈색을 띤다. 앞날개에서 내횡선의 바깥쪽은 어두운 색이

1 2 3 4 5 6 7 8 9 10 11 12

고 내횡선과 외횡선은 흑색이며 다소 완만하게 구부러져 있다. 외횡선은 뒷가장자리 가까이에서 소실되는데 가로맥 위에 조그마한 흑색 점이 있다. 뒷날개는 등황색이며 기부 및 바깥가장자리는 짙은 갈색이다. 성충은 3월부터 출현하며, 주로 낮에 활동하고 성충으로 월동한다.

분포 한국(북부·중부·남부·제주도), 일본, 중국, 만주, 시베리아, 인도, 유럽

경기도 포천군 백운산, 1984. 8. 9.

나비목/재주나방과(하늘나방과)

노린재나무재주나방(데리아하늘나방)

Neodrymonia delia (Leech)

날개의 편 길이는 40~45 mm. 더듬이는 회갈색으로 수컷은 짧은 톱니 모양이고, 암컷은 실 모양이다. 얼굴, 아랫입술수염, 가슴등판과 어깨판 등은 흑갈색을 띠고, 다리는 회갈색인데 앞다리와 뒷다리의 종아리마디에는 긴 털이 빽빽이 나 있다. 앞날개의 표면은 약간 광택이 나는 회백색을 띠는데 기선(基線)과 내횡선 사이는 짙은 회갈색을 띤다. 성충은 7~9월에 출현하는데, 10월 말경에 땅 속에서 전용(번데기가 되기 직전)을 형성하며, 이 상태로 월동하여 이듬해 봄에 번데기가 되었다가 여름철에 성충이 된다. 유충은 노린재나무의 잎을 먹는다.

분포 한국(중부·남부·제주도), 일본, 중국

1 2 3 4 5 6 7 8 9 10 11 12

357

경기도 포천군 백운산, 1984. 8. 9.

나비목/재주나방과(하늘나방과)

꽃무늬재주나방(꽃무늬하늘나방)

Neostauropus basalis (Moore)

    날개의 편 길이는 38~45 mm. 더듬이는 회갈색으로 암컷은 실 모양이고, 수컷은 빗살 모양이며 끝에서 갑

① ② ③ ④ ⑤ ⑥ ⑦ ⑧ ⑨ ⑩ ⑪ ⑫

자기 가늘어진다. 머리 및 목둘레판은 회갈색이고, 어깨판은 회백색이다. 앞날개에서 기부 쪽은 회백색을 띠며, 내횡선은 적갈색을 띤 물결 무늬이다. 외횡선의 바깥쪽은 짙은 갈색을 띠고, 아외연선의 안쪽은 옅은 회백색을 띤다. 성충은 4~5월, 7~8월에 연 2회 출현한다. 유충은 명석딸기의 잎을 먹는다.

분포 한국(중부·남부·제주도), 일본, 중국, 타이완, 아무르

358

경기도 포천군 백운산, 1984. 8. 9.

나비목/재주나방과(하늘나방과)

참나무재주나방(참나무하늘나방)

Phalera assimilis (Bremer et Grey)

　날개의 편 길이는 55~65 mm. 더 듬이는 갈색으로 수컷은 실 모양이며 마디에 가는 털이 둘러져 있고, 암컷은 섬모상이다. 아랫입술수염은 대단히 짧은 편이며 적갈색을 띤다. 날개

1 2 3 4 5 6 7 8 9 10 11 12

는 대체로 짙은 회갈색을 띠는데, 앞 가장자리 쪽으로 절반 가량은 옅은 자회색을 띠고 날개 끝 쪽에는 커다란 황색의 무늬가 있다. 성충은 6~8월에 출현하며, 토양 속에서 번데기를 형성하여 월동한다. 유충은 군집 생활을 하며 상수리나무, 졸참나무, 떡갈나무, 굴참나무, 밤나무, 배나무 등의 잎을 먹는다.

[분포] 한국(북부·중부·남부·제주도), 일본, 중국, 아무르

359

나비목 Lepidoptera

나비목/재주나방과(하늘나방과)

붉은머리재주나방(붉은머리하늘나방)

Phalera minor Nagan

날개의 편 길이는 45~52 mm. 더 듬이는 수컷이 톱니 모양으로 마디에 짧은 털이 나 있으며, 암컷은 섬모상 이다. 머리, 목둘레판, 가슴 등의 중 앙에는 적황색 털이 있고, 어깨판 및 가슴등판의 뒤쪽에는 회갈색 털이 있

① ② ③ ④ ⑤ ⑥ ⑦ ⑧ ⑨ ⑩ ⑪ ⑫

다. 앞날개는 은회색 바탕에 기선과 내횡선이 흑색을 띠며, 외횡선은 뚜 렷하지 않은 흑색 점의 열로 되어 있 다. '참나무재주나방'과 거의 유사하 나, '참나무재주나방'의 날개 끝에 있 는 무늬는 밑으로 제 5 맥을 지나 제 4 맥 부근까지 넓게 뻗어 있는데 비 해 이 종은 제 5 맥을 넘지 않는 것으 로 구별된다. 성충은 6~8월에 출현 하며, 유충은 상수리나무, 졸가시나 무, 굴참나무 등의 잎을 먹는다.

분포 한국(중부·남부), 일본

충청남도 천안시 광덕산, 1994. 7. 18.

경기도 포천군 백운산, 1984. 8. 9.

나비목/재주나방과(하늘나방과)

곱추재주나방(곱추하늘나방)

Rabtala cristata (Butler)

날개의 편 길이는 60~72 mm. 더듬이는 황갈색으로 수컷은 기부에서 2/3 정도까지가 빗살 모양이고, 암컷은 섬모상이다. 머리와 가슴은 회황색을 띠고, 가슴등판의 위쪽으로 솟은 털뭉치는 갈색인데 양쪽으로 황백 1 2 3 4 5 6 7 8 9 10 11 12 색의 털이 빽빽이 나 있다. 앞날개는 황갈색을 띠는데, 내횡선과 외횡선은 뚜렷하게 갈색의 띠를 형성하고, 중횡선 부위는 희미하나마 약간 넓은 옅은 갈색 띠무늬를 이루고 있다. 중실의 끝 쪽으로는 2 개의 작은 황색 점이 위아래로 접하여 있다. 성충은 6~8월에 출현하며, 노숙 유충은 토양에서 번데기를 형성한 후 월동한다. 유충은 가시나무, 졸참나무, 상수리나무 등의 잎을 먹는다.

분포 한국(북부·중부·남부·제주도·울릉도), 일본, 중국, 미얀마

361

충청북도 민주지산, 1987. 7. 23.

나비목/독나방과

무늬독나방

Euproctis piperita (Oberthür)

날개의 편 길이는 27~35 mm. 더듬이는 수컷이 깃털 모양이고, 암컷은 빗살 모양이며 옅은 황색을 띤다. 암컷이 수컷보다 큰 편이나 무늬나 색깔은 거의 비슷하다. 앞날개에는 ①②③④⑤⑥⑦⑧⑨⑩⑪⑫ 황색 바탕에 자주색을 띤 갈색 무늬가 있는데 기부에서 중앙으로 부정형으로 뻗어 있다. 무늬 안쪽으로는 흑자색의 비늘이 덮여 있고 바깥쪽으로 제1실의 가운데에 2개, 제3~4실 및 제6실에 같은 모양의 작은 흑자색 점이 있다. 성충은 6~8월에 연 2회 출현하며, 번데기 시기는 약 2주일이다. 유충은 예덕나무의 잎을 먹는다.

分布 한국(북부·중부·남부·제주도), 일본, 중국, 사할린, 아무르, 아스콜드

362

강원도 설악산, 1984. 8. 20. 암컷이 산란하는 모습　　갓 부화한 유충

나비목/독나방과

매미나방 (집시나방)

Lymantria dispar (Linné)

　날개의 편 길이는 수컷이 45~62 mm, 암컷은 62~90 mm. 수컷은 몸과 날개가 일반적으로 흑갈색 또는 짙은 갈색을 띠나, 암컷은 유백색이다. 낮에 수컷은 활발하게 상하좌우로 어지럽게 날아다니나, 암컷은 거 ① ② ③ ④ ⑤ ⑥ ⑦ ⑧ ⑨ ⑩ ⑪ ⑫

의 활동을 하지 않고 나무 줄기 등에 앉아 있다. 성충은 7~8월에 출현하며, 약 300개의 알을 낳아 나무 줄기에 난괴(卵塊)를 형성한다. 알로 월동한 후 이듬해 4월경에 부화하여, 처음에는 군집 생활을 하나 나중에는 분산한다. 유충은 벚나무, 버드나무, 오리나무 등 100여 종의 식물을 해쳐서 산림이나 과수원의 해충으로 잘 알려져 있다.

분포 한국(전역), 일본, 아무르, 시베리아, 유럽, 북아메리카

363

대전시 식장산, 1991. 9. 20.

나비목/독나방과

얼룩매미나방(넌나방)

Lymantria monacha (Linné)

날개의 편 길이는 40~55 mm. 목 둘레판과 가슴등판에는 작은 흑색의

1 2 3 4 5 6 7 8 9 10 11 12

점무늬가 있다. 배의 등면은 보통 적색을 띠는데 색깔이 옅은 개체도 있다. 앞날개는 유백색으로 기부 근처에 5~6개의 작은 흑색 점무늬가 있다. 중실의 중앙에는 작은 흑색 점이 1개 있으며, 가로맥에는 '‹' 모양의 흑색 무늬가 있다. 성충은 7~9월에 출현하며, 유충은 소나무, 일본잎갈나무, 갈참나무, 상수리나무, 너도밤나무류 등의 잎을 먹는다.

분포 한국(북부·중부·남부), 일본, 중국, 사할린, 우수리, 러시아, 유럽

충청남도 천안시
광덕산, 1994. 6. 17.

나비목/불나방과

넉점박이불나방

Lithosia quadra (Linné)

날개의 편 길이는 34～40 mm. 몸
의 빛깔은 수컷과 암컷이 전혀 다르
나, 더듬이는 가는 미모상으로 같다.

① ② ③ ④ ⑤ ⑥ ⑦ ⑧ ⑨ ⑩ ⑪ ⑫

수컷의 앞날개는 앞가장자리의 기부
에서 바깥쪽으로 1/3 정도가 흑색을
띠고 바깥가장자리를 따라서 넓게 잿
빛을 띠며 그 안쪽은 옅은 갈색을 띤
다. 암컷은 앞뒷날개 모두 황색이며
2개의 흑색 또는 청람색의 점이 있
다. 성충은 6～9월에 연 2회 출현하
며, 유충은 선태류를 먹는다.

분포 한국(북부·중부·남부·제주도),
일본, 중국, 만주, 사할린, 아무르,
우수리, 시베리아, 유럽

365

충청남도 천안시 광덕산, 1994. 6. 17.

나비목/불나방과

교차무늬주홍테불나방

Miltochrista aberrans Butler

날개의 펀 길이는 20~26 mm. 머리와 가슴은 등황색이며, 배는 짙은 갈색이다. 앞날개는 일반적으로 주황

① ② ③ ④ ⑤ ⑥ ⑦ ⑧ ⑨ ⑩ ⑪ ⑫

색인데 앞가장자리 기부의 모서리는 흑색이며 아기선의 안쪽으로 3개의 흑색 점무늬가 있다. 또한, 앞날개에서 내횡선과 중횡선이 서로 접근하여 X 자형으로 교차한다. 뒷날개는 엷은 주황색을 띠는데 바깥가장자리 쪽이 조금 짙으며 무늬는 없다. 성충은 5~6월, 7월, 9월에 연 3회 출현한다. 유충은 지의류를 먹고 산다.

분포 한국(중부·남부), 일본, 중국, 아무르, 유럽

366

충청남도 천안시 광덕산, 1994. 6. 17.

나비목/불나방과

목도리불나방

Paraona staudingeri Alphéraky

① ② ③ ④ ⑤ ⑥ ⑦ ⑧ ⑨ ⑩ ⑪ ⑫

날개의 편 길이는 42~50 mm. 얼굴은 흑갈색이며, 머리의 정수리 부분, 어깨판, 가슴, 배의 등면은 등황색을 띤다. 아랫입술수염의 제 3 마디 등면은 흑갈색을 띠고 그 밖에는 등황색이다. 앞날개는 흑갈색 바탕에 청람색의 광택이 나고, 뒷날개는 회갈색을 띤다. 성충은 6~7월에 연 1회 출현한다.

분포 한국(중부·남부), 일본, 중국

367

대전시 평촌동, 2003. 8. 1.

나비목/불나방과

흰무늬왕불나방

Aglaeomorpha histrio (Walker)

날개의 편 길이는 80~90 mm. 머리와 목둘레판은 황색으로 머리의 중앙과 양쪽 목둘레판에는 흑색의 점무 1 2 3 4 5 6 7 8 9 10 11 12 늬가 있다. 어깨판은 흑색이며, 가슴 등판의 중앙도 흑색을 띤다. 앞날개는 흑색 바탕에 황색과 백색의 무늬가 여러 개 퍼져 있으며 그 변이가 대단히 심하다. 뒷날개도 황색 바탕에 흑색의 점무늬가 있는데 그 변이가 심하다. 성충은 5~6월, 7~9월에 연 2회 출현하며, 주로 낮에 꽃에서 꿀을 빨기도 한다.

분포 한국(북부·중부·남부), 일본, 중국, 타이완, 히말라야

368

경기도 포천군
백운산, 1984. 8. 9.

나비목/불나방과

흰제비불나방

Chionarctia nivea (Ménétriès)

날개의 편 길이는 55~75 mm. 머
리와 가슴, 배는 순백색이며, 등면
중앙에 흑색의 점이 줄을 지어 있다.
① ② ③ ④ ⑤ ⑥ ⑦ ⑧ ⑨ ⑩ ⑪ ⑫

배마디에도 세로로 흑색의 점이 있고
양 옆으로는 적색의 점이 줄을 지어
있다. 아랫입술수염의 등면과 각 다
리의 넓적다리마디 윗면은 적색이고
그 밖은 백색이다. 날개는 전체가 순
백색이며 무늬는 없다. 성충은 7~9
월에 출현하며, 낮에는 주로 나뭇잎
뒤에 앉아 있다.

분포 한국(북부·중부·남부·제주도·울
릉도), 일본, 중국, 아무르, 우수리

369

충청북도 민주지산, 1987. 7. 23.

나비목/불나방과

미국흰불나방(흰불나방)

Hyphantria cunea (Drury)

날개의 편 길이는 22～36 mm. 머리와 가슴, 배에는 백색의 털이 나 있으며, 배의 등면은 열은 황색을 띤다. 날개는 보통 백색을 띠나 제 1 화

1 2 3 4 5 6 7 8 9 10 11 12

기 성충의 수컷은 앞날개 표면에 흑색의 점이 많이 나타나는데 간혹 제 2～3화기에 나타나기도 한다. 성충은 5～9월에 연 2～3 회 출현하며, 유충은 정원수, 가로수 등 각종 식물을 가리지 않고 잡식한다. 우리 나라에서는 1958년 5월에 서울의 이태원동에서 처음 발견된 이래 지금은 전국적으로 퍼져 있는 해충이다.

분포 한국(전역), 일본, 유럽, 시베리아, 캐나다, 미국, 멕시코

경기도 양주군 앵무봉, 1984. 5. 12.

나비목/불나방과

점무늬불나방

Spilosoma punctaria (Stoll)

날개의 편 길이는 35~45 mm. 아랫입술 수염은 흑색이고, 머리와 가

① ② ③ ④ ⑤ ⑥ ⑦ ⑧ ⑨ ⑩ ⑪ ⑫

슴은 백색이다. 배의 등면은 등홍색으로 중앙과 양 옆에 흑색의 점이 열을 지어 있다. 날개는 모두 백색을 띠나 개체에 따라 흑색 점무늬의 변이가 심하다. 뒷날개는 가로맥 위에 1개, 외연선 근처에 3~4개의 흑색점이 있는데 전혀 없는 경우도 있다. 성충은 4~9월에 연 2~3회 출현하며, 대단히 흔한 종이다.

분포 한국(북부·중부·남부), 일본, 중국, 아무르, 우수리

371

충청남도 계룡산 동학사, 1987. 8. 3.

나비목/애기나방과

노랑애기나방

Amata germana (Felder et Felder)

날개의 편 길이는 32~40 mm. 머리는 흑색이고, 얼굴은 등황색이며, 더듬이는 끝 가까이에서 백색을 띤다. 가슴과 배는 등황색이며, 목둘레

① ② ③ ④ ⑤ ⑥ **⑦** **⑧** ⑨ ⑩ ⑪ ⑫

판, 어깨판, 배의 각 마디의 앞가장자리는 흑색이다. 앞날개는 흑색 바탕에 기부 가까이에 1개, 중앙에 2개, 외연 부근에 2개 등 모두 5개의 투명한 큰 무늬가 있다. 뒷날개에도 중앙에 1개의 같은 무늬가 있다. 성충은 7~8월에 출현하며, 주로 낮에 활동하고 꽃에 잘 모인다.

분포 한국(중부・남부・제주도・울릉도), 일본, 중국, 타이완, 아무르

372

경기도 포천군 백운산, 1984. 8. 9.

나비목/밤나방과

높은산저녁나방(높은산저녁밤나방)

Diphtherocone alpium (Osbeck)

날개의 편 길이는 30~36 mm. 더 듬이는 섬모상이며, 아랫입술수염과 다리의 발목마디는 흑갈색인데 이들의 각 마디 끝은 백색을 띤다. 가슴 등판은 녹색 바탕에 2개의 흑색 줄

1 2 3 4 5 **6** **7** **8** 9 10 11 12

무늬가 있다. 앞날개는 옅은 녹색 바탕에 흑색 무늬가 여러 개 있는데 제1실의 중앙은 백색을 띤다. 뒷날개는 옅은 갈색 바탕이며 뒷모서리 부근에 작은 백색의 무늬가 있다. 가장자리의 털은 앞뒷날개 모두 백색과 흑색으로 된 무늬가 있다. 성충은 6~8월에 출현하며, 유충은 떡갈나무, 상수리나무, 무화과나무, 침엽수 등의 잎을 먹는다.

분포 한국(북부·중부·남부), 일본, 중국, 아무르, 사할린, 시베리아, 유럽

373

충청북도 월악산, 1994.10.1.

나비목/밤나방과

쌍띠밤나방

Mythimna turca (Linné)

날개의 편 길이는 40~43 mm. 아랫입술수염은 갈색인데 맨 끝에서는 약간 가늘게 돌출되어 있다. 머리와 경판 및 어깨판은 갈색을 띠며 흑갈색의 인모가 섞여 있다. 앞날개의 표면은 적색을 띤 갈색이며 내횡선과 외횡선이 흑색을 띤 가는 선으로 뚜렷이 나타난다. 중실의 끝쪽에는 황백색 무늬가 있으며 주변에는 흑색이 감돌고 있다. 날개의 뒷면은 적갈색을 띠는데 외횡선은 흑갈색의 넓은 띠로 되어 있다. 성충은 5~10 월에 연 2 회 출현한다.

분포 한국(북부·중부·남부·제주도), 일본, 중국, 아무르, 우수리, 만주, 시베리아, 몽고, 아르메니아, 유럽

1 2 3 4 5 6 7 8 9 10 11 12

374

충청북도 민주지산, 1987. 7. 23.

나비목/밤나방과

콩금무늬밤나방 (아그나타은빛나방)

Acanthoplusia agnata (Staudinger)

날개의 편 길이는 30~35 mm. 수 컷의 더듬이는 섬모상이며, 배의 등 면에 있는 털뭉치와 아랫입술수염의 옆면은 짙은 갈색을 띤다. 앞날개는

① ② ③ ④ ⑤ ⑥ ⑦ ⑧ ⑨ ⑩ ⑪ ⑫

갈색 바탕인데 자회색의 인편이 섞여 있다. 앞날개의 칼 모양 무늬는 금갈 색을 띠며 주변은 흑색을 띤다. 내횡 선과 외횡선 사이는 넓게 짙은 자갈 색을 띠며 그 중앙에 은빛의 점무늬 와 U자 모양의 은빛 무늬가 서로 접하여 있다. 뒷날개는 짙은 갈색인 데 가장자리 털은 옅은 색을 띠며 그 중앙에는 짙은 색의 선이 있다. 성충 은 6~8월에 출현한다.

분포 한국(북부·중부·남부), 일본, 중 국, 타이완, 만주, 사할린, 아무르

375

충청남도 계룡산 갑사, 1993. 7. 30. 수컷

충청남도 천안시 광덕산, 1994. 6. 17.　암컷

나비목/밤나방과

태극나방

Spirama retorta (Clerck)

날개의 편 길이는 수컷이 64~70 mm, 암컷은 70~75 mm. 암컷과 수컷은 서로 무늬와 색깔이 다르며 개체에 따라서도 크기와 색깔의 변이가 있다. 수컷의 앞날개는 짙은 갈색 바탕에 중앙에 커다란 태극 무늬가 있다. 암컷은 수컷에 비해 다소 크고

① ② ③ ④ ⑤ ⑥ ⑦ ⑧ ⑨ ⑩ ⑪ ⑫

전체적으로 색깔이 밝으며 앞날개는 회갈색 바탕에 중앙에 커다란 태극 무늬가 있고 물결 모양을 한 여러 개의 가로줄이 있다. 성충은 5~6월, 7~8월에 연 2회 출현한다. 봄형은 가로줄의 발달이 나쁘고 태극 무늬도 대부분 흔적만 남긴 채 소실된 경우가 많으나, 여름형은 태극 무늬가 선명하고 암컷의 가로줄도 매우 또렷하다. 유충은 자귀나무의 잎을 먹으며, 번데기로 월동한다.

분포 한국(전역), 일본, 중국, 미얀마, 자바 섬, 스리랑카, 인도

나비목 Lepidoptera

경기도 포천군 백운산, 1984. 8. 9.

나비목/밤나방과

큰갈고리밤나방

Calyptra gruesa (Draudt)

날개의 편 길이는 50~60 mm. 주둥이는 짧아서 등황색을 띤 아랫입술

① ② ③ ④ ⑤ ⑥ **⑦** **⑧** **⑨** ⑩ ⑪ ⑫

수염의 기부에 감추어져 있으며, 머리, 목둘레판, 가슴등판은 옅은 흑갈색을 띤다. 앞날개의 표면은 짙은 갈색 바탕에 약간의 자주색 광택이 나며, 날개 끝에서 뒷가장자리의 중앙 사이에 짙은 적갈색의 띠가 비스듬히 있다. 성충은 7~9월에 출현하며, 포도, 감귤, 배, 복숭아, 사과 등의 과즙을 즐겨 빨아먹는다.

분포 한국(중부·남부·제주도), 일본, 중국

378

나비목/밤나방과

검은끝짤름나방(사과뭉툭밤나방)

Pangrapta obscurata (Butler)

날개의 편 길이는 25~28 mm. 몸의 등면은 짙은 자주색을 띤 갈색이며, 다리의 발목마디의 각 마디 끝은 가늘게 백색을 띤다. 앞날개는 약간 ① ② ③ ④ ⑤ **⑥ ⑦** ⑧ ⑨ ⑩ ⑪ ⑫ 가늘고 긴 편인데 바깥가장자리의 제4맥은 돌출해 있다. 앞날개의 바탕색은 짙은 자주색이 도는 갈색을 띠며, 아기선, 내횡선, 넓게 된 외횡선 등은 흑자갈색을 띤다. 뒷날개의 중앙에는 흑갈색으로 된 3개의 줄무늬가 있으며, 이들의 양 옆은 황갈색을 띤다. 성충은 6~7월경에 출현하며, 유충은 사과나무, 배나무, 벚나무 등의 잎을 먹는다.

분포 한국(중부·남부), 일본, 중국

제주도 한라산, 1992. 6. 12.

379

날개 뒷면

대전시 식장산, 1991.5.12.

나비목/팔랑나비과

참알락팔랑나비

Carterocephalus dieckmanni
(Graeser)

①②③④⑤⑥⑦⑧⑨⑩⑪⑫

　날개의 편 길이는 28~32 mm. 날개 표면은 흑갈색 바탕에 흰색의 작은 점무늬가 나 있고, 날개의 뒷면은 옅은 황갈색 바탕에 은백색의 점무늬가 불규칙하게 나 있다. 성충은 5~6월에 연 1회 출현하며, 개망초, 멍석딸기, 철쭉 등에서 꿀을 즐겨 빤다. 산지성으로, 우리 나라에서는 지리산 이북 지역에만 분포한다.

분포 한국(북부·중부), 중국, 아무르, 우수리

충청남도 칠갑산, 1992.5.27.

나비목/팔랑나비과

왕자팔랑나비

Daimio tethys (Ménétriès)

날개의 편 길이는 33~36 mm. 암컷이 수컷보다 다소 크고 앞날개의 흰 무늬와 뒷날개의 흰 무늬 띠가 약

① ② ③ ④ ⑤ ⑥ ⑦ ⑧ ⑨ ⑩ ⑪ ⑫

간 크다. 성충은 5월 중순~6월 하순, 8월 초순~9월 하순에 걸쳐 연 2회 출현하는데, 따뜻한 남부 지방에서는 2회 이상의 출현이 예상된다. 제주도에서 채집되는 개체는 뒷날개의 윗면에 흰 띠가 있다. 수목이 많은 숲 가장자리를 아주 민첩하게 날아다니며 풀잎이나 꽃 위에 날개를 펴고 즐겨 앉는다.

분포 한국(북부·중부·남부·제주도), 일본, 중국, 타이완, 아무르, 미얀마

381

경기도 용문산, 1986.5.5.

나비목/팔랑나비과

멧팔랑나비

Erynnis montanus (Bremer)

날개의 편 길이는 36~42 mm. 날
개 표면은 어두운 적갈색을 띠며, 날
개 뒷면은 앞날개 바깥가장자리 부근
에 황색의 얼룩무늬가 발달해 있다.
① ② ③ ④ ⑤ ⑥ ⑦ ⑧ ⑨ ⑩ ⑪ ⑫

암컷은 수컷에 비해 앞날개의 윗면
중앙에 회색의 띠가 더 넓고 뚜렷하
다. 성충은 이른봄에 일찍 출현하여
5월 중순까지 활동한다. 산이나 들의
낙엽성 잡목림이 우거진 숲에서 쉽게
볼 수 있으며, 진달래, 복숭아, 민들
레 등의 꽃에서 꿀을 즐겨 빤다. 유
충으로 월동하며, 기주 식물은 참나
무, 상수리나무, 떡갈나무 등이다.
분포 한국(북부·중부·남부·제주도),
일본, 중국, 아무르

382

대전시 식장산, 1991.6.20.

나비목/팔랑나비과

돈무늬팔랑나비

Heteropterus morpheus (Pallas)

날개의 편 길이는 35~38 mm. 암컷에 비해 수컷의 몸길이가 유난히

① ② ③ ④ ⑤ ⑥ ⑦ ⑧ ⑨ ⑩ ⑪ ⑫

길며, 특이하게도 암수 한 쌍이 항상 같이 행동하는 버릇이 있다. 날개 뒷면에 나 있는 황색 바탕에 둥글둥글한 흰 점무늬가 흡사 동전을 연상하게 하여 붙여진 이름이다. 성충은 5~6월, 7~8월 중순에 연 2회 출현하며, 주로 토끼풀이나 엉겅퀴 등의 꽃에서 꿀을 즐겨 빤다. 유충은 기름새 등의 벼과 식물의 잎을 먹는다.

분포 한국(북부·중부·남부), 중국, 아무르, 유럽

383

충청북도 소백산, 1994.8.3.

나비목/팔랑나비과

지리산팔랑나비

Isoteinon lamprospilus
C. et R. Felder

날개의 편 길이는 32~37 mm. 암컷은 수컷보다 약간 크고 날개 윗면

① ② ③ ④ ⑤ ⑥ **⑦** **⑧** ⑨ ⑩ ⑪ ⑫

의 바탕색이 다소 연하며 흰 무늬가 약간 크다. 날개 뒷면은 옅은 황갈색이며, 뒷날개에는 백색의 작은 점무늬가 9~10개 나 있다. 성충은 7~8월에 연 1회 출현하며, 팔랑나비류 중에서는 비교적 느리게 나는 편이다. 우리 나라에서는 설악산이 북방 한계선이며 부속 도서에서는 아직 기록이 없다.

[분포] 한국(중부·남부), 일본, 중국, 타이완, 베트남

384

경상북도 주왕산, 1984.7.29.

나비목/팔랑나비과

은줄팔랑나비

Leptalina unicolor (Bremer et Grey)

날개의 편 길이는 29~31 mm. 암컷은 수컷에 비해 배면의 바탕색이

① ② ③ ④ ⑤ ⑥ ⑦ ⑧ ⑨ ⑩ ⑪ ⑫

연하고 날개 모양이 가로로 길고 앞날개 끝이 뾰족하다. 성충은 5월 초에 출현하는 봄형은 뒷날개 아랫면의 중앙에 있는 은백색 띠가 뚜렷하나, 7월 중순 이후에 출현하는 여름형은 바탕색과 비슷한 황갈색이므로 눈에 잘 띄지 않는다. 숲 주변의 양지바른 풀밭에서 천천히 날며 풀잎이나 나뭇잎 위에 잘 앉는다.

분포 한국(북부·중부·남부), 일본, 중국, 만주, 아무르, 시베리아

385

충청북도 민주지산, 1988.8.7.

나비목/팔랑나비과

유리창떠들썩팔랑나비

Ochlodes subhyalina (Bremer et Grey)

날개의 편 길이는 37~40 mm. 수컷은 앞날개 중실 밑에 흑색의 띠무

| 1 | 2 | 3 | 4 | 5 | 6 | 7 | 8 | 9 | 10 | 11 | 12 |

늬로 된 성징 표시가 있다. 앞날개의 중실 바깥쪽에 반투명한 점무늬가 있고 양지바른 풀밭에서 떠들썩하게 난다 하여 붙여진 이름이다. 성충은 6월 중순~8월에 연 1 회 출현하는데, 중부 지방에서는 6월 말경에 최성기를 이룬다. 풀밭에서 낮게 활발하게 날아다니며 꽃에서 꿀을 즐겨 빤다.

분포 한국(북부·중부·남부·제주도), 일본, 중국, 타이완, 몽고, 미얀마, 시킴, 아샘

대전시 용운동. 2003. 10. 11.

나비목/팔랑나비과

줄점팔랑나비

Parnara guttata (Bremer et Grey)

날개의 편 길이는 34~40 mm. 날
개 표면은 흑갈색이며, 앞날개에는
크고 작은 흰 점무늬가 7~8개 있
고, 뒷날개에는 안쪽 중앙을 가로질
러 4개의 작은 흰 점무늬가 一자를
세워 놓은 것처럼 나란히 붙어 있다.
암컷이 수컷보다 흰 점무늬가 크고
날개도 넓다. 성충은 5~6월, 7~8
월, 9~10월에 연 3회 출현한다. 유
충으로 월동하며, 기주 식물은 벼,
갈풀, 참억새 등이다.

분포 한국(북부·중부·남부·제주도·울릉
도), 일본, 중국, 타이완, 인도, 방글라
데시, 아샘, 히말라야, 미얀마, 인도
차이나 반도, 아무르

1 2 3 4 5 6 7 8 9 10 11 12

강원도 설악산, 1984.8.30.

나비목/팔랑나비과

산줄점팔랑나비

Pelopidas jansonis (Butler)

날개의 편 길이는 32~36 mm. 암
컷은 수컷에 비해 다소 크고 날개의
① ② ③ ④ ⑤ ⑥ ⑦ ⑧ ⑨ ⑩ ⑪ ⑫

폭이 넓으며 앞날개 표면의 흰 무늬
가 크다. 뒷날개 뒷면에는 4 개의 흰
점무늬가 있는 것말고도 중앙 부근에
흰 점이 1 개 더 있다. 성충은 4~6
월, 7~9월에 연 2 회 출현한다. 주
로 햇볕이 잘 드는 숲이나 야산의 들
판에서 볼 수 있다. '줄점팔랑나비'와
습성이 비슷하며, 유충은 벼과 식물
을 해친다.

분포 한국(북부·중부·남부), 일본, 중국

충청북도 민주지산, 1991.7.20.

나비목/팔랑나비과

수풀꼬마팔랑나비

Thymelicus sylvaticus (Bremer)

날개의 편 길이는 26~32 mm. 날개에 비해 몸통 부분이 크고 털이 많이 나 있어 그 모양이 나방과 비슷하

1 2 3 4 5 6 7 8 9 10 11 12

다. 날개 표면의 바탕색은 붉은빛이 감도는 적황색이나 시맥과 바깥가장자리는 폭이 다소 넓고 짙은 흑갈색을 띤다. 수풀 속에서 많이 볼 수 있고 크기가 작은 삼각형의 날개를 팔랑대며 날므로 붙여진 이름이다. 성충은 7~8월에 연 1 회 출현하며, 유충은 꼬리새, 갈풀, 기름새 등의 식물을 먹는다.

분포 한국(북부·중부·남부), 일본, 중국, 아무르

389

충청북도 월악산, 1991.5.20. 날개 앞면 암컷

나비목/호랑나비과

사향제비나비

Atrophaneura alcinous (Klug)

날개의 편 길이는 75~110 mm. 날개의 표면이 수컷은 검고 약간의 광택이 있으나, 암컷은 황갈색으로 광택이 없다. 가슴과 배의 양 옆에 붉

1	2	3	4	5	6	7	8	9	10	11	12

은 털이 나 있어 다른 제비나비류와 쉽게 구별된다. 수컷의 몸에서 향기가 나므로 '사향'이라는 이름이 붙여졌다. 성충은 5~8월에 연 2회 출현한다. 평지나 산기슭에 많이 살며, 쥐땅나무, 누리장나무, 얇은잎고광나무, 신나무, 라일락 등의 꽃에서 꿀을 즐겨 빤다. 유충은 쥐방울덩굴의 잎을 먹는다.

분포 한국(북부·중부·남부·제주도), 일본, 중국, 타이완

390

대전시 식장산, 1992.4.29.　날개 뒷면　수컷

알

유충

전라남도 대흑산도, 1978.7.28. 교미 장면

나비목/호랑나비과

청띠제비나비

Graphium sarpedon (Linné)

날개의 편 길이는 60~90 mm. 몸과 날개는 흑색 바탕에 앞뒷날개에 걸쳐 청색의 넓은 띠무늬가 중앙을 가로지르고 있다. 봄형은 이 띠의 폭이 넓고, 여름형은 폭이 약간 좁은데 비하여 청색은 더욱 짙다. 수컷은

1 2 3 4 **5 6 7 8** 9 10 11 12

뒷날개의 안쪽 가장자리에 백색의 긴 털이 빽빽이 나 있으나 암컷에는 없다. 봄형은 5월, 여름형은 6~8월에 연 3회 출현한다. 민첩하게 날아다니며 후박나무 주변에서 많이 볼 수 있다. 유충의 먹이도 후박나무, 녹나무 등의 잎이며, 갓 태어난 유충은 흑갈색이지만 커 가면서 담갈색으로 변하고 나중에는 녹색으로 변하면서 보호색을 띠게 된다.

분포 한국(남부·제주도·울릉도), 일본, 타이완, 인도 등 동양 열대 지방

알

2령 유충

5령 유충

종령 유충

번데기

나비목 Lepidoptera

강원도 설악산, 1992.4.24.   날개 뒷면

나비목/호랑나비과

애호랑나비(이른봄애호랑나비)

Luehdorfia puziloi (Erschoff)

날개의 편 길이는 47~52 mm. 수컷은 배에 긴 털이 많이 나 있으나 암컷은 없으며, 교미 뒤에 수컷의 분비물에 의해 암컷의 배에 수태낭이 만들어지므로 쉽게 암수가 구별된다.

① ② ③ ④ ⑤ ⑥ ⑦ ⑧ ⑨ ⑩ ⑪ ⑫

성충은 진달래꽃이 피기 시작하는 4월 초에 출현하여 5월 초에 자취를 감추지만, 설악산이나 오대산 등 산악 지대에서는 5월 말까지 나타난다. 주로 진달래나 민들레 꽃 등에 모여 꿀을 즐겨 빨며, 족도리풀이나 개족도리풀의 잎 뒷면에 7~12개의 알을 낳는다. 유충은 흑갈색을 띠며, 낙엽 밑에서 번데기 상태로 월동한다.

분포 한국(북부·중부·남부), 일본, 중국, 시베리아

394

강원도 설악산, 1992.4.24. 날개 앞면

3령 유충

알

충청북도 월악산, 1991.5.18.

나비목/호랑나비과

산제비나비

Papilio maackii Ménétriès

날개의 편 길이는 봄형이 85~90 mm, 여름형은 100~130 mm. 날개 표면 중앙에는 황록색의 비늘가루가 발달해 있고, 뒷날개 뒷면의 황백색 띠무늬가 선명하여 다른 제비나비와

①②③④⑤⑥⑦⑧⑨⑩⑪⑫

쉽게 구별된다. 여름형이 봄형보다 크기는 훨씬 더 크지만, 뒷날개 뒷면의 황백색 띠는 봄형이 훨씬 뚜렷하다. 성충은 봄형이 5월 초순~6월 중순, 여름형은 7월 초순~9월 초순에 출현한다. 산지성으로, 계곡에 많이 사나 평지에서도 활발하게 날아다니며 집단으로 습지에서 물을 먹기도 한다. 유충은 황경피나무, 산초나무, 황벽나무 등의 잎을 먹는다.

분포 한국(북부·중부·남부·제주도), 일본, 중국, 타이완, 아무르

충청북도 월악산, 1991.5.18.

나비목/호랑나비과

긴꼬리제비나비

Papilio macilentus Janson

날개의 편 길이는 봄형이 80~85 mm, 여름형은 100~120 mm. 암수 모두 몸과 날개가 검은색이며, 뒷날 개의 꼬리가 길어서 다른 제비나비류 와 쉽게 구별된다. 뒷날개는 앞날개

| 1 | 2 | 3 | 4 | 5 | 6 | 7 | 8 | 9 | 10 | 11 | 12 |

보다 더 검으며 그 안쪽에 띠를 이루고 있는 미색의 무늬는 수컷에서만 나타난다. 성충은 봄형이 4월 중순 ~6월 초순, 여름형은 7월 초순~8월 하순에 연 2회 출현한다. 꽃에도 잘 모이고 가끔 습지에서 물을 먹기도 한다. 유충은 누리장나무, 탱자나무, 산초나무, 초피나무, 머귀나무 등 운향과 식물의 잎을 먹고 산다.

분포 한국(북부·중부·남부·제주도), 일본, 중국,

397

대전시 식장산, 2003. 8. 12.

나비목/호랑나비과

호랑나비

Papilio xuthus Linné

날개의 편 길이는 봄형이 65~80 mm, 여름형은 90~120mm. 봄형은 여름형에 비해 크기가 작고 날개 표면의 노란빛 무늬가 더 발달해 있다. 성충은 봄형이 4월 하순~5월 하순,

1 2 3 4 5 6 7 8 9 10 11 12

여름형은 6월 초순~7월 하순, 8월 하순~10월 초순에 연 3회 출현한다. 평지나 낮은 산지에 많고 엉겅퀴, 백일홍, 나리, 산초나무, 누리장나무 등의 꽃에 잘 모인다. 유충은 2~3령 시기에는 새똥 같은 모양이나 그 뒤에는 녹색을 띠며, 탱자나무, 귤나무, 산초나무, 황벽나무, 백선 등의 운향과 식물의 잎을 먹는다. 분포 한국(전역), 일본, 중국, 아무르, 미얀마

2령 유충

5령 유충

번데기

399

전라남도 대흑산도, 1991.8.12.    유충

나비목/호랑나비과

산호랑나비

Papilio machaon Linné

날개의 편 길이는 90~120 mm. 날개의 바탕색은 황색이고 바깥가장자리와 시맥은 흑색이다. 뒷날개의 안쪽 가장자리에 붉은 점이 있어서 '호랑나비'와 쉽게 구별된다. 성충은 봄

1 2 3 4 5 6 7 8 9 10 11 12

형이 4월 초순~5월 하순, 여름형은 6월 초순~8월 하순에 연 2회 출현한다. 산에 많이 살고 있어서 붙여진 이름이다. 햇빛이 잘 드는 양지바른 산기슭이나 산 속의 초원에서 힘차게 빨리 날아다니며, 붉은색이나 흰색의 꽃에 많이 모여든다. 유충은 미나리과의 바디나물, 미나리, 당근, 어수리, 방풍 등의 잎을 먹는다.

분포 한국(북부·중부·남부·제주도), 아시아, 유럽, 북아메리카 북부

강원도 강촌, 1978.5.12.

나비목/호랑나비과

붉은점모시나비

Parnassius bremeri Bremer

날개의 편 길이는 65~75mm. 수컷은 배 전체에 연한 노란빛의 긴 털이 있지만 암컷에는 없으며, 교미가 ①②③④⑤⑥⑦⑧⑨⑩⑪⑫

끝난 암컷은 배 끝에 수태낭이 붙어 있다. '모시나비'와 생긴 모습과 나는 모습이 비슷하나 날개에 붉은 점무늬가 있는 것이 다르다. 성충은 5월에 출현하며, 양지바른 풀밭을 천천히 날아다니면서 엉겅퀴, 기린초, 나무딸기 등에서 꿀을 즐겨 빤다. 유충은 기린초의 잎을 먹는다.

분포 한국(북부·중부·남부), 중국, 시베리아

401

충청남도 계룡산, 1987.5.20.

나비목/호랑나비과

모시나비

Parnassius stubbendorfii Ménétriès

날개의 편 길이는 55~65 mm. 수컷의 몸에는 회백색의 긴 털이 많이 나 있으나 암컷에는 없으며, 교미가 끝난 암컷의 배 끝에는 수태낭이 붙어 있다. 날개에 비늘가루가 적어 반

| 1 | 2 | 3 | 4 | **5** | 6 | 7 | 8 | 9 | 10 | 11 | 12 |

투명하다는 데서 그 이름이 유래한다. 성충은 5월 초순에 출현하여 5월 말에는 자취를 감추며, 평지나 낮은 산의 풀밭 주위에서 많이 산다. 매우 천천히 날며, 기린초, 애기똥풀, 나무딸기, 미나리냉이 등의 꽃에서 꿀을 즐겨 빤다. 알로 월동하며, 유충은 왜현호색, 산괴불주머니 등의 잎을 먹는다.

분포 한국(북부·중부·남부), 일본, 중국, 사할린, 아무르, 우수리, 티베트, 카슈미르

402

대전시 식장산, 1991.4.29. 수컷    암컷

나비목/호랑나비과

꼬리명주나비

Sericinus montela Gray

날개의 편 길이는 봄형이 50~55 mm, 여름형은 60~65mm. 봄형은 여름형에 비해 크기가 작고 미상돌기도 짧다. 암수의 색깔이 뚜렷하며,

1 2 3 **4 5 6 7 8 9** 10 11 12

암컷은 수컷에 비해 덜 활동적이어서 야외에서는 수컷이 훨씬 눈에 많이 띤다. 성충은 봄형이 4월 중순~5월 중순, 여름형이 6월 중순~8월 말에 연 2 회 출현하는데, 남부 지방에서는 9월 초순~9월 하순에 1 회 더 출현한다. 유충의 먹이인 쥐방울덩굴의 잎 주변을 천천히 낮게 날아다니며, 개망초, 멍석딸기 등의 꽃에서 꿀을 즐겨 빤다.

분포 한국(북부·중부·남부), 일본, 중중국, 아무르, 연해주

403

충청북도 월악산, 1991.5.18.

나비목/흰나비과

갈구리나비

Anthocharis scolymus (Butler)

날개의 편 길이는 45~50 mm. 머리와 가슴 부분에는 보드라운 털이

1 2 3 4 5 6 7 8 9 10 11 12

빽빽이 나 있고, 몸은 흑색이나 배 밑은 흰 비늘가루로 덮여 있다. 앞날개 뒷면의 날개 끝과 뒷날개 뒷면에는 녹색의 얼룩무늬가 퍼져 있다. 앞날개 끝이 갈고리 모양으로 뾰족하게 구부러져 있어서 그 이름이 붙여졌다. 성충은 4월 중순~5월 초순에 출현하며, 평지나 낮은 산 또는 계곡에서 꽃의 꿀을 즐겨 빤다. 번데기로 월동하며, 유충은 갯장대, 털장대 등의 잎을 먹는다.

분포 한국(전역), 일본, 중국

404

나비목/흰나비과

대만흰나비

Artogeia canidia (Sparrman)

날개의 편 길이는 38~52 mm. '배추흰나비'와 비슷하나 앞날개 바깥가장자리의 시맥 끝에 흑색 무늬가 있고 뒷날개 바깥가장자리의 시맥 끝에

① ② ③ ④ ⑤ ⑥ ⑦ ⑧ ⑨ ⑩ ⑪ ⑫

도 흑색 점이 있어 쉽게 구별된다. 성충은 4~9월에 연 2~3회 출현한다. 주로 야산의 풀밭에서 비교적 빨리 날며, 개망초, 엉겅퀴, 마디풀, 냉이 등의 꽃에서 꿀을 즐겨 빤다. 번데기로 월동하며, 유충은 미나리냉이, 나도냉이 등 야생 십자화과의 식물을 먹는다.

분포 한국(북부·중부·남부·울릉도), 일본, 중국, 타이완, 타이, 미얀마, 인도, 파키스탄

대전시 식장산, 1991.6.20.

교미 장면

405

충청북도 민주지산, 1991.7.20. 암컷   수컷 (위)

나비목/흰나비과

큰줄흰나비

Artogeia melete (Ménétriès)

날개의 편 길이는 55~65 mm. 날개는 전체적으로 백색 바탕이며 그 위로 흑색의 시맥들이 뻗어 있다. 특히, 암컷의 경우에는 앞날개 표면에 흑색 무늬가 크게 발달해 있고, 뒷날

| 1 | 2 | 3 | 4 | 5 | 6 | 7 | 8 | 9 | 10 | 11 | 12 |

개의 아랫면은 연한 노란빛을 띤다. 성충은 4~10월에 연 2~3회 출현하며, 나무가 우거진 평지에서 많이 볼 수 있는데 주로 낮은 산지의 양지바른 수풀 속에 살며, 개망초, 미나리냉이, 파, 참나리 등의 꽃에서 꿀을 즐겨 빤다. 번데기로 월동하며, 유충은 평지, 무, 고추냉이 등의 잎을 먹는다.

[분포] 한국(전역), 일본, 중국, 사할린, 아무르, 우수리

제주도 한라산, 1992.6.14.

나비목/흰나비과

줄흰나비

Artogeia napi (Linné)

날개의 편 길이는 44~46 mm. '큰
줄흰나비'와 대단히 유사하여 혼동되

| 1 | 2 | 3 | 4 | **5** | **6** | **7** | **8** | 9 | 10 | 11 | 12 |

는 경우가 많은데, '큰줄흰나비'에 비
해 일반적으로 작고 날개 모양이 약
간 둥그스름하다. 성충은 5~8월에
연 2~3회 출현한다. '큰줄흰나비'는
평지에 많은데 비해, 중부 이북 지역
과 한라산 고지 및 남부의 높은 산악
지대에 부분적으로 고립되어 분포한
다. 유충은 갯장대, 미나리냉이, 고
추냉이, 무, 배추 등의 잎을 먹는다.
분포 한국(북부·중부·남부·제주도), 유
럽, 아시아, 북아메리카

407

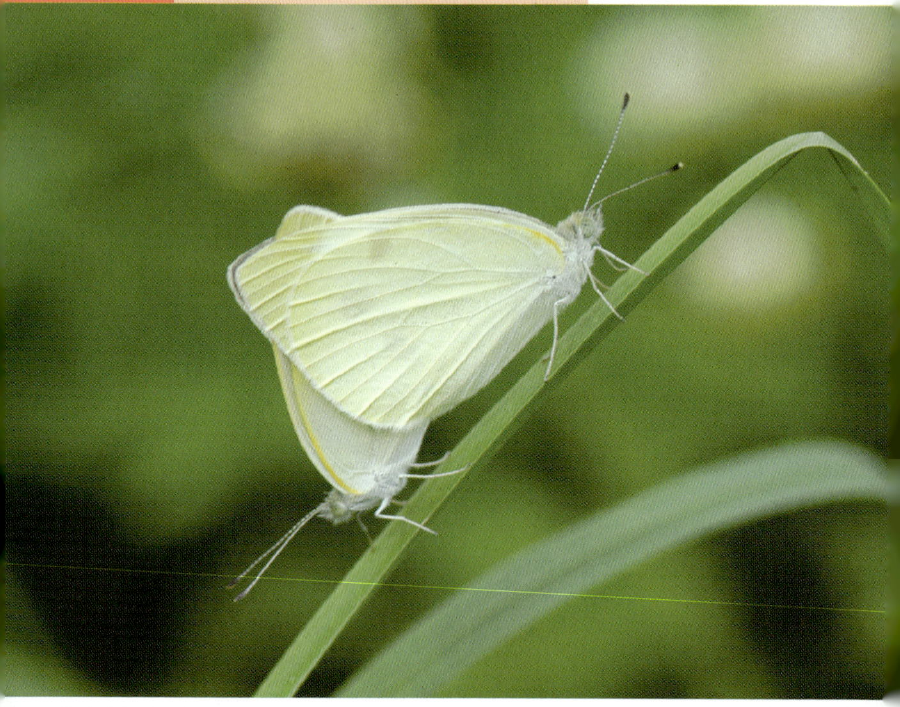

대전시 식장산, 2003. 6. 30. 교미 장면

나비목/흰나비과

배추흰나비

Artogeia rapae (Linné)

1 2 3 4 5 6 7 8 9 10 11 12

날개의 편 길이는 45~65 mm. 날개는 수컷이 유백색이며, 암컷은 노란빛이 섞여 있다. 암컷은 수컷보다 흑색 무늬가 더욱 발달하고 앞날개 밑에는 흑색 가루가 대단히 많다. 성충은 3월 중순~10월에 연 3~4회 출현한다. 양지바른 산과 들 어디에서나 흔하게 볼 수 있으며, 유충은 배추, 무 등 십자화과의 식물을 먹으므로 농작물에 큰 피해를 준다.

분포 한국(전역), 아시아, 유럽, 북아메리카, 뉴질랜드

충청북도 민주지산, 1991.7.20.

나비목/흰나비과

노랑나비

Colias erate (Esper)

날개의 편 길이는 47~52 mm. 수컷은 날개 표면이 노란빛 바탕에 앞날개의 바깥가장자리 쪽으로 넓게 흑색 무늬가 퍼져 있으며, 앞날개 가운데 부분에도 흑색 점무늬가 하나 있다. 뒷날개에도 바깥가장자리를 따라 ①②③④⑤⑥⑦⑧⑨⑩⑪⑫ 서 흑색 점무늬가 좁게 퍼져 있으며 가운뎃방 끝에는 주홍색의 둥근 점무늬가 하나 있다. 암컷은 백색형과 황색형 두 가지가 있으나, 수컷은 황색형만 있다. 성충은 4~10월에 연 2~3회 출현하며, 평지의 풀밭이나 제방, 양지바른 야산의 초원 지대에서 꽃의 꿀을 즐겨 빤다. 유충은 토끼풀, 벌노랑이, 낭아초, 개자리, 고삼, 돌완두 등 콩과 식물을 먹는다. 분포 한국(전역), 일본, 중국, 인도, 러시아

409

충청북도 영동군 천마령, 1990.10.12.

나비목/흰나비과

극남노랑나비

Eurema laeta (Boisduval)

날개의 편 길이는 35~40 mm. 가을형은 여름형에 비해 훨씬 크며 앞날개의 바깥가장자리가 직선이고 뒷날개 아랫면에 2개의 갈색 줄무늬가 평행으로 달리는 점으로 구별된다. 암수의 구별은 여름형의 경우 암컷이 수컷보다 노란빛이 다소 연하고, 가을형의 경우는 암수의 무늬가 거의 같으며 수컷의 앞날개 아랫면 앞가장자리 부근의 기부에 등황색의 성표가 있다. 성충은 6~10월에 연 3회 정도 출현하며, 양지바른 풀밭, 논밭 주변, 하천의 제방 등지에서 무리 지어 꽃의 꿀을 빤다.

분포 한국(중부·남부·제주도), 일본, 중국, 타이완, 필리핀, 인도

1 2 3 4 5 6 7 8 9 10 11 12

충청북도 영동군 천마령, 1990.9.30.

나비목/흰나비과

각시멧노랑나비

Gonepteryx aspasia Ménétriès

날개의 편 길이는 55~65 mm. 날개의 앞면은 수컷이 연노란빛이며 암컷은 연녹색이다. 앞날개의 끝은 갈고리 모양으로 가늘게 굽어 있고 앞가장자리 부근에는 갈색 무늬가 약간 퍼져 있다. 앞뒷날개의 가운뎃방 끝에는 주홍색의 작은 점무늬가 1개씩 있다. 성충은 6월 중순~7월 중순에 우화하여 잠시 활동하다가 하면(夏眠)에 들어가 자취를 감추었다가 8월 하순~10월 상순에 다시 나타나 활동하다 그대로 월동한다. 월동한 성충은 4월 초에 나타나 교미를 하고 산란을 한 후 자취를 감춘다. 월동한 성충의 날개에는 갈색 점이 흩어져 있다.

1 2 3 4 5 6 7 8 9 10 11 12

분포 한국(북부·중부·남부·제주도), 일본, 중국, 아무르, 우수리

411

대전시 식장산, 1991.6.20.

나비목/흰나비과

기생나비

Leptidea amurensis (Ménétriès)

날개의 편 길이는 37~42 mm. 앞날개의 끝 부근에 흑색의 얼룩무늬가 있고 앞가장자리 부근을 따라 흑색의 비늘가루가 퍼져 있다. 암컷은 수컷과 달리 날개 끝에 흑색의 얼룩무늬 대신 암회색의 줄무늬가 퍼져 있는 것이 많으며, 앞날개 끝은 수컷에 비해 더 부드러운 곡선을 이루고 있다. 성충은 봄형이 4월 중순~5월 하순, 여름형이 6월 상순~8월 상순에 출현한다. 나는 동작이 대단히 느린데, 양지바른 풀밭 위를 힘없이 날며 여러 꽃에서 꿀을 빤다. 유충은 갈퀴나물, 등갈퀴나물, 벌노랑이 등의 잎을 먹는다.

①②③④⑤⑥⑦⑧⑨⑩⑪⑫

分布 한국(북부·중부·남부·제주도), 일본, 중국, 아무르, 알타이

412

대전시 계족산, 1990.8.3.

나비목/흰나비과

풀흰나비

Pontia daplidice (Linné)

날개의 편 길이는 40~55 mm. 암수는 날개 표면의 무늬로 구별되는데, 암컷은 앞날개의 제 1b 실에 흑

① ② ③ ④ ⑤ ⑥ ⑦ ⑧ ⑨ ⑩ ⑪ ⑫

색의 무늬가 하나 있고 뒷날개 외연부에 이중의 흑색 줄무늬가 있으나, 수컷은 무늬가 없고 뒷날개 표면도 흰색으로 무늬가 없다. 성충은 4~5월, 8~9월에 연 2 회 출현한다. 양지바른 풀밭에서 비교적 빨리 날며 여러 꽃에서 꿀을 빤다. 흰나비과의 다른 나비에 비해 개체 수가 적은 편이다. 유충은 꽃장대의 잎을 먹는다. 분포 한국(북부·중부·남부), 중국에서 유럽에 걸친 유라시아 대륙 북부

413

나비목 Lepidoptera

충청남도 천안시 광덕산, 1994. 6. 17.

나비목/부전나비과

물빛긴꼬리부전나비

Antigius attilia (Bremer)

날개의 편 길이는 33~36 mm. 날개의 표면은 흑갈색이며 가장자리의 털이 흰색을 띤다. 암컷은 뒷날개의 표면에 4개의 작은 백색 점무늬가 있다. 날개의 뒷면은 은백색의 광택이

나며, 앞날개의 중간에 직사각형처럼 생긴 흑갈색 띠가 있다. 암컷이 수컷보다 다소 크며 날개 뒷면의 흑갈색 띠무늬도 보다 발달하였다. 성충은 6~8월에 연 1회 출현한다. 평지나 낮은 산지의 낙엽수림에서 살며 주로 오후에 상수리나무의 주위를 활발히 날아다닌다. 유충은 상수리나무, 굴참나무 등의 잎을 먹는다.

분포 한국(북부·중부·남부), 일본, 중국, 타이완, 몽고, 아무르, 우수리

1 2 3 4 5 6 7 8 9 10 11 12

414

대전시 식장산, 1991.6.20.

나비목/부전나비과

담색긴꼬리부전나비

Antigius butleri (Fenton)

날개의 편 길이는 32~35 mm. 날개의 뒷면은 옅은 회색 바탕에 크고 작은 흑색 점무늬와 띠가 있다. 뒷날 [1][2][3][4][5][6][7][8][9][10][11][12] 개 뒷면의 뒷모서리 부근에는 넓게 주황색의 무늬가 있으며 그 속에 2개의 흑색 점이 나 있고 여기에서 미상돌기가 길게 뻗어 있다. 성충은 6월 중순~7월 중순에 연 1회 출현한다. 낙엽수림에서 살며, 비교적 천천히 날고 낮 동안에는 나뭇잎 위에서 자주 쉰다.

분포 한국(북부·중부·남부), 일본, 중국, 우수리

415

서울 청계산, 1985.4.12.

나비목/부전나비과

쇳빛부전나비

Callophrys frivaldszkyi (Lederer)

날개의 편 길이는 25~30 mm. 날개 표면의 중앙에는 쇳빛 광택이 돌고 앞가장자리와 바깥가장자리는 어

두운 청흑색을 띤다. 뒷날개 끝에는 손가락 아랫부분처럼 생긴 꼬리돌기가 약간 튀어나와 있다. 성충은 4월에 잠시 출현한다. 평지나 야산의 양지바른 곳에 있는 관목의 가지 위나 마른 풀 줄기 끝에 앉아 있는 모습이 쉽게 관찰된다. 유충은 철쭉, 진달래, 벚나무 등의 잎을 먹는다.

① ② ③ **④** ⑤ ⑥ ⑦ ⑧ ⑨ ⑩ ⑪ ⑫

분포 한국(북부·중부·남부), 일본, 중국, 시베리아, 아무르

416

암컷　　　　　　　　충청북도 월악산, 1991.5.18. 수컷

나비목/부전나비과

푸른부전나비

Celastrina argiolus (Linné)

날개의 편 길이는 22~28 mm. 수컷의 날개 표면은 연한 청색을 띠지만 앞날개의 앞가장자리는 회색, 바

① ② ③ ④ ⑤ ⑥ ⑦ ⑧ ⑨ ⑩ ⑪ ⑫

깥가장자리는 좁기는 하지만 흑갈색이다. 암컷은 앞날개 앞가장자리의 바깥쪽 중앙으로부터 바깥가장자리 부분까지 넓게 흑갈색이다. 성충은 4~10월에 연 수회 출현한다. 성충은 꽃에 잘 모이지만, 특히 수컷은 물을 먹기 위해 짐승의 배설물이나 계곡의 습지에 많이 모여든다. 번데기로 월동하며, 유충은 등나무, 싸리류, 칡, 고삼 등의 잎을 먹는다.

분포 한국(전역), 일본, 중국, 사할린~유라시아 대륙

417

충청북도 월악산, 1991.5.18.

교미 장면

나비목/부전나비과

암먹부전나비

Everes argiades (Pallas)

날개의 편 길이는 20~30 mm. 수컷의 날개 표면은 청람색이며 바깥가장자리는 흑색이나 가장자리의 털은 백색이다. 암컷의 날개 표면은 짙은 흑갈색이며 뒷날개의 바깥가장자리와 안가장자리 모 근처에 있는 2개의

[1] [2] [3] [4] [5] [6] [7] [8] [9] [10] [11] [12]

흑색 점무늬 위쪽으로 주홍색 점무늬가 있다. 암수 모두 날개 뒷면은 회백색이며 검은 점무늬가 많이 박혀 있다. 성충은 4~10월에 연 3~4회 출현하며, 냉이, 토끼풀, 조록싸리, 멍석딸기, 개망초 등의 꽃의 꿀을 즐겨 빤다. 양지바른 길가, 논밭 주변, 야산 등지에서 흔히 볼 수 있다. 유충은 칡, 등나무, 싸리류, 완두, 갈퀴나물 등의 잎을 먹는다.

분포 한국(전역), 일본, 중국, 타이완, 티베트, 시베리아, 유럽

418

강원도 계방산, 1990. 7. 15.
(김성수 제공)

나비목/부전나비과

산녹색부전나비

Fayonius taxila (Bremer)

날개의 편 길이는 30~40 mm. 수
컷의 날개 표면은 청색이 도는 녹색

| 1 | 2 | 3 | 4 | 5 | 6 | 7 | 8 | 9 | 10 | 11 | 12 |

이다. 날개의 뒷면은 수컷이 연한 갈
색이고, 암컷은 붉은빛이 도는 갈색
이다. 성충은 7~8월에 연 1 회 출현
한다. 평지나 산지의 활엽수림에서
살며 아침 일찍 활동하는 습성이 있
다. 양지바른 나무 사이를 민첩하게
날며 습지에서 물을 먹거나 꽃에서
꿀을 빤다.

분포 한국(북부·중부·남부·제주도), 일
본, 중국, 아무르

419

충청북도 소백산, 1994.8.3.

나비목/부전나비과

참까마귀부전나비

Fixsenia eximia (Fixsen)

날개의 편 길이는 34~38mm. 날개의 표면은 흑갈색이며 수컷이 암컷에 비해 다소 진하다. 수컷은 앞날개의 표면 중실 끝 부근에 옅은 색의 큰 타원형 성표(性標)가 있다. 날개의 크기는 암컷이 수컷보다 약간 크다. 날개의 뒷면은 갈색을 띠는데 뚜렷한 백색의 띠무늬가 중심에서 약간 뒤쪽을 가로지르고 있다. 그 중 뒷날개의 흰 띠무늬는 뒷모서리 부근에서 W자 형태로 굴곡되어 나타난다. 또한 가늘고 긴 검은색의 꼬리돌기가 있으며, 뒷모서리에서 바깥가장자리에 걸쳐서 주홍색 무늬가 있고 그 안에 흑색 점무늬가 있다. 성충은 6~8월에 연 1회 출현한다. 계곡 주변과 산등성이의 활엽수림에서 살며, 주로 먹이 식물의 주변에서 많이 볼 수 있다. 유충은 느릅나무, 귀룽나무 등의 잎을 먹는다.

분포 한국(북부·중부·남부), 중국, 만주, 아무르

| 1 | 2 | 3 | 4 | 5 | 6 | 7 | 8 | 9 | 10 | 11 | 12 |

420

암컷　　　　충청남도 칠갑산, 1988.6.12. 수컷

나비목/부전나비과

부전나비

Lycaeides argyronomon
(Bergsträsser)

날개의 편 길이는 26~32 mm. 수 컷의 날개 표면은 고르게 청자색이며 바깥가장자리를 따라 가늘게 흑색 테 두리가 둘러져 있다. 암컷은 표면이 흑갈색이며 뒷날개의 표면은 바깥가 장자리를 따라 큰 고리 모양의 주황 색 무늬가 줄지어 있다. 성충은 5~10 월에 연 2~3회 출현한다. 양지바른 논밭 주변이나 하천의 제방 등지에서 많이 살며 여러 꽃에서 꿀을 빨거나 습지에서 물을 먹는다. 유충은 갈퀴 나물 등의 잎을 먹는다.

분포 한국(북부·중부·남부), 유라시아 북부~북아메리카 북부

1 2 3 4 **5 6 7 8 9 10** 11 12

421

전라북도 무주군 용담 댐, 2003. 6. 22.   날개 앞면 (위)

나비목/부전나비과

작은주홍부전나비

Lycaena phlaeas (Linné)

날개의 편 길이는 27~35 mm. 봄형의 앞날개는 주홍색 광택이 나는데 그 위에 흑색 점무늬가 여러 개 찍혀 있으며 바깥가장자리 부분은 흑갈색을 띤다. 뒷날개는 흑갈색 바탕에 바깥가장자리에 접하여 4개의 흑색 점무늬가 있고 이 점무늬의 안쪽으로 폭이 넓은 주홍색 띠가 있다. 여름형은 봄형에 비하여 전체적으로 색상이 진하다. 성충은 4~10월에 출현하는데 제주도와 남부 지방에서는 연 3회, 중북부 지방에서는 연 2회 출현한다. 엉겅퀴, 개망초, 평지 등 여러 꽃에서 꿀을 즐겨 빨며, 유충은 수영, 애기수영, 개대황 등의 잎을 먹는다.

분포 한국(북부·중부·남부·제주도), 일본, 중국, 히말라야, 러시아, 유럽

1 2 3 4 5 6 7 8 9 10 11 12

422

경기도 천마산, 1986.5.22.

나비목/부전나비과

담흑부전나비

Niphanda fusca (Bremer et Grey)

날개의 편 길이는 32~42 mm. 수컷의 날개 표면은 보랏빛이 나는 밤색이고 뒷면은 어두운 담회색으로 앞뒷날개에 흑색의 무늬가 몇 개 있다. 암컷은 수컷보다 크고 색상도 더 어

1 2 3 4 5 6 7 8 9 10 11 12

두우며 날개 모양은 둥근 느낌이 난다. 성충은 6~8월에 연 1 회 출현하며, 주로 잡목이 듬성듬성 우거진 활엽수림에서 산다. 수컷은 세력권을 이루고 있어 침입한 다른 나비를 쫓아 내기도 한다. 유충은 개미와 공생하는 습성이 있어 개미의 집에서 개미로부터 먹이를 얻어먹고 자라는데, 이 때 유충의 배설물을 개미들이 핥아먹는다.

분포 한국(북부·중부·남부·제주도), 일본, 중국

423

전라북도 내장산, 1991.9.18.   교미 장면

나비목/부전나비과

남방부전나비

Pseudozizeeria maha (Kollar)

날개의 편 길이는 28~30 mm. 수컷의 날개 표면은 청색이고, 앞날개의 가장자리에는 검은빛이 넓게 퍼져 있으며, 뒷날개의 바깥가장자리에는 흑색의 작은 점무늬가 나란히 있고 가장자리 끝은 백색을 띤다. 암컷의

① ② ③ ④ ⑤ ⑥ ⑦ ⑧ ⑨ ⑩ ⑪ ⑫

날개 표면은 짙고 어두운 회색이며, 날개 밑부분에는 청색이 약간 드러나 있다. 일반적으로 봄형과 가을형은 청색이 발달하였고 여름형은 흑색이 더 발달하였다. 성충은 4~10월에 연 3~4회 출현한다. 논밭이나 하천의 제방 등지의 풀밭을 낮게 날며, 여러 가지 꽃에서 꿀을 빤다. 유충은 괭이밥의 잎을 먹는다.

분포 한국(중부·남부·제주도·울릉도), 일본, 중국, 타이완, 인도, 말레이반도, 동양의 열대·아열대 지역

나비목/부전나비과

범부전나비

Rapala caerulea (Bremer et Grey)

날개의 편 길이는 32~36 mm. 암 컷에 비하여 수컷의 무늬가 보랏빛이

① ② ③ ④ ⑤ ⑥ ⑦ ⑧ ⑨ ⑩ ⑪ ⑫

강하다. 봄형의 날개 뒷면은 연한 잿빛인 데 비해 여름형은 담갈색이며, 크기도 봄형이 여름형보다 대체로 크다. 날개 뒷면의 무늬가 범 무늬를 연상시키는 데서 그 이름이 붙여졌다. 성충은 봄형은 5~6월에, 여름형은 7~8월에 연 2 회 출현한다. 들판이나 산림의 숲 가장자리에서 많이 볼 수 있으며, 유충은 아카시아, 등나무, 등갈퀴나물 등의 잎을 먹는다. 분포 한국(전역), 일본, 중국, 아무르

충청남도 계룡산, 1987.5.22. 봄형

여름형(위)

강원도 계방산, 1992. 6. 12.(김성수 제공)

나비목/부전나비과

작은홍띠점박이푸른부전나비

Scolitantides orion (Pallas)

날개의 편 길이는 24~30 mm. 날개 표면은 흑색 바탕에 청색이 약간 드리워져 있으며, 가장자리의 털은 백색과 흑색이 번갈아 나타나고 바깥 가장자리를 따라 둥근 흑색의 무늬들이 늘어서 있고 그 주위는 푸른빛을 띤다. 날개의 뒷면은 회백색으로 흑

| 1 | 2 | 3 | 4 | 5 | 6 | 7 | 8 | 9 | 10 | 11 | 12 |

갈색 점무늬가 훨씬 뚜렷하게 보인다. 뒷날개 뒷면의 바깥가장자리 쪽으로는 흑색 점으로 이루어진 줄무늬가 2개 나란히 있는데 이 무늬 사이를 주홍빛의 띠가 채우고 있다. 성충은 4~8월에 연 2회 출현하는데, 날개를 접고 꿀을 빠는 습성이 있으며, 유충의 먹이인 돌나물이 흔한 논두렁이나 자갈밭, 덤불 등지에서 천천히 날아다닌다.

분포 한국(북부·중부·남부·울릉도), 일본, 중국, 아무르, 서아시아, 유럽, 스칸디나비아 반도

426

충청북도 민주지산, 1995. 4. 9.

나비목/네발나비과

뿔나비

Libythea celtis Fuessly

날개의 편 길이는 40~50 mm. 입술이 몹시 튀어나와 마치 주둥이에 긴 뿔이 돋친 모양이다. 앞날개의 바깥가장자리는 날카롭고 깊게 모가 나 있으며, 뒷날개의 바깥가장자리도 손톱으로 뜯어 낸 것처럼 울퉁불퉁한

|1|2|3|4|5|6|7|8|9|10|11|12|

모가 나 있다. 앞뒷날개의 중앙에는 오렌지색의 큰 무늬가 있고, 앞날개의 끝 부근에는 4 개의 흰 점무늬가 있다. 성충은 연 1 회 출현하는데, 월동한 성충은 4월 초부터 활동하며, 새로 부화된 유충은 6월 중순에 우화한다. 성충은 습지에서 자주 물을 먹는데 때로는 여러 마리가 무리를 짓기도 한다. 유충은 팽나무, 풍게나무 등의 잎을 먹는다.

분포 한국(북부·중부·남부), 일본, 중국, 타이완, 히말라야, 인도, 유럽, 남·북 아메리카

427

제주도 한라산, 1986.7.12.

나비목/네발나비과

왕나비 (제주왕나비)

Parantica sita (Kollar)

날개의 편 길이는 95~110 mm. 날개의 바탕은 은회색인데 앞날개의 중앙에서 바깥쪽으로는 흑색을 띠며 시맥도 검고 반투명하다. 뒷날개 뒷면의 색은 앞면과 거의 같으나 바깥가 ① ② ③ ④ ⑤ ⑥ ⑦ ⑧ ⑨ ⑩ ⑪ ⑫

장자리를 따라서 두 줄의 작고 흰 얼룩무늬가 나 있다. 성충은 5~9월에 출현하는데, 내륙 지방에서는 연 2회, 제주도에서는 연 3회 출현한다. 주로 꽃을 찾아 날개를 편 채로 아주 느리게 난다. 기상 요인 등으로 서식지를 벗어나 일시적으로 멀리 떨어진 곳에서도 나타난다. 유충은 박주가리과 식물인 큰조롱, 나도큰조롱 등의 잎을 먹는다.

분포 한국(북부·중부·남부·제주도·울릉도), 일본, 중국, 타이완, 히말라야, 아프가니스탄

428

전라북도 무주군 용담 댐, 2003. 6. 22.

나비목/네발나비과

황오색나비

Apatura metis Freyer

날개의 편 길이는 63~74 mm. 수컷은 날개의 표면이 햇빛을 받으면 보랏빛 광택을 띠며, 뒷면은 밤색 계통으로 무늬는 앞면과 대체로 비슷하

1️⃣2️⃣3️⃣4️⃣5️⃣6️⃣7️⃣8️⃣9️⃣🔟11️⃣12️⃣

다. 암컷은 수컷보다 약간 크나 날개의 표면에 보랏빛 광택이 나지 않는다. 성충은 6~9월에 연 2회 출현한다. 주로 버드나무류가 있는 숲이나 그 주변에서 민첩하고 경쾌하게 날면서 버드나무, 참나무, 벚나무류 등의 수액에 모인다. 수컷은 습지나 동물의 배설물에도 모인다. 유충은 버드나무, 수양버들, 호랑버들 등의 잎을 먹는다.

분포 한국(북부·중부·남부), 중국, 중앙 아시아, 러시아, 유럽

429

대전시 식장산, 1991.6.20.

나비목/네발나비과

거꾸로여덟팔나비

Araschnia burejana Bremer

　날개의 편 길이는 35~40 mm. 봄형과 여름형 모두 암컷이 수컷에 비해 크고 앞날개의 폭도 암컷이 더 넓다. 봄형은 날개 표면이 흑갈색 바탕에 등황색의 그물눈 무늬가 있으나, 여름형은 중앙에 흰 띠가 있다. 날개

① ② ③ ④ ⑤ ⑥ ⑦ ⑧ ⑨ ⑩ ⑪ ⑫

중앙에는 담황색의 줄무늬가 가로지르고 있는데, 이 무늬를 거꾸로 보면 八자처럼 보인다고 하여 그 이름이 붙여졌다. 성충은 봄형이 5~6월, 여름형은 7~8월에 출현한다. 주로 낮은 산지와 계곡의 활엽수림 주변에 서식하며, 날아다니는 모습은 활발하지만 풀이나 꽃에서 쉬는 시간이 더 많다. 유충은 좀깨잎나무, 혹쐐기풀 등의 잎을 먹는다.

분포 한국(북부·중부·남부), 일본, 중국, 아무르, 시베리아, 사할린

430

날개 뒷면에 거꾸로 된 여덟 팔(八) 자의 모습이 뚜렷하다.

강원도 설악산, 1984.8.30.

나비목/네발나비과

북방거꾸로여덟팔나비

Araschnia levana (Linné)

날개의 편 길이는 35~45 mm. '거꾸로여덟팔나비'와 비슷하나, 앞날개

① ② ③ ④ ⑤ ⑥ ⑦ ⑧ ⑨ ⑩ ⑪ ⑫

의 표면 제 2 실에 흰 무늬가 있고 날개 아랫면의 바탕색이 다소 어두우며, 뒷날개의 뒷면 가운데를 가로지르는 흰 무늬가 더 굵고 제 4 맥의 끝이 강하게 돌출되어 있는 점이 다르다. 성충은 5~8월에 연 2 회 출현한다. 산간의 계곡 부근에 많으며, 주로 쉬땅나무, 등골나무 등의 꽃에 잘 모인다. '거꾸로여덟팔나비'에 비해 비교적 고산 지역에서 산다.

분포 한국(북부·중부·남부), 일본, 중국, 사할린, 시베리아, 유럽

432

경기도 용문산, 1984.7.25.

나비목/네발나비과

은줄표범나비

Argynnis paphia (Linné)

날개의 편 길이는 65~80 mm. 수컷의 날개 표면은 표범나비류에서 일반적으로 볼 수 있는 붉은 감색 바탕에 흑색의 점무늬가 많고, 앞날개에는 성(性)을 나타내는 발향린(發香

① ② ③ ④ ⑤ ⑥ ⑦ ⑧ ⑨ ⑩ ⑪ ⑫

鱗)이 보인다. 암수 모두 앞날개 뒷면의 색이 표면보다 엷고, 뒷날개 뒷면은 초록색 바탕에 은백색의 줄무늬가 선명하게 뻗어 있다. 성충은 5~8월에 출현하는데 낡은 개체는 종종 10월 초까지 발견되기도 한다. 낮은 산지나 계곡 주변의 숲 속을 빠르게 날아다니며, 쉬땅나무, 큰까치수염, 꿀풀 등의 꽃에서 꿀을 즐겨 빤다. 유충은 제비꽃류의 잎을 먹는다.

분포 한국(전역), 일본, 중국, 타이완, 사할린, 러시아, 유럽, 북아프리카

433

경기도 광릉, 1990. 7. 12.(김성수 제공)   날개 뒷면(위)

나비목/네발나비과

작은은점선표범나비

Clossiana perryi(Butler)

날개의 편 길이는 42~45 mm. 암
컷은 수컷보다 약간 크고 날개 모양
도 둥그스름하다. 뒷날개의 뒷면 중

[1] [2] [3] [4] [5] [6] [7] [8] [9] [10] [11] [12]

앙 부근에는 은점 무늬가 여러 개 있
고 바깥가장자리에는 은점선 무늬가
톱날처럼 뻗어 있다. 성충은 4~9월
에 연 2~3회 출현한다. 산지의 양
지바른 능선이나 계곡 주변의 풀밭,
하천의 제방, 경작지 주변 등의 풀밭
에서 개망초, 들국화 등의 꽃에 무리
지어 모여든다. 유충은 제비꽃, 메제
비꽃 등의 잎을 먹는다.

분포 한국(북부·중부·남부), 중국, 사
할린, 중앙 아시아, 러시아, 유럽

충청남도 서대산, 2003. 7. 24.

나비목/네발나비과

작은멋쟁이나비

Cyntia cardui (Linné)

날개의 편 길이는 40~50 mm. '큰 멋쟁이나비'와 비슷하나, 앞날개의 안쪽 가운데 부분과 뒷날개의 중앙에 누른빛이 도는 적색을 띤 점이 다르다. 앞날개 뒷면의 무늬는 앞면과 거의 같고, 뒷날개 뒷면은 회백색으로 푸른빛이 감돌며 여러 복잡한 무늬가 퍼져 있다. 성충은 4~10월에 출현하는데, 북부 지방과 산악 지대에서는 연 2회, 중부 지방에서는 연 3회, 그리고 남부 지방에서는 연 4회 출현한다. 평지나 산지 어디에서나 볼 수 있으며 매우 민첩하게 날아다닌다. 성충으로 월동하며, 유충은 우엉, 떡쑥, 사철쑥 등의 잎을 먹는다. 분포 한국(전역), 세계 공통종

1 2 3 4 5 6 7 8 9 10 11 12

435

경기도 광릉, 1986.4.16.

나비목/네발나비과

유리창나비

Dilipa fenestra (Leech)

날개의 편 길이는 67~73 mm. 수 컷은 암컷에 비하여 약간 작고 날개 ① ② ③ ④ ⑤ ⑥ ⑦ ⑧ ⑨ ⑩ ⑪ ⑫

표면의 주황색과 흑색의 무늬가 뚜렷하여 쉽게 암컷과 구별된다. 앞날개 끝 부근에 있는 투명한 막질의 타원형 무늬에서 그 이름이 유래하였는데, 종명 'fenestra'는 '창이 있는' 이라는 뜻이다. 성충은 4~5월에 연 1회 출현하며, 도로의 습지 또는 시냇가 등에서 물을 즐겨 먹는다. 유충은 팽나무와 풍게나무의 잎을 먹으며 번데기로 월동한다.

분포 한국(북부·중부·남부), 중국, 티베트

436

경기도 용문산, 1986. 5. 5.

나비목 Lepidoptera

경기도 양주군 앵무봉, 1979.7.2. 수컷

나비목/네발나비과

수노랑나비

Chitoria ulupi (Doherty)

날개의 편 길이는 65~80 mm. 암수의 색상이 판이하게 다른데 수컷의 날개 표면은 옅은 황갈색을 띤다. 암컷의 날개 표면은 청색이 도는 흑갈색으로 앞날개 바깥가장자리 끝 부근

①②③④⑤⑥⑦⑧⑨⑩⑪⑫

과 뒷날개 바깥가장자리에는 황색 줄무늬가 나 있다. 또한 앞뒷날개의 중앙에는 백색의 띠무늬가 나 있다. 날개 뒷면은 은백색 바탕으로 수컷과는 별종처럼 보인다. 성충은 6~8월에 연 1회 출현하며, 나무 꼭대기 주위를 배회하며 무리 지어 활동한다. 나뭇진에도 잘 모이며 습지에서 물을 먹기도 한다. 유충은 팽나무, 풍게나무 등의 잎을 먹는다.

분포 한국(북부·중부), 중국, 타이완, 방글라데시

438

암컷

알

3령 유충

번데기

충청북도 소백산, 1994.8.4.

나비목/네발나비과

은점표범나비

Fabriciana adippe (Linnaeus)

날개의 편 길이는 55~70 mm. 표범나비류에서는 중간 정도의 크기로, 날개의 무늬에 변이가 많아서 여러

① ② ③ ④ ⑤ ⑥ ⑦ ⑧ ⑨ ⑩ ⑪ ⑫

가지 아종(亞種)으로 취급되기도 한다. 날개의 뒷면에 은점이 많아 붙여진 이름이다. 성충은 5월부터 출현하여 6월에서 7월까지 주로 활동하다, 8월에는 잠시 더위를 피해 여름잠을 잔 후 9월에 다시 출현한다. 산 속의 양지바른 기슭이나 잡목이 듬성듬성 나 있는 산길 주변의 풀밭에서 꽃의 꿀을 즐겨 빤다. 유충은 털제비꽃의 잎을 먹는다.

분포 한국(북부·중부·남부·제주도), 일본, 중국, 유럽

440

충청북도 영동군 천마령, 1991.4.16.

나비목/네발나비과

청띠신선나비

Kaniska canace (Linné)

날개의 편 길이는 50~65 mm. 날개의 표면은 흑청색 바탕에 청색의 넓은 띠가 선명히 나 있다. 날개의 뒷면에는 물결 무늬가 여러 겹 박혀 있고 어두운 색들이 복잡하게 얽혀 있어 보호색 구실을 한다. 성충은 6

① ② ③ ④ ⑤ ⑥ ⑦ ⑧ ⑨ ⑩ ⑪ ⑫

월 초에 출현하기 시작하여 8월경에 제 2 세대가 발생하여, 가을에 활동하다 성충으로 월동한 후 이듬해 봄 5월까지 나타난다. 평지나 산림에서 흔히 보이며, 참나무류의 수액이나 썩은 과일, 오물 등에 잘 모인다. 집단을 이루지 않고 단독으로 숲 속에서 텃세권을 형성한다. 유충은 청미래덩굴의 잎을 먹는다.

분포 한국(북부·중부·남부·제주도·울릉도), 일본, 중국, 타이완, 필리핀, 인도, 아시아, 열대 지역

441

나비목 Lepidoptera

전라북도 무주군 구천동, 1990.8.30.

나비목/네발나비과

줄나비

Limenitis camilla (Linné)

날개의 편 길이는 45~55 mm. 봄형은 여름형에 비해 약간 크고 날개 표면의 백색 띠무늬도 더 넓다. 암컷은 수컷에 비해 날개 끝이 더 둥글고 약간 크며 앞날개 안쪽의 백색 점무늬가 더 뚜렷하다. 검은 바탕에 흰 줄무늬가 있어 붙여진 이름이다. 성충은 5~10월에 연 2~3회 출현한다. 평지나 산지 어디서나 흔하게 나타나며 꽃에도 잘 모여든다. 유충은 인동덩굴, 골병꽃나무, 올괴불나무 등의 잎을 먹는다.

분포 한국(북부·중부·남부·제주도), 일본, 중국, 만주, 우수리, 중앙 아시아, 러시아, 유럽

① ② ③ ④ ⑤ ⑥ ⑦ ⑧ ⑨ ⑩ ⑪ ⑫

442

대전시 식장산, 1991.6.20.

나비목/네발나비과

제일줄나비

Limenitis helmanni (Lederer)

날개의 편 길이는 50～55 mm. '제이줄나비', '제삼줄나비'와 비슷하나 앞날개의 제 1 b 방에 있는 백색의 점

1 2 3 4 5 6 7 8 9 10 11 12

과 제 5 방에 있는 백색의 점무늬를 연결하면 일직선이 되며, 또한 제 2 방과 제 3 방에 있는 2 개의 백색 점무늬는 바깥가장자리 쪽으로 벗어나 있는 것으로 구별된다. 성충은 5～9월에 연 2 회 출현한다. 주로 잡목이 우거진 수풀 속을 활발히 날아다니며 꽃에도 즐겨 모이고 습한 땅에 내려와서 물을 먹기도 한다. 유충은 인동덩굴, 올괴불나무 등의 잎을 먹는다. 분포 한국(북부·중부·남부·제주도), 중국, 아무르, 우수리, 알타이

443

대전시 식장산, 1991.6.20. 교미 장면

나비목/네발나비과

어리표범나비

Mellicta athalia (Rottemburgh)

날개의 편 길이는 32~38 mm. 날개의 표면은 주황색 바탕에 흑갈색의 얼룩무늬가 규칙적으로 늘어서 있는데 그 모양이 흡사 병아리 따위를 가

| 1 | 2 | 3 | 4 | 5 | 6 | 7 | 8 | 9 | 10 | 11 | 12 |

뒤 기르기 위해 싸리 가지를 엮어 만든 '어리'처럼 보여서 붙여진 이름이다. 과거로부터 '봄어리표범나비'와 '여름어리표범나비'의 2종으로 구분되어 왔는데, 앞으로 분류학적인 재검토를 요한다. 성충은 5~8월에 연 2회 출현한다. 양지바른 산기슭이나 숲이 우거진 곳에 많으며, 천천히 날면서 꽃의 꿀을 즐겨 빤다. 유충은 제비쑥의 잎을 먹는다.

분포 한국(북부·중부·남부), 일본, 중국, 아무르, 러시아, 유럽

개망초의 꽃에 즐겨 앉는 어리표범나비

445

전라북도 무주군 구천동, 1977.7.10. 날개 뒷면

전라북도 무주군 구천동, 1977.7.10.

나비목/네발나비과

은판나비

Mimathyma schrenckii (Ménétriès)

날개의 편 길이는 80~110 mm. 앞날개 표면의 안쪽과 중앙 하단에 있는 무늬와 날개 끝 쪽에 있는 2개의 작은 무늬는 모두 백색이다. 앞날개는 암컷이 수컷보다 크고 전체적으로

①②③④⑤⑥⑦⑧⑨⑩⑪⑫

암컷이 수컷보다 밤색을 더 많이 띤다. 날개 뒷면이 은빛으로 빛나서 붙여진 이름이다. 성충은 6월 말~7월에 연 1회 출현한다. 높은 수목 위를 선회하며 날다가 습지에 내려와서 물을 먹기도 하고, 동물의 배설물이나 썩은 오염 물질에 잘 모인다. 유충은 느티나무, 느릅나무 등의 잎을 먹는다.

분포 한국(북부·중부·남부), 중국, 아무르, 우수리

447

나비목 Lepidoptera

경기도 주금산, 1993. 6. 25.(김성수 제공)

나비목/네발나비과

왕세줄나비

Neptis alwina (Bremer et Grey)

날개의 편 길이는 65～75 mm. 수컷의 날개 모양은 암컷에 비하여 가

①②③④⑤⑥⑦⑧⑨⑩⑪⑫

로가 현저하게 길며, 또 앞날개 끝의 흰 점이 크고, 뒷날개 표면의 앞가장자리에 광택이 있는 회백색의 성표가 있다. 세줄나비류 중에서 가장 크기 때문에 붙여진 이름이다. 성충은 6월 중순～8월 말에 출현하며, 야산이나 산림의 숲에서 흔히 발견된다. 유충은 매화나무, 살구나무, 자두나무 등의 잎을 먹는다.

분포 한국(북부·중부·남부), 일본, 중국, 만주, 몽고, 우수리

나비목/네발나비과

별박이세줄나비

Neptis pryeri Butler

날개의 편 길이는 45~60 mm. 날개의 가장자리는 부드러운 백색 바탕에 흑색과 흰 줄무늬가 잘 어울려 있

① ② ③ ④ ⑤ ⑥ ⑦ ⑧ ⑨ ⑩ ⑪ ⑫

다. 날개 뒷면의 안쪽 기부에 흑색의 작은 점들이 별 모양을 이루고 있어 붙여진 이름이다. 성충은 5~6월, 8~10월에 연 2회 출현한다. 양지바른 숲 가장자리에서 살며 관목이나 풀밭 위를 경쾌하게 난다. 찔레꽃, 산초나무, 조팝나무 등의 꽃에서 꿀을 즐겨 빤다. 유충은 조팝나무, 능수조팝나무 등의 잎을 먹는다.

분포 한국(북부·중부·남부), 일본, 중국, 타이완, 시베리아

대전시 식장산, 2003. 7. 16.

충청북도 영동군 천마령, 1992.5.9.

나비목/네발나비과

애기세줄나비

Neptis sappho (Pallas)

날개의 편 길이는 45~55 mm. 세줄나비류 중에서 가장 작다. 암컷의 날개는 수컷보다 크고 약간 둥근 편이다. 봄형은 여름형에 비해 약간 작은 편이지만 흰 띠의 폭은 대체로 더

① ② ③ ④ ⑤ ⑥ ⑦ ⑧ ⑨ ⑩ ⑪ ⑫

넓다. 성충은 봄형이 5월 초순~6월 초순, 여름형은 7월 초순~9월 중순에 출현한다. 양지바른 숲에서 많이 살며, 산초나무, 떡갈나무 등에 잘 날아든다. 썩은 과일이나 수액, 동물의 배설물에도 잘 모인다. 유충은 등나무, 칡, 여우콩, 넓은잎갈퀴, 아카시아 등의 잎을 먹는다.

분포 한국(전역), 중국, 타이완, 티베트, 말레이 반도, 인도, 히말라야, 중앙 아시아, 러시아 남부, 유럽

450

충청북도 민주지산, 1988.8.7.

나비목/네발나비과

황세줄나비

Neptis thisbe (Ménétriès)

날개의 편 길이는 70~88 mm. 날개의 표면은 흑갈색 바탕에 황색 줄무늬가 있으며, 뒷면은 붉은빛이 도 ①②③④⑤⑥⑦⑧⑨⑩⑪⑫ 는 짙은 황갈색 무늬가 퍼져 있는데, 날개 앞뒷면의 거의 같은 위치에 황색 줄무늬가 있다. 세줄나비류 중에서 날개에 황색 줄무늬가 있어 붙여진 이름이다. 성충은 6~8월에 연 1회 출현한다. 양지바른 숲의 낮은 관목 위를 빠르게 날며, 참나무과의 줄기에서 흐르는 수액에 잘 모인다. 유충은 신갈나무의 잎을 먹는다.

분포 한국(북부·중부·남부), 중국, 아무르, 우수리

451

강원도 오대산, 1997. 7. 1.

나비목/네발나비과

산네발나비(시 - 알붐나비)

Polygonia c - album (Linnaeus)

날개의 편 길이는 45~60mm. 네발나비와 비슷하나 날개의 바깥 가장자리에 굴곡이 더 심하고, 돌출부의 끝이 약간 둥그스름하다. 뒷날개 아랫면의 C자 무늬도 네발나비에 비해 그 윤곽이 뚜렷하고 약간 크다. 성충은 여름형이 6월에서 7월, 가을형이 8월에서 이듬해 5월에 걸쳐 연 2,3회 출현하며, 7월 말에서 8월 초순까지

| 1 | 2 | 3 | 4 | 5 | 6 | 7 | 8 | 9 | 10 | 11 | 12 |

는 여름형과 가을형을 함께 볼 수 있다. 가을형은 날개 바깥 가장자리의 굴곡이 여름형보다 심하고, 윗면의 바탕색이 암수 모두 여름형보다 짙은 적갈색이다. 네발나비보다는 산지성으로 계곡 주변의 잡목림에서 많이 살며, 큰까치수영, 구절초, 쥐손이풀 등의 꽃에서 꿀을 즐겨 빤다. 나무의 수액이나 썩은 과일, 짐승의 배설물 등에도 잘 모이며, 수컷은 물가에서 물을 빠는 일도 많다. 유충은 네발나비와는 달리 느릅나무 잎을 먹는다. 분포 한국(북부·중부·남부), 일본, 중국, 타이완, 극동 러시아, 구북부 전역

452

대전시 식장산, 2003. 8. 12.    유충

나비목/네발나비과

네발나비 (남방시-알붐나비)

Polygonia c-aureum (Linné)

날개의 편 길이는 50~60 mm. 여름형은 날개의 표면이 황갈색 바탕에 흑색 점무늬가 있으며 아랫면은 연한 황갈색 바탕에 갈색의 가는 줄무늬가 있으나, 가을형은 날개 표면에 붉은색이 돌고 아랫면은 짙은 적갈색이

1 2 3 4 5 6 7 8 9 10 11 12

다. 날개의 가장자리에는 깊은 굴곡들이 패여 여러 각을 이루고 있다. 성충은 연 3회 출현하는데, 제1화는 6월, 제2화는 7월 중순, 제3화는 9월 이후에 출현한다. 마지막으로 나타난 가을형이 성충으로 월동하고 이듬해 봄에 다시 나타난다. 들판의 평지에서 많이 볼 수 있으며, 성충은 나무딸기, 노린재나무, 파, 오이풀 등의 꽃에 즐겨 모인다. 유충은 환삼덩굴, 삼 등의 잎을 먹는다.

분포 한국(전역), 일본, 중국, 타이완 아무르

453

전라북도 무주군 구천동, 1990.6.28.

나비목/네발나비과

왕오색나비

Sasakia charonda (Hewitson)

날개의 편 길이는 75~100 mm. 네발나비과 중에서 가장 크고 강인하며 아름답다. 햇빛에 반사되면 남자색의

| 1 | 2 | 3 | 4 | 5 | 6 | 7 | 8 | 9 | 10 | 11 | 12 |

날개 표면이 오색 광택으로 빛나서 붙여진 이름이다. 성충은 6월 하순 ~8월에 연 1회 출현한다. 이동성이 강해서 힘차게 날며, 참나무나 느릅나무의 수액에 잘 모인다. 썩은 과일이나 오물에도 잘 모이나 꽃에는 가지 않는다. 유충은 팽나무, 풍게나무 등의 잎을 먹는다.

분포 한국(북부·중부·남부·제주도), 일본, 중국, 타이완

454

알

3령 유충

번데기

455

충청북도 민주지산, 1989.7.24.

나비목/네발나비과

대왕나비

Sephisa princeps (Fixsen)

날개의 편 길이는 69~96 mm. 암컷과 수컷의 색상이 크게 다른데, 수컷은 크기가 작고 날개는 흑색 바탕에 적등색 무늬가 있으나, 암컷은 흑색 바탕에 백색 무늬가 있다. 성충은 7~8월 중순에 연 1회 출현한다. 양지바른 활엽수림에서 민첩하게 날며, 수액이나 습지에 잘 모인다. 암컷은 활동성이 약하여 간혹 참나무의 진에서 발견되며 그 수도 적은 편이다. 유충은 신갈나무, 굴참나무 등의 잎을 먹는다.

①②③④⑤⑥⑦⑧⑨⑩⑪⑫

분포 한국(북부·중부·남부·제주도), 중국, 연해주, 인도

충청북도 월악산, 1990.9.12.

나비목/네발나비과

큰멋쟁이나비

Vanessa indica (Herbst)

날개의 편 길이는 55~65 mm. 앞날개는 흑색 바탕에 주황색 무늬가 돋보이며, 뒷날개는 대부분 갈색인데 바깥가장자리만 주황색에 흑색 점무늬가 한 줄 뻗어 있으며 뒷면은 어두운 편으로 많은 무늬와 색깔이 복잡하게 얽혀 있다. 성충은 5~10월에 연 3회 출현하는데, 가을형인 제3세대는 그대로 월동하여 이듬해 봄에 교미를 하고 알을 낳은 뒤 생을 마친다. 보호색이 뛰어나서 꽃이나 나뭇잎, 줄기 등에 앉을 때에는 날개를 접는 버릇이 있다. 참나무류의 수액이나 여러 꽃에 잘 모이고, 습지에서 물을 먹기도 한다. 유충은 쐐기풀의 잎을 먹는다.

분포 한국(전역), 일본, 중국, 인도, 필리핀, 시베리아, 오스트레일리아

1 2 3 4 5 6 7 8 9 10 11 12

457

제주도 한라산, 1986.7.12.

나비목/네발나비과

가락지나비

Aphantopus hyperantus (Linné)

날개의 편 길이는 38∼45 mm. 날개의 표면은 흑색으로 윤기가 나는데, 수컷은 거의 흑색이며 암컷은 약간 흑갈색을 띤다. 날개 뒷면의 흑색 눈동자 무늬가 마치 가락지처럼 보이므로 붙여진 이름이다. 성충은 6월 중순∼8월 하순에 연 1회 출현한다. 고산 지대의 축축한 덤불이나 그늘진 장소에서 활동하며, 여러 꽃에서 꿀을 빨기도 한다.

분포 한국(북부·제주도), 우수리, 극동 아시아 북부, 유럽

(1) (2) (3) (4) (5) (6) (7) (8) (9) (10) (11) (12)

458

제주도 한라산, 1992.6.14.

나비목/네발나비과

도시처녀나비

Coenonympha hero (Linné)

날개의 편 길이는 35~40 mm. 날개의 표면은 짙은 갈색 바탕에 5개 안팎의 뱀눈 무늬가 있다. 날개의 뱀눈 무늬는 자주색 테두리가 감싸고

① ② ③ ④ ⑤ ⑥ ⑦ ⑧ ⑨ ⑩ ⑪ ⑫

있으며 그 중심에는 흰 점이 선명하게 찍혀 있다. 암컷은 수컷에 비해 다소 크고 바탕색이 연하며 날개 뒷면의 흰 띠의 폭이 더 넓은 편이다. 성충은 6월 초순~8월 하순에 연 1회 출현한다. 양지바른 풀밭에서 천천히 나는데, 유충의 먹이인 그늘사초, 실청사초 등 방동사니과 식물의 주변을 낮게 날아다닌다.

분포 한국(북부·중부·남부·제주도), 일본, 아무르, 사할린, 유럽, 스칸디나비아 반도

459

전라북도 지리산, 1992.5.15.

나비목/네발나비과

외눈이지옥사촌나비
(외눈이사촌나비)

Erebia wanga Bremer

날개의 편 길이는 50~58 mm. 날개의 표면은 짙은 흑갈색으로 보랏빛 광택이 나며, 뒷면은 표면보다 약간 옅은 흑갈색이다. 앞날개의 표면 날개 끝 가까이에는 흰 점이 2개 박힌 흑색의 뱀눈 무늬가 있으며 그 둘레는 황색의 테두리로 되어 있다. 개체 변이가 있어서 북쪽 지방으로 올라갈수록 날개 표면의 바탕색이 점점 검어진다. 성충은 5월 초순~7월 초순에 연 1회 출현한다. 잡목이 우거진 풀밭이나 계곡 주변의 덤불 등에서 천천히 날아다닌다. 유충은 용수염풀의 잎을 먹는다.

1 2 3 4 5 6 7 8 9 10 11 12

분포 한국(북부·중부), 중국, 아무르, 연해주

460

강원도 설악산, 1984.8.30.

나비목/네발나비과

뱀눈그늘나비

Lasiommata deidamia (Eversmann)

날개의 편 길이는 52∼62 mm. 수컷은 앞날개 표면의 흰 무늬가 작고 희미하나, 암컷은 크고 뚜렷하다. 암컷은 수컷에 비해 바탕색이 연하고 날개 모양도 약간 둥그스름하다. 앞

① ② ③ ④ **⑤ ⑥ ⑦ ⑧ ⑨ ⑩** ⑪ ⑫

날개는 여름형이 봄형보다 길고 빛깔도 진한 편이며, 평지에 사는 것이 높은 산에 사는 것보다 크다. 성충은 5∼10월에 연 2 회 출현하며, 햇볕을 싫어하여 어두운 계곡 사이나 나무 그늘, 숲 등에서 천천히 날아다닌다. 꽃에서 꿀을 빨기도 하고 습지에 앉아 물을 먹기도 한다. 유충은 주름조개풀, 민주름조개풀 등을 먹는다.

분포 한국(북부·중부·남부), 일본, 중국, 아무르, 우수리, 사할린, 티베트, 우랄 알타이

461

강원도 설악산, 1984.8.30.

나비목/네발나비과

조흰뱀눈나비

Melanargia epimede (Staudinger)

날개의 편 길이는 55~65 mm. 앞날개 바탕은 백색이며 날개 끝과 그 주변, 시맥은 흑색을 띤다. 뒷날개의 바깥가장자리는 흑색이며 뒷면에는 ① ② ③ ④ ⑤ ⑥ ⑦ ⑧ ⑨ ⑩ ⑪ ⑫

몇 개의 뱀눈 무늬가 있다. 성충은 5~8월에 연 1회 출현하며, 남쪽 지방에서는 10월에도 채집된다. 풀 위를 낮게 천천히 날면서 쥐손이풀, 곰취, 싸리, 엉겅퀴, 꼬리풀 등의 꽃에서 꿀을 빤다. 유충은 참억새와 같은 벼과 식물을 먹는다. '흰뱀눈나비'와 유사종인데, 이름 앞의 '조'자는 곤충학자인 조복성 박사의 업적을 기리기 위해 붙여졌다.

분포 한국(북부·중부·남부·제주도), 중국, 만주, 아무르

462

제주도 한라산, 1986.7.30.

나비목/네발나비과

흰뱀눈나비

Melanargia halimede (Ménétriès)

날개의 편 길이는 60~68 mm. '조흰뱀눈나비'와 비슷하여 동일 종으로 취급되는 등 분류학적으로 큰 혼란을 겪은 종이다. 대체로 '조흰뱀눈나비'에 비하여 앞가장자리가 덜 둥근 편이며 날개 표면의 색깔도 '조흰뱀눈나비'는 흰색인 데 비해 약간 노란빛을 띤다. 성충은 6~8월에 출현하며, 꽃을 즐겨 찾는다. 생태적인 특성도 '조흰뱀눈나비'와 대체로 비슷하다.

분포 한국(북부·중부·남부·제주도), 중국, 만주, 아무르, 우수리

1 2 3 4 5 6 7 8 9 10 11 12

대전시 식장산, 1994.9.1.   날개 뒷면 (위)

나비목/네발나비과

먹나비

Melanitis leda (Linné)

날개의 편 길이는 60~70 mm. 여름형의 암컷은 날개의 폭이 넓고 둥그스름하며 바탕색이 연하고 앞날개 표면의 적등색 무늬가 발달해 있다. 가을형의 암컷은 수컷보다 날개 뒷면 ① ② ③ ④ ⑤ ⑥ ⑦ **⑧ ⑨** ⑩ ⑪ ⑫

에 황색이 강하게 돌고 무늬가 비교적 뚜렷하다. 성충은 8~9월에 출현하는데, 토착지에서는 다화성(多化性)이어서 연중 성충을 볼 수 있다. 이동성이 강하여 전국 각지에서 국부적으로 나타나고 있으나 아직 우리 나라에서는 토착하여 살지 않는다. 즉, 동양 열대에서 아프리카에 걸쳐 살고 있으며, 우리 나라에서는 미접(迷蝶)으로 알려져 있다.

분포 한국(미접), 동양 열대, 아프리카

충청남도 계룡산, 1991.8.20.

나비목/네발나비과

굴뚝나비

Minois dryas (Scopoli)

날개의 편 길이는 50~65 mm. 암컷이 수컷보다 크고 날개 표면의 바탕색도 갈색이 좀더 옅으며 뱀눈 무늬도 더 뚜렷하다. 날개 뒷면은 표면보다 옅은 갈색이며 뒷날개 뒷면의 바깥가장자리 가까이에 흑갈색 띠가

1 2 3 4 5 6 7 8 9 10 11 12

나 있고 그 안쪽으로는 약간 넓은 회백색의 띠가 퍼져 있다. 날개의 표면이 굴뚝처럼 시꺼멓다 하여 붙여진 이름이다. 성충은 6월 하순~9월 중순에 연 1회 출현한다. 양지바른 산기슭이나 낮은 풀밭 주위를 날면서 엉겅퀴, 쉬땅나무 등 여러 꽃에서 꿀을 빤다. 수액이나 썩은 과일, 똥, 습지 등에도 모인다. 유충은 참억새, 새포아풀 등 벼과 식물을 먹는다.

분포 한국(전역), 일본, 중국, 만주, 아무르, 우수리, 중앙 아시아, 유럽

465

전라북도 무주군 구천동, 1990.8.30.

나비목/네발나비과

부처나비

Mycalesis gotama Moore

날개의 편 길이는 42~55 mm. 암컷은 수컷보다 바탕색이 연하며, 수컷은 뒷날개 앞가장자리 부근에 회갈색의 긴 털다발이 있다. '부처사촌나

① ② ③ ④ ⑤ ⑥ ⑦ ⑧ ⑨ ⑩ ⑪ ⑫

비'에 비해 날개 바탕색인 흑자색이 좀 옅고 날개 뒷면의 줄무늬는 황백색이며 뱀눈 무늬의 변이가 더 심하다. 종명 'gotama'는 '부처'의 뜻으로, 여기에서 그 이름이 유래한다. 성충은 5월 하순~9월 초순에 연 2회 출현한다. 숲 주변의 그늘진 곳에서 주로 활동하며 꽃에는 잘 모이지 않는다. 유충은 벼, 억새, 주름조개풀등 벼과 식물을 먹는다.

분포 한국(북부·중부·남부), 일본, 중국, 타이완, 아셈

466

충청남도 칠갑산, 1995. 8. 12.

나비목/네발나비과

부처사촌나비

Mycalesis francisca (Cramer)

날개의 편 길이는 40~50 mm. 암컷은 수컷에 비하여 날개 형상이 둥글고 다갈색 바탕색도 엷으며, 수컷의 뒷날개 안가장자리 가까이에는 흰

1 2 3 4 5 6 7 8 9 10 11 12

털다발이 돋아 있다. '부처나비'와 유사하나, 날개 아랫면의 바탕색이 짙고 보라색을 띠며 앞뒷날개의 아랫면 중앙에 있는 흰띠가 다소 보라색을 띠므로 쉽게 구별된다. 성충은 5~7월과 8~9월에 연 2 회 출현한다. 주로 숲 속의 빈터나 풀밭에서 흔히 볼 수 있는데, 양지바른 곳보다 어두컴컴한 곳을 좋아한다. 유충은 벼, 억새, 주름조개풀 등을 먹는다.

분포 한국(북부·중부·남부·제주도), 일본, 만주, 중국, 타이완, 미얀마, 네팔

467

부 록

용어 해설 • 470
한국산 곤충 분류군 총괄표 • 472
한국산 곤충 분류군 수 • 473
천연 기념물 및 멸종 위기 야생 동식물 지정 현황 • 489
곤충 채집 • 표본 제작 및 보관법 • 492
곤충 사육 방법 • 505
한국명 찾아보기 • 506
학명 찾아보기 • 512
참고 문헌 • 519

에사키뿔노린재

□■ 용어 해설 ■□

- **가운뎃가슴옆판**(中胸側板 ; mesopleura) : 날개 기부 아래에 있는 옆판으로, 앞배판과 앞옆판 두 조각으로 나뉘는 부분.
- **가운뎃방패판**(中防牌板 ; mesoscutum) : 가운뎃가슴등판의 일부로, 가운뎃가슴방패판과 함께 등판을 이룬다.
- **경실**(徑室 ; radial cell) : 날개의 경맥과 중앙맥 사이에 있는 작은 방.
- **딱지날개**(鞘翅 ; elytra) : 딱정벌레 무리 등에 있는 딱딱하게 굳은 앞날개.
- **두흉부**(頭胸部 ; cephalothorax) : 머리와 가슴 부위를 합쳐서 부르는 경우.
- **둔실**(臀室 ; anal cell) : 둔맥(꼬리맥)의 중간에 있는 방.
- **등판**(背板 ; notum) : 마디의 등면을 덮고 있는 경판(硬板).
- **머리방패**(頭楯 ; clypeus) : 얼굴의 앞 또는 아래에 있으며, 그 앞쪽에 윗입술이 붙는다. 이마방패라고도 한다.
- **며느리발톱**(距 ; spur) : 다리의 종아리마디 끝이나 그 부근에 있는 가시 모양의 돌기.
- **미모**(尾毛 ; cerci) : 배의 제 11 마디에 있는 부속돌기로, 감각기의 기능을 가진다.
- **미절판**(尾節板 ; telson plate) : 배의 꼬리마디를 덮고 있는 판.
- **반시초**(半翅鞘 ; hemielytra) : 노린재 무리 등에 있는 기부가 단단하고 두꺼운 앞날개.
- **배등판**(腹背板 ; tergite) : 배마디의 등면을 이루는 경판.
- **배판**(腹板 ; sternite) : 각 몸 마디의 배면(腹面)을 이루는 경판.
- **봉합선**(縫合線 ; suture) : 체벽을 분할하는 주름살로, 두 경판(硬板)을 감친 것같이 이어 주는 곳.
- **성표**(性標 ; sex tying) : 암수를 무늬나 색깔로 구분할 수 있는 표징.
- **수태낭**(受胎囊 ; impregnation bursa) : 교미가 끝난 후 암컷의 배 끝을 덮는 수컷의 분비물로 만들어진 부속물. 종에 따라 모양이 다르며, 이로 인해 암컷은 교미가 불가능하게 된다.
- **시맥**(翅脈 ; vein) : 날개를 지탱해 주는 여러 가지 형태의 맥.
- **식수**(食樹 ; host plant) : 유충이 먹는 식물로, 그것이 나무면 식수, 풀이면 식초(食草)라 한다.
- **아전연맥**(亞前緣脈 ; subcostal vein) : 전연맥의 아래쪽에 있는 시맥.

- **앞가슴등판**(前胸背板 ; pronotum) : 가슴을 이루는 첫째 마디의 등판으로, 대부분의 곤충에서는 머리 다음으로 넓은 부분을 차지한다.
- **앞배판**(前腹板 ; episternum) : 앞옆판과 함께 가운뎃가슴옆판을 이루는 경판.
- **앞옆판**(前側板 ; epipleura) : 날개 바로 아래의 옆구리 부분.
- **어깨판**(肩板 ; tegulae) : 앞날개 전연(前緣)의 기부에 있는 어깨처럼 보이는 관절막.
- **연모**(緣毛 ; cilia) : 날개의 가장자리에 나 있는 가는 털.
- **연문**(緣紋 ; stigma) : 앞날개 앞슭에 있는 무늬.
- **영**(齡 ; instar) : 알(卵)에서 부화된 유충은 성장하기 위해 몇 번의 탈피 과정을 거치는데, 탈피할 때마다 그 사이를 영(齡)이라 한다. 그 횟수는 종류에 따라 다르며, 다 자란 유충을 종령(終齡) 유충이라 한다.
- **욕반**(褥盤 ; empodium) : 다리의 발톱 중앙에 위치한 일종의 발바닥.
- **월동**(越冬 ; passing the winter) : 추운 겨울을 지내는 것을 말하는 것으로, 종에 따라 월동이 이루어지는 단계가 다르다.
- **위연문**(僞緣紋 ; pseudostigma) : 물잠자리류의 앞날개에 있는 유백색의 연문.
- **위용각**(圍蛹殼 ; puparium) : 파리류의 피부가 번데기가 되기 직전에 갈색으로 변하여 가마니 모양을 하게 되는 것.
- **자루마디**(柄節 ; scape) : 더듬이의 밑마디.
- **작은방패판**(小楯板 ; scutellum) : 노린재 무리나 딱정벌레 무리 등의 뒷가슴등판 위에 있는 삼각형의 융기판.
- **전신복절**(前伸腹節 ; propodeum) : 벌의 뒷가슴등판과 같이 보이는 곳으로, 제1배마디가 뒷가슴등판에 얹혀서 된 부분.
- **전연**(前緣 ; costal margin) : 날개의 앞가장자리.
- **전연맥**(前緣脈 ; costal vein) : 앞날개의 앞슭에 있는 맥.
- **정수리**(頭頂 ; vertex) : 머리의 이마 부분. 대개는 납작하고 홑눈이 있는 부분.
- **채찍마디**(鞭節 ; flagellum) : 길게 채찍 모양으로 된 더듬이마디.
- **평균곤**(平均棍 ; halter) : 파리류에서와 같이 뒷날개 1쌍이 퇴화되어 변형된 날개. 비행의 기능은 없으며, 위치 등을 감지한다.
- **후연**(後緣 ; hind margin) : 날개의 뒷가장자리.
- **흔들마디**(梗節 ; pedical) : 더듬이의 자루마디와 채찍마디 사이에 있는 비교적 짧은 마디.

▨ 한국산 곤충 분류군 총괄표

분 류 군		과 수	종 수
1. PROTURA	낫발이목	3	22
2. COLLEMBOLA	톡토기목	9	184
3. DIPLULA	좀붙이목	1	2
4. ZYGENTOMA	좀목	1	1
5. MICROCORYPHIA	돌좀목	1	4
6. EPHEMEROPTERA	하루살이목	9	36
7. ODONATA	잠자리목	9	94
8. GRYLLOBLATTODEA	귀뚜라미붙이목	1	5
9. BLATTARIA	바퀴목	2	7
10. MANTODEA	사마귀목	1	4
11. ISOPTERA	흰개미목	1	1
12. PLECOPTERA	강도래목	7	11
13. DERMAPTERA	집게벌레목	5	19
14. ORTHOPTERA	메뚜기목	12	127
15. PHASMIDA	대벌레목	3	5
16. PSOCOPTERA	다듬이벌레목	5	12
17. MALLOPHAGA	새털이목	5	14
18. ANOPLURA	이목	6	10
19. THYSANOPTERA	총채벌레목	3	50
20. HEMIPTERA	노린재목	39	613
21. HOMOPTERA	매미목	49	1112
22. NEUROPTERA	풀잠자리목	9	29
23. COLEOPTERA	딱정벌레목	98	2558
24. STEPSIPTERA	부채벌레목	1	1
25. HYMENOPTERA	벌목	46	1393
26. MECOPTERA	밑들이목	2	11
27. SYPHONPTERA	벼룩목	6	37
28. DIPTERA	파리목	64	1099
29. TRICHOPTERA	날도래목	10	26
30. LEPIDOPTERA	나비목	69	2751
30 목		777	10240

■ 한국산 곤충 분류군 수

분 류 군		종 수
· Order 1. PROTURA 낫발이목		
Acerantomidae	낫발이과	18
Eosentmoidae	옛낫발이과	3
Sienttomidae	검은낫발이과	1
· Order 2. COLLEMBOLA 톡토기목		
Hypogastruridae	보라톡토기과	17
Neanuridae	혹무늬톡토기과	72
Onychiuridae	어리톡토기과	15
Isotomidae	마디톡토기과	16
Entomobryidae	털보톡토기과	27
Tomoceridae	가시톡토기과	21
Oncepoduridae	민고리톡토기과	3
Sminthuridae	둥근톡토기과	11
Sminthurididae	알둥근톡토기과	2
· Order 3. DIPLURA 좀붙이목		
Campodeidae	좀붙이과	2
· Order 4. ZYGENTOMA 좀목		
Lepismatidae	좀과	1
· Order 5. MICROCORYPHIA 돌좀목		
Machilidae	돌좀과	4
· Order 6. EPHEMEROPTERA 하루살이목		
Siphlonuridae	쌍꼬리하루살이과	3
Baetidae	꼬마하루살이과	3
Isonychiidae	민날개하루살이과	1
Heptageniidae	꼬리하루살이과	9
Leptophlebiidae	밤색하루살이과	2
Potamanthidae	강하루살이과	3

분 류 군		종 수
Polymitarcyidae	흰하루살이과	1
Ephemeridae	하루살이과	2
Ephemerellidae	알락하루살이과	12
· Order 7. ODONATA 잠자리목		
Coenagrionidae	실잠자리과	12
Platycnemididae	방울실잠자리과	3
Lestidae	청실잠자리과	4
Calopterygidae	물잠자리과	3
Gomphidae	부채장수잠자리과	19
Aeshnidae	왕잠자리과	10
Cordulegastridae	장수잠자리과	1
Corduliidae	북방잠자리과	10
Libellulidae	잠자리과	32
· Order 8. GRYLLOBLATTODEA 귀뚜라미붙이목		
Grylloblattidae	귀뚜라미붙이과	5
· Order 9. BLATTARIA 바퀴목		
Blattidae	왕바퀴과	3
Blattellidae	바퀴과	4
· Order 10. MANTODEA 사마귀목		
Mantidae	사마귀과	4
· Order 11. ISOPTERA 흰개미목		
Rhinotermitidae	흰개미과	1
· Order 12. PLECOPTERA 강도래목		
Scopuridae	민날개강도래과	1
Nemouridae	민강도래과	2
Leuctridae	꼬마강도래과	1
Pteronarcidae	큰그물강도래과	2
Perlidae	강도래과	3

분 류 군		종 수
Perlodidae	그물강도래과	1
Chloroperlidae	녹색강도래과	1
· Order 13.　DERMAPTERA　집게벌레목		
Pygidicranidae	긴가슴집게벌레과	2
Anisolabididae	민집게벌레과	6
Labiidae	꼬마집게벌레과	1
Labiduridae	큰집게벌레과	1
Forficulidae	집게벌레과	9
· Order 14.　ORTHOPTERA　메뚜기목		
Rhaphidophoridae	꼽등이과	4
Gryllacrididae	어리여치과	1
Bradyporidae	민충이과	1
Tettigoniidae	여치과	29
Oecanthidae	긴꼬리과	1
Gryllidae	귀뚜라미과	27
Gryllotalpidae	땅강아지과	1
Tridactylidae	좁쌀메뚜기과	1
Tetrigidae	모메뚜기과	4
Pamphagidae	주름메뚜기과	1
Pyrgomorphidae	섬서구메뚜기과	1
Acrididae	메뚜기과	56
· Order 15.　PHASMIDA　대벌레목		
Lonchodidae	긴수염대벌레과	1
Phasmatidae	대벌레과	2
Necrosciidae	날개대벌레과	2
· Order 16.　PSCOOPTERA　다듬이벌레목		
Trogiidae	가루민다듬이벌레과	2
Liposcelidae	책다듬이벌레과	2
Amphipsocidae	털다듬이벌레과	1
Lachesillidae	애기털다듬이벌레과	1

분　류　군		종　수
Psocidae	다듬이벌레과	6
·Order 17.　MALLOPHAGA　새털이목		
Boopiidae	털이과	1
Menoponidae	새털이과	5
Gyropidae	쥐털이과	1
Philopteridae	참새털이과	5
Trichodectidae	짐승털이과	2
·Order 18.　ANOPLURA　이목		
Haematopinidae	짐승이과	3
Linognathidae	개이과	1
Pediculidae	이과	1
Pthiridae	사면발이과	1
Hoplopleuridae	굵은몸쥐이과	2
Polyplacidae	가는몸쥐이과	2
·Order 19.　THYSANOPTERA　총채벌레목		
Aeolothripidae	줄총채벌레과	3
Thripidae	총채벌레과	33
Phlaeothripidae	관총채벌레과	14
·Order 20.　HEMIPTERA　노린재목		
Enicocephalidae	머리목노린재과	1
Nepidae	장구애비과	4
Belostomatidae	물장군과	4
Corixidae	물벌레과	13
Ochteridae	딱부리물벌레과	1
Naucoridae	물둥구리과	2
Aphelocheiridae	물빈대과	1
Notonectidae	송장헤엄치게과	5
Pleidae	둥글물벌레과	2
Saldidae	갯노린재과	9
Mesoveliidae	물노린재과	1

분 류 군		종 수
Hebridae	깨알물노린재과	1
Hydrometridae	실소금쟁이과	3
Veliidae	깨알소금쟁이과	6
Gerridae	소금쟁이과	14
Nabidae	쐐기노린재과	14
Anthocoridae	꽃노린재과	8
Cimicidae	빈대과	2
Miridae	장님노린재과	181
Tingidae	방패벌레과	33
Reduviidae	침노린재과	31
Aradidae	넓적노린재과	10
Piesmatidae	명아주노린재과	3
Berytidae	실노린재과	4
Malcidae	뽕나무노린재과	2
Lygaeidae	긴노린재과	73
Pyrrhocoridae	별노린재과	2
Largidae	큰별노린재과	2
Coreidae	허리노린재과	16
Alydidae	호리허리노린재과	6
Rhopalidae	잡초노린재과	13
Urostylididae	참나무노린재과	10
Plataspididae	알노린재과	8
Acanthosomatidae	뿔노린재과	21
Cydnidae	땅노린재과	11
Scutelleridae	광대노린재과	5
Dinidoridae	톱날노린재과	1
Phyllocephalidae	억새노린재과	1
Pentatomidae	노린재과	70
· Order 21. HOMOPTERA 매미목		
Machaerotidae	가시거품벌레과	2
Cercopidae	쥐머리거품벌레과	1
Aphrophoridae	거품벌레과	30
Membracidae	뿔매미과	14

분 류 군		종 수
Cicadellidae	매미충과	306
Ricaniidae	큰날개매미충과	4
Issidae	알멸구과	5
Derbidae	선녀벌레과	8
Meenoplidae	방패멸구과	2
Achilidae	좀머리멸구과	5
Flatidae	긴날개멸구과	2
Tropiduchidae	줄강충이과	4
Fulgoridae	꽃매미과	1
Tettigometridae	개미땅멸구과	2
Dictyopharidae	상투벌레과	9
Cixiidae	장삼벌레과	10
Delphacidae	멸구과	54
Cicadidae	매미과	23
Liviidae	주걱나무이과	4
Aphalaridae	알락나무이과	9
Psyllidae	나무이과	43
Spondyliaspidae	큰팽나무이과	1
Carsidaridae	소태나무이과	3
Tirozidae	창나무이과	21
Lachnidae	왕진딧물과	37
Drepanosiphidae	알락진딧물과	37
Phloeomizidae	가루진딧물과	1
Aphididae	진딧물과	194
Greenideidae	털관진딧물과	4
Thelaxidae	납작진딧물과	14
Mindaridae	잎말이진딧물과	2
Anoeciidae	층층나무진딧물과	1
Hormaphididae	뿔진딧물과	2
Pemphigidae	면충과	34
Phylloxeridae	뿌리혹벌레과	2
Adelgidae	솜벌레과	4
Aleyrodidae	가루이과	6
Ortheziidae	도롱이깍지벌레과	2

분 류 군		종 수
Margarodidae	이세리아깍지벌레과	8
Eriococcidae	주머니깍지벌레과	6
Cryptococcidae	붉은깍지벌레과	1
Kermesidae	왕공깍지벌레과	4
Pseudococcidae	가루깍지벌레과	25
Aclerdidae	공깍지붙이과	1
Coccidae	밀깍지벌레과	31
Lecanodiaspididae	어리공깍지벌레과	2
Asterolecaniidae	테두리깍지벌레과	4
Beesoniidae	표주박깍지벌레과	64
Diaspididae	깍지벌레과	63
· Order 22. NEUROPTERA 풀잠자리목		
Corydalidae	뱀잠자리과	3
Sialidae	좀뱀잠자리과	1
Inocelliidae	약대벌레과	1
Osmylidae	보날개풀잠자리과	4
Hemerobiidae	뱀잠자리붙이과	3
Dilaridae	빗살수염풀잠자리과	1
Mantispidae	사마귀붙이과	4
Myrmeleontidae	명주잠자리과	10
Ascalaphidae	뿔잠자리과	2
· Order23. COLEOPTERA 딱정벌레목		
Cupedidae	곰보벌레과	1
Rhysodidae	등줄벌레과	1
Trachypachidae	어리강변먼지벌레과	1
Omophronidae	강변먼지벌레과	1
Cicindelidae	길앞잡이과	16
Carabidae	딱정벌레과	106
Scaritidae	조롱박먼지벌레과	12
Harpalidae	먼지벌레과	34
Brachinidae	폭탄먼지벌레과	7
Haliplidae	물진드기과	8

분 류 군		종 수
Noteridae	자색물방개과	3
Dytiscidae	물방개과	49
Gyrinidae	물맴이과	6
Hydraenidae	호리가슴땡땡이과	1
Helophoridae	투구물땡땡이과	2
Hydrophilidae	물땡땡이과	33
Histeridae	풍뎅이붙이과	44
Silphidae	송장벌레과	29
Catopidae	애송장벌레과	5
Leiodidae	알버섯벌레과	1
Scaphidiidae	밑빠진버섯벌레과	4
Staphylinidae	반날개과	154
Pselaphidae	개미사돈과	24
Scydmaenidae	이끼벌레과	1
Helodidae	알꽃벼룩과	2
Lucanidae	사슴벌레과	16
Trogidae	송장풍뎅이과	10
Hybosoridae	바가지촉각풍뎅이과	2
Geotrpidae	금풍뎅이과	4
Scarabaeidae	소똥구리과	33
Aphodiidae	똥풍뎅이과	52
Aegialiidae	소똥구리붙이과	3
Ochodaeidae	붙이금풍뎅이과	2
Melolonthidae	검정풍뎅이과	82
Dynastidae	장수풍뎅이과	3
Rutelidae	풍뎅이과	53
Cetoniidae	꽃무지과	30
Byrrhidae	둥근가시벌레과	2
Elmidae	여울벌레과	6
Psephenidae	물삿갓벌레과	5
Heteroceridae	진흙벌레과	2
Buprestidae	비단벌레과	87
Elateridae	방아벌레과	83
Eucnemidae	어리방아벌레과	1

분 류 군		종 수
Lycidae	홍반디과	10
Lampyridae	반딧불이과	8
Cantharidae	병대벌레과	24
Dermestidaer	수시렁이과	20
Bostrychidae	개나무좀(감나무좀)과	4
Anobiidae	빗살(살짝)수염벌레과	5
Ptinidae	표본벌레과	4
Othniidae	썩덩벌레붙이과	1
Trogossitidae	쌀도적과	4
Cleridae	개미붙이과	18
Melyridae	의병벌레과	8
Lymexylonidae	통나무좀과	2
Nitidulidae	밑빠진벌레과	53
Rhizophagidae	긴고목벌레과	1
Phalacridae	꽃알벌레과	1
Cucujidae	머리대장과	3
Silvanidae	가는납작벌레과	7
Cryptophagidae	곡식쑤시기과	5
Helotidae	나무쑤시기과	3
Byturidae	쑤시기붙이과	2
Languriidae	방아벌레붙이과	7
Erotylidae	버섯벌레과	16
Corylophidae	고목둥근벌레과	1
Endomydhidae	무당벌레붙이과	3
Coccinellidae	무당벌레과	74
Discolomidae	아기쪽박벌레과	1
Lathridiidae	섶벌레과	4
Mycetophagidae	애버섯벌레과	5
Colydiidae	길쭉벌레과	2
Melandryidae	긴썩덩벌레과	6
Mordellidae	꽃벼룩과	13
Rhipiphoridae	왕꽃벼룩과	4
Boridae	나무껍질벌레과	1
Cephaloidae	목대장과	3

분 류 군		종 수
Synchroidae	넓적썩덩벌레과	1
Oedemeriodae	하늘소붙이과	23
Pyrochroidae	홍날개과	8
Anthicidae	뿔벌레과	12
Meloidae	가뢰과	20
Scraptiidae	꽃벼룩붙이과	3
Zopheridae	혹거저리과	1
Lagriidae	잎벌레붙이과	4
Tenebrionidae	거저리과	67
Alleculidae	썩덩벌레과	10
Cerambycidae	하늘소과	296
Chrysomelidae	잎벌레과	351
Bruchidae	콩바구미과	7
Attelabidae	거위벌레과	62
Anthribidae	소바구미과	17
Apionidae	청주둥이바구미과	9
Curculionidae	바구미과	210
Rhynchophoridae	왕바구미과	9
Platypodidae	긴나무좀과	5
Scolytidae	나무좀과	99

· Order 24.　STEPSIPTERA　부채벌레목

Elenchidae	수염부채벌레과	1

· Order 25.　HYMENOPTERA　벌목

Xylidae	칼잎벌과	3
Megalodontidae	빗니수염잎벌과	1
Pamphiliidae	납작잎벌과	12
Xyphydriidae	목대장송곳벌과	2
Siricidae	송곳벌과	11
Orussidae	벌레살이송곳벌과	1
Cephidae	나무벌과	3
Argidae	등에잎벌과	16
Cimbicidae	수중다리잎벌과	15

분 류 군		종 수
Diprionidae	솔잎벌과	6
Tenthredinidae	잎벌과	114
Trigonalidae	갈고리벌과	2
Evaniidae	호리벌과	1
Gasteruptiidae	곤봉호리벌과	2
Ibliidae	납작혹벌과	1
Eucoilidae	파리혹벌과	1
Cynipidae	혹벌과	7
Leucospididae	밑들이벌과	1
Chalcididae	수중다리좀벌과	10
Eurytomidae	씨살이좀벌과	7
Torymidae	꼬리좀벌과	7
Ormyridae	남색꼬리좀벌과	2
Eucharitidae	개미살이좀벌과	2
Pteromalidae	금좀벌과	33
Eupelmidae	벼룩좀벌과	7
Encyrtidae	깡충좀벌과	39
Aphelinidae	면충좀벌과	11
Eulophidae	좀벌과	90
Trichogrammatidae	알벌과	7
Mymaridae	총채벌과	10
Scelionidae	검정알벌과	18
Platygastridae	납작먹좀벌과	5
Braconidae	고치벌과	126
Ichneumonidae	맵시벌과	356
Chrysididae	청벌과	38
Drynidae	집게벌과	4
Tiphiidae	굼벵이벌과	18
Mutillidae	개미벌과	7
Sapygidae	무당벌과	2
Scolidae	배벌과	11
Formicidae	개미과	107
Pompilidae	대모벌과	29
Eumenidae	호리병벌과	18

분 류 군		종 수
Vespidae	말벌과	22
Sphecoidae	구멍벌과	77
Apidae	꿀벌과	131
· Order 26.　MECOPTERA　밑들이목		
Panorpidae	밑들이과	9
Bittacidae	각다귀붙이과	2
· Order 27.　SIPHONAPTERA　벼룩목		
Pulicidae	벼룩과	5
Hystrichopsyllidae	어리장님벼룩과	16
Ischnopsyllidae	박쥐벼룩과	4
Leptopsyllidae	장님쥐벼룩과	2
Ceratophyllidae	쥐벼룩과	2
Amphipsyllidae	어리가시벼룩과	8
· Order 28.　DIPTERA　파리목		
Trichoteridae	어리각다귀과	4
Tipulidae	각다귀과	63
Blephariceridae	멧모기과	1
Deuterophlebiidae	어리멧모기과	1
Psychodidae	나방파리과	12
Tanyderidae	어리모기각다귀붙이과	1
Culicidae	모기과	51
Dixidae	별모기과	2
Similiidae	먹파리과	15
Ceratopogonidae	등에모기과	31
Chironomidae	깔다구과	43
Anisopodidae	모기파리과	1
Bibionidae	털파리과	9
Pleciidae	우단털파리과	3
Scatopsidae	털파리붙이과	1
Cecidomyiidae	혹파리과	24
Mycetophilidae	버섯파리과	1

분　류　군		종　수
Sciaridae	검정날개버섯파리과	1
Nemestrinidae	어리재니등에과	1
Tabanidae	등에과	48
Rhagionidae	노랑등에과	1
Stratiomyidae	동애등에과	14
Solvidae	검들이파리매과	2
Xylophagidae	밑들이파리매과	2
Coenomyiidae	노린내등에과	1
Therevidae	좀파리매과	2
Asilidae	파리매과	20
Acroceridae	꼽추등에과	2
Bombyliidae	재니등에과	16
Empididae	춤파리과	3
Dolichopodidae	장다리파리과	3
Lonchopteridae	뾰족날개파리과	1
Pipunculidae	머리파리과	39
Syrphidae	꽃등에과	127
Phoridae	벼룩파리과	2
Conopidae	벌붙이파리과	18
Neriidae	좀파리과	2
Pyrgotidae	풍뎅이기생파리과	1
Tethritidae	과실파리과	49
Platystomatidae	알락파리과	2
Sciomyzidae	들파리과	2
Dryomyzidae	대모파리과	1
Sepsidae	꼭지파리과	11
Lauxaniidae	큰날개파리과	9
Aulacigastridae	두메파리과	1
Asteiidae	꼬마파리과	1
Agromyzidae	굴파리과	8
Chloropidae	노랑굴파리과	22
Diastatidae	산파리과	1
Ephydridae	물가파리과	3
Drosophilidae	초파리과	115

분 류 군		종 수
Canacidae	해변파리과	2
Sphaeroceridae	애기똥파리과	1
Heleomyzidae	가시날개파리과	8
Hippoboscidae	이파리과	7
Nycteribiidae	거미파리과	3
Streblidae	박쥐파리과	1
Scathophagidae	똥파리과	2
Anthomyiidae	꽃파리과	113
Calliphoridae	검정파리과	26
Sarcophagidae	쉬파리과	42
Muscidae	집파리과	57
Tachinidae	기생파리과	42
Hypodermatidae	쇠파리과	1
· Order 29. TRICHOPTERA 날도래목		
Stenopsychidae	각날도래과	2
Ecnomidae	별날도래과	1
Hydropsychidae	줄날도래과	3
Rhyacophilidae	물날도래과	12
Phryganeidae	날도래과	2
Phryganopsychidae	둥근날개날도래과	1
Limnephilidae	우묵날도래과	2
Odontoceridae	바수염날도래과	1
Molannidae	날개날도래과	1
Helicopsychidae	달팽이날도래과	1
· Order 30. LEPIDOPTERA 나비목		
Eriocraniidae	좀날개나방과	1
Hepialidae	박쥐나방과	4
Opostgidae	흰꼬마굴나방과	1
Incurvariidae	곡나방과	9
Tischeriidae	어리굴나방과	3
Cossidae	굴벌레나방과	5
Tortricidae	잎말이나방과	284

분 류 군		종 수
Cochylidae	가는잎말이나방과	21
Psychidae	주머니나방과	6
Tineidae	곡식좀나방과	13
Bucculatrigidae	선굴나방과	1
Lyonetiidae	굴나방과	8
Gracillariidae	가는나방과	38
Phyllocnistidae	귤굴나방과	1
Acrolepiidae	파좀나방과	1
Roeslerstammiidae	빛날개좀나방과	1
Yponomeutidae	집나방과	20
Argyresthiidae	사과좀나방과	1
Glyphipterigidae	그림날개나방과	3
Epermeniidae	미나리좀나방과	1
Sessidae	유리나방과	10
Choreutidae	뭉뚝날개나방과	2
Oecophoridae	원뿔나방과	24
Ethmiidae	먹점뿔나방과	1
Stathmopodidae	감꼭지나방과	5
Xyloryctidae	판날개뿔나방과	1
Elachistidae	풀굴나방과	1
Coleophoridae	통나방과	10
Lecithoceridae	뿔나방붙이과	3
Cosmopterigidae	창날개뿔나방과	9
Scythrididae	애기비단나방과	1
Gelechiidae	뿔나방과	87
Blastobasidae	밑두리뿔나방과	5
Momphidae	속먹이뿔나방과	1
Carposinidae	심식나방과	5
Pyralidae	명나방과	277
Thyrididae	창나방과	9
Pterophoridae	털날개나방과	9
Zygaenidae	알락나방과	16
Limacodidae	쐐기나방과	22
Drepanidae	갈고리나방과	21

분 류 군		종 수
Cyclidiidae	왕갈고리나방과	1
Thyatiridae	뾰족날개나방과	15
Geometridae	자나방과	526
Uraniidae	제비나방과	1
Epicopeiidae	제비나비붙이과	1
Epiplemidae	쌍꼬리나방과	5
Callidulidae	뿔나비나방과	1
Endromidae	반달누에나방과	1
Lasiocampidae	솔나방과	20
Bombycidae	누에나방과	4
Brahmaeidae	왕물결나방과	2
Saturniidae	산누에나방과	11
Sphingidae	박각시과	48
Notodontidae	재주나방과(하늘나방과)	85
Lymantriidae	독나방과	40
Arctiidae	불나방과	64
Nolidae	혹나방과	9
Ctenuchidae	애기나방과	2
Noctuidae	밤나방과	715
Agaristidae	얼룩나방과	5
Hesperiidae	팔랑나비과	33
Papilionidae	호랑나비과	15
Pieridae	흰나비과	19
Lycaenidae	부전나비과	70
Libytheidae	뿔나비과	1
Danaidae	왕나비과	3
Nymphalidae	네발나비과	77
Satyridae	뱀눈나비과	36

🪲 천연 기념물 및 멸종 위기 야생 동식물 지정 현황

오늘날 우리의 국토 전역이 산업화, 도시화의 물결 속에 휩쓸리게 되면서 자연 생태계가 크게 변질, 파괴되어 가는 실정에 놓이게 되었다. 이러한 상황에서 곤충 자원의 보존은 자연의 평형 유지상 대단히 중요한 과제가 되었다.

한편, 국제적으로도「'92년 리우 환경 회의」이후 생물 자원의 중요성에 대한 인식이 높아지고, 이의 보존을 위한 제도적 여건 마련의 일환으로「생물 다양성 협약」의 채택과 더불어「멸종 위기에 처한 야생 동식물의 국제 거래에 관한 협약(CITES)」의 이행을 강화하는 추세에 있어, 앞으로 생물종 보호를 위한 구체적인 활동이 절실히 요청되고 있다.

현재 우리 나라의 곤충 자원 중 법적 보호를 받고 있는 곤충으로는 천연 기념물 2종과 멸종 위기 야생 동식물로 지정하여 보호되고 있는 20종이 전부이다.

● 천연 기념물

곤충 중에서 천연 기념물로 지정하여 보호되고 있는 종류는 장수하늘소와 반딧불이 2종뿐이다. 그러나 종 자체로 지정된 것은 천연 기념물 제218호로 지정된 장수하늘소뿐인데, 이들도 현재는 경기도 광릉 지역 외에서는 발견되지 않고 있다. 지난날 북한산, 강원도 춘성군, 오대산 소금강 등에서 채집된 기록이 있으나, 이미 이들 지역에서도 자취를 감춘 지 오래다.

반딧불이의 경우 전북 무주군 설천면 일원이 서식처이며, 천연 기념물 제322호로 지정, 보호되고 있다. 이 지역은 유충 시기에 물 속에서 다슬기를 포식하는 애반딧불이와, 유충 시기를 육상에서 보내며 육상 달팽이를 포식하는 늦반딧불이의 우리 나라 최대 서식처인데, 차츰 수질 오염과 주변 환경의 악화로 인해 그 서식 밀도가 현저히 감소하고 있다.

● 멸종 위기 야생 동식물

우리 나라에서는 자연 환경 보전법이 1991년에 처음 제정되어, 특정 야생 동식물을 보존하기 위하여 31종의 곤충을 법으로 보호하였다. 그 후 1997년에 개정된 법에서는 멸종 위기종으로 장수하늘소를 포함한 5종, 그리고 보호 대상종으로 꼬마잠자리를 포함한 14종, 총 19종을 법으로 보호하였다.

2004년에는 야생 동식물 보호법으로 다시 개정되어 2006년부터 시행될 곤충 분야 보호종 목록을 멸종 위기 Ⅰ급과 멸종 위기 Ⅱ급으로 나누어 공표하였다. 여기서, 야생 동식물 보호법이란 자연 환경을 인위적 훼손으로부터 보호하고, 다양한 생태계를 보전하며, 야생 동식물의 멸종을 방지하는 등 자연 환경을 체계적으로 보전, 관리하여 국민이 쾌적한 자연 환경에서 여유 있고 건강한 생활을 할 수 있도록 함을 목적으로 하는 법이다.

한편, '멸종 위기 야생 동식물 Ⅰ급'이라 함은 자연적 또는 인위적 위협 요인으로 인한 주된 서식지, 도래지의 감소 및 서식 환경의 악화 등에 따라 개체 수가 현저하게 감소하고 있어, 멸종 위기에 처할 우려가 있는 야생 동식물로서 관계 중앙 행정 기관의 장과 협의하여 환경부령이 정하는 종을 말하며, '멸종 위기 야생 동식물 Ⅱ급'이라 함은 학술적 가치가 높은 야생 동식물, 국제적으로 보호 가치가 높은 야생 동식물, 우리 나라의 고유한 야생 동식물, 또는 개체 수가 감소되고 있는 야생 동식물로서 현재의 위협 요인이 제거되거나 완화되지 아니할 경우 가까운 장래에 멸종 위기에 처할 우려가 있는 야생 동식물로서, 관계 중앙 행정 기관의 장과 협의하여 환경부령이 정하는 종을 말한다.

이렇듯 법적인 보호를 받고 있으므로 이 법을 어기고 불법 포획이나 채취를 하였을 경우 대단히 무거운 처벌을 받게 되므로 주의해야 한다. 즉, 생태계 먹이사슬의 최상위 종 또는 생존 가능한 최소 개체 수 이하에 해당하는 종 등 특별히 보호할 필요가 있는, 대통령령이 정하는 멸종 위기 야생 동식물을 포획한 사람은 5년 이하의 징역 또는 3천만 원 이하의 벌금에 처하도록 되어 있다.

환경부 지정 멸종 위기 야생 동식물 중 곤충 분야

(2004년 12월 31일 개정, 2006년 1월 1일 시행)

한 국 명	과 명	학 명
멸종 위기 I급		
1. 장수하늘소	하늘소과	*Callipogon relictus* Semenov-Tian-Shansky
2. 두점박이사슴벌레	사슴벌레과	*Prosopocoilus blanchardi* (Parry)
3. 수염풍뎅이	검정풍뎅이과	*Polyphylla laticollis manchurica* Semenov
4. 상제나비	흰나비과	*Aporia crataegi* (Linnaeus)
5. 산굴뚝나비	뱀눈나비과	*Hipparchia autonoe* (Esper)
멸종 위기 II급		
1. 꼬마잠자리	잠자리과	*Nannophya pygmaea* Rambur
2. 긴가슴집게벌레	긴가슴집게벌레과	*Challia fletcheri* Burr
3. 닻무늬길앞잡이	길앞잡이과	*Cicindela (Abroscelis) anchoralis* Chevrolat
4. 물장군	물장군과	*Lethocerus deyrollei* (Vuillefroy)
5. 주홍길앞잡이	길앞잡이과	*Cicindela hybrida nitida* Lichtenstein
6. 멋조롱박딱정벌레	딱정벌레과	*Damaster mirabilissimus* Ishikawa et Deuve
7. 소똥구리	소똥구리과	*Gymnopleurus mopsus* (Pallas)
8. 애기뿔소똥구리	소똥구리과	*Copris tripartitus* Waterhouse
9. 비단벌레	비단벌레과	*Chrysochroa fulgidissima* (Schönherr)
10. 울도하늘소	하늘소과	*Psacothea hilaris* (Pascoe)
11. 큰자색호랑꽃무지	꽃무지과	*Osmoderma opicum* Lewis
12. 깊은산부전나비	부전나비과	*Protantigius superans* (Oberthür)
13. 쌍꼬리부전나비	부전나비과	*Spindasis takanonis* (Matsumura)
14. 왕은점표범나비	네발나비과	*Fabriciana nerippe* (C. et R. Felder)
15. 붉은점모시나비	호랑나비과	*Parnassius bremeri* Bremer

곤충 채집·표본 제작 및 보관법

곤충의 이름을 알고 곤충의 생활과 습성을 이해하기 위해서는 반드시 대상이 되는 곤충을 잡아서 종류를 확인하는 일이 필요하다. 따라서, 곤충 채집은 곤충에 관한 모든 학문의 기초가 된다. 곤충은 종류가 다양하므로 우리 주변 어디에서나 다소의 곤충을 채집할 수 있는데, 곤충 채집을 처음 시작하는 사람은 먼저 곤충 전반에 걸쳐 흥미를 가지는 것이 중요하다. 어떤 특정의 곤충만 대상으로 하거나 진귀한 곤충에만 집착하는 것은 잘못된 태도이다. 또한, 곤충은 계절에 따라 성충의 출현 시기가 다르므로, 채집한 곤충은 장소와 출현 시기를 연관시켜 종을 이해하는 노력이 필요하다.

요즈음 우리 나라는 산업화와 개발이라는 이름 아래 전국의 산하가 도처에서 파헤쳐지고, 각종 공해 요인이 발생하여 점차 많은 생물종의 생존에 큰 위협이 되고 있다. 곤충도 예외는 아니어서 과거에 흔히 볼 수 있던 종이 지금은 눈에 띄지 않거나 극소수만 살아 있는 경우가 대부분이다. 따라서, 곤충 채집을 할 때에는 자연 보호의 측면과 생명의 존엄성을 고려하여 꼭 필요한 양만 채집하는 자세가 필요하다.

▨ 곤충 채집에 필요한 도구

곤충을 채집하려면, 첫째 야외에서 곤충을 잡는 도구가 있어야 하고, 둘째 잡은 곤충을 안전하게 죽이는 도구가 있어야 하며, 셋째 잡거나 죽은 곤충을 운반하는 데 필요한 용기가 있어야 한다. 이상 나열한 도구를 차례대로 열거하면 다음과 같다.

● 포충망

잠자리, 나비, 나방, 벌, 파리 등 주로 날아다니는 곤충을 잡는 데 필수적인 도구로, 풀숲에 있는 작은 곤충이나 물 속에 사는 곤충을 잡을 때도 사용한다.

곤충을 잡는 그물은 부드럽고 모기장처럼 안이 들여다보이고 바

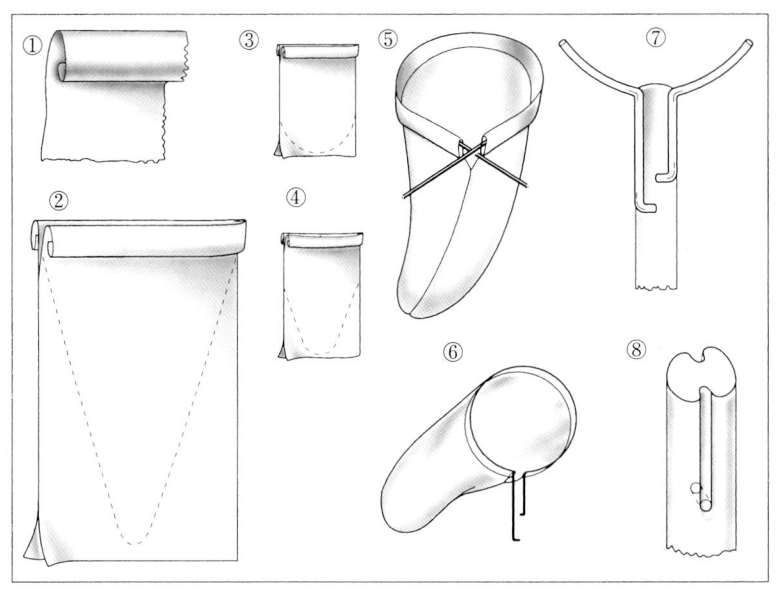

그림 1 포충망 만드는 방법

람이 잘 통하는 것이 좋다. 그물의 깊이는 60 cm 정도가 알맞으며 이보다 길거나 짧지 않은 것이 좋다. 둥근 테는 굵은 철사로 길이 35～40 cm가 되게 만든 후, 그물과 자루를 붙여 맬 수 있게 만든 다 그림 1 . 테의 지름은 클수록 곤충을 잡기 쉬우나 휘두르기가 어려우므로 40 cm 정도가 알맞다. 시중에 2절식(二折式), 4절식, 강철 스프링 등으로 테의 부피를 작게 하여 휴대하기 편하게 만든 제품이 있으므로 적당히 선택하면 된다. 그물을 고정시키는 자루 는 곧고 단단하며 무겁지 않은 것이 좋다. 대나무, 알루미늄, PVC 파이프, 또는 낚싯대 등이 사용되는데, 길이는 자기의 키 정 도가 적당하나 필요에 따라 조절할 수 있는 것이 좋다. 물 속에 사는 곤충을 집을 때에는 그물의 길이가 짧은 고기 그물 등으로 바꾸어 달아야 하므로, 필요에 따라 예비 그물을 준비해 두는 것 이 좋다.

● 미소 곤충 채집망

　식물의 잎이나 줄기 또는 꽃잎 등에 붙은 작은 곤충을 잡기 위해 특별히 고안된 그물이다. 가로 세로 1 m 길이의 흰 천을 +자형으로 된 대나무로 고정시킨 것으로, 흰 천은 질기고 튼튼한 무명이 좋으며, 대나무는 하나로 겹쳐서 휴대하기 편리하도록 만든다 [그림2]. 이 도구는 너무 작아 눈에 잘 띄지 않는 곤충이나, 식물의 가지나 잎을 건드렸을 때 놀라서 죽은 체하고 떨어지는 곤충들을 채집하기에 매우 효과적이다.

　[그림3]은 주요 채집망을 이용한 채집 방법으로, 수서 곤충의 경우 물고기를 잡는 그물 모양의 대를 사용할 수도 있는데, 이 때의 그물은 간격이 좁아서 작은·곤충이 빠져 나가지 않도록 한다.

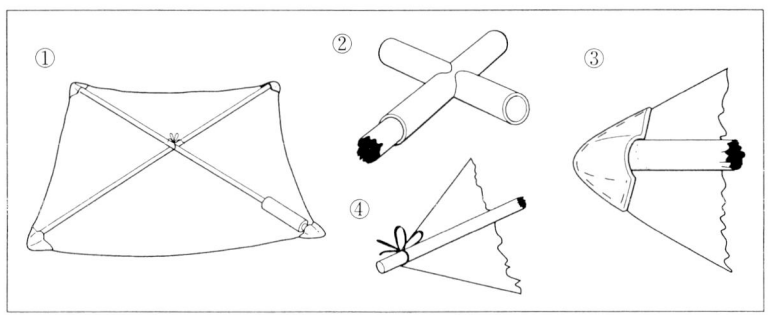

[그림2] 미소 곤충 채집망 만드는 방법

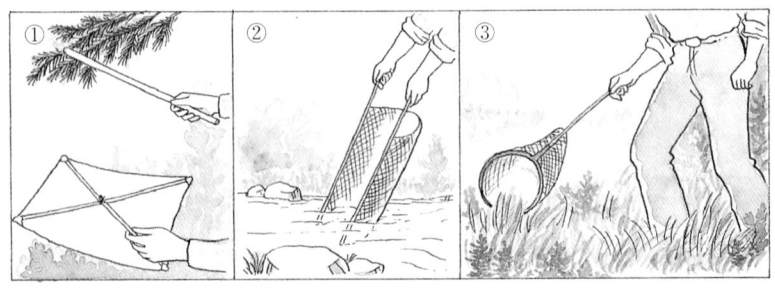

① 미소 곤충 채집망을 이용한 채집 방법 ② 수서 곤충 채집 방법 ③ 포충망을 이용한 채집 방법

[그림3] 주요 채집망을 이용한 채집 방법

● 흡충관

작아서 눈에 잘 띄지 않는 곤충이나 약하여 상하기 쉬운 곤충을 채집할 때 사용한다. 특히, 미소 곤충 채집망이나 포충망을 사용하여 포획했을 때 재빨리 흡입하여 많은 곤충을 채집할 수 있는 편리한 도구이다.

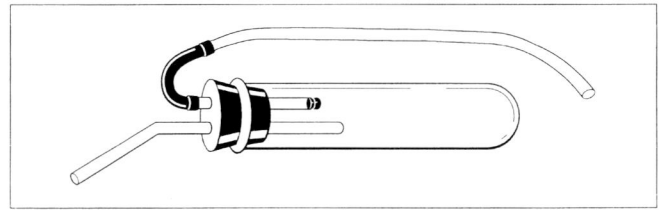

그림 4 흡충관

● 핀셋

곤충을 채집하기 위해 야외에 나갈 때 반드시 지참해야 하는 도구이다. 크기와 모양에 따라 그 성능도 다양한데, 나무 구멍 속이나 땅 속의 곤충, 더러운 곳에 모여 있는 곤충, 벌, 사마귀 등 손으로 다루기 불편한 곤충을 채집할 때 사용한다.

● 삼각지

포충망으로 채집한 나비나 나방 등은 날개에 비늘가루가 있어 산 채로 끄집어 내려면 손에 비늘이 묻어 날개가 상하기 쉽다. 따라서, 망 속의 나비가 움직이지 못하도록 한 후, 나비의 가슴 양

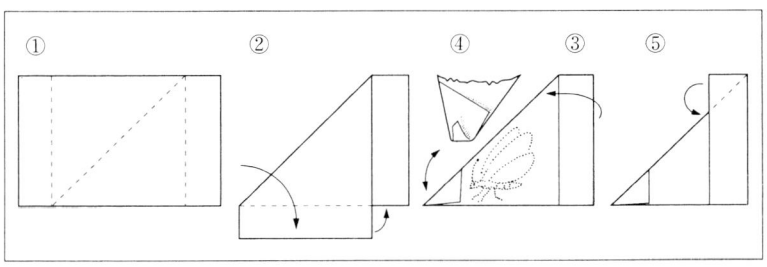

그림 5 삼각지 만드는 방법

쪽을 손가락으로 잠시 눌러서 기절시키거나 죽이는데, 이 때 너무 심한 압박으로 가슴이 파손되지 않게 조심한다. 이렇게 죽은 나비를 유산지로 만든 삼각지 속에 넣으면 된다. 잠자리는 죽이지 말고 산 채로 넣어야 가슴이 파손되지 않고 온전하게 보존된다.

● **독병**(살충병)

대부분의 곤충을 죽이는 데 사용되는 도구이다. 주로 유리로 만든 것을 사용하나, 약품의 종류에 따라 플라스틱 재료를 사용할 수도 있다. 이 독병 속에는 곤충을 죽이기 위한 살충제를 넣는데, 주로 고체인 청산 가리(KCN)나 액체인 초산 에틸(ethyl acetate)이 많이 사용된다 그림6. 청산 가리는 독성이 강하여 큰 곤충도 신속하게 마비를 일으켜 죽는다. 그러나 이 살충제를 사용하여 죽인 곤충은 몸의 각부 관절이 굳어서 나중에 더듬이나 다리를 정리하거나 날개를 전시할 때에 파손될 염려가 있다. 초산 에틸을 사용한 경우에는 죽은 후에도 초산의 성분으로 인해 몸이 굳지 않아서 좋은 점이 있으나, 녹색이나 청색 계통의 일부 종류들은 체색이 변하는 일이 있으므로 주의해야 한다.

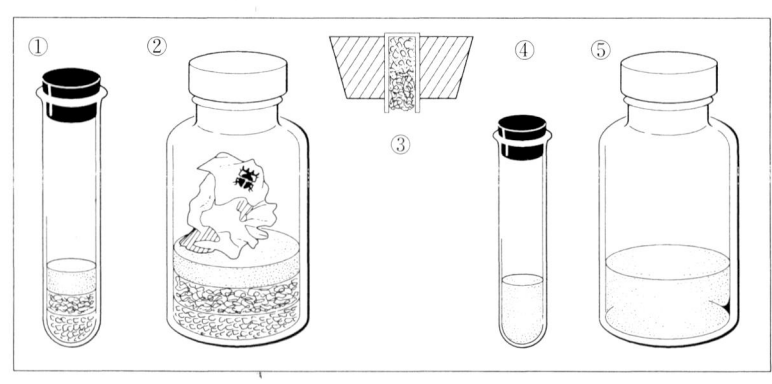

①~③ 청산 가리를 이용한 독병   ④~⑤ 초산 에틸을 이용한 독병

그림6 청산 가리·초산 에틸을 이용한 독병

● **삼각통**

유산지로 된 삼각지와 소형의 독병을 넣는 삼각형의 통이다. 양

철이나 가죽으로 만드는데, 내용물이 파손되지 않도록 튼튼하게 만들어야 하며, 또한 허리에 찰 수 있어야 한다.

▨ 주요 곤충 채집법

곤충 채집법은 채집하고자 하는 곤충의 종류나 채집 목적에 따라 여러 가지가 있다. 곤충의 종류가 다양한만큼 그 생태도 종마다 다르므로, 효과적인 채집은 곤충의 생태 관찰의 경험과 채집 도구의 올바른 사용법에 의해 결정된다고 할 수 있다.

● 유인 채집법

곤충은 각기 기호에 맞는 물질이나 냄새에 모이는 습성이 있다. 따라서, 기호에 맞는 냄새, 물질이 있는 장소 등 인위적으로 환경을 만들어서 유인하여 채집하는 방법이다. 흔히 유인 트랩을 사용하기도 하는데, 썩은 과일, 발효된 인분이나 오줌, 당밀 등을 유인제로 사용한다. 특히, 당밀의 경우 개미나 벌, 나방, 딱정벌레류 등을 유인하는 데 효과적이다. 당밀은 흑설탕을 끓인 후 거기에 소량의 포도주나 소주 등 알코올 성분을 넣은 다음 약간의 식초를 첨가해서 만든다.

● 함정 채집법

딱정벌레, 먼지벌레, 송장벌레, 반날개 등의 무리는 주로 야간에 지면을 기어다니면서 먹이 활동을 한다. 따라서, 이들이 사는 장소의 주변에 빈 깡통이나 컵을 묻은 후, 그 속에 유인액이나 썩은 동물을 넣어 두면 냄새를 맡고 모여든다. 보통 저녁에 설치하고 아침에 회수하는데, 이 때 채집한 곤충은 바로 죽이지 말고 물속에 3~4시간 담갔다가 이들이 섭취한 먹이나 배설물을 모두 토해 낸 다음 독병에 넣어 죽인다.

● 등화 채집법

보통 야간에 불빛을 이용하여 곤충을 유인해서 채집하는 방법이다. 주로 나방류나 하루살이류, 강도래류, 날도래류, 모기류, 딱정벌레류 등 불빛에 모여드는 습성이 있는 곤충류에 적용된다. 등불의 종류는 형광등을 이용한 black light가 가장 효과적이며, 휘

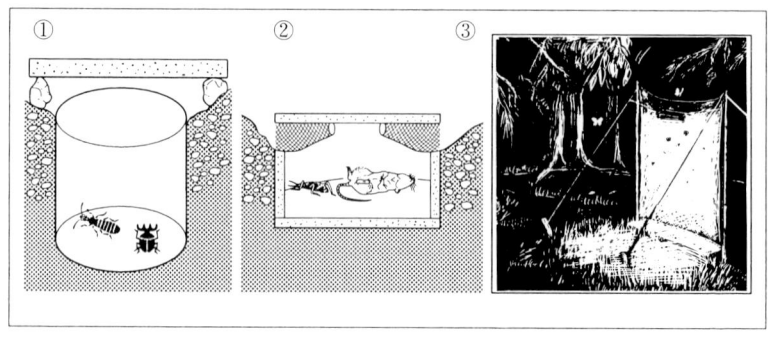

① 유인 채집법   ② 함정 채집법   ③ 등화 채집법

그림 7 주요 곤충 채집법

발유 램프나 가스등 또는 소형 발전기도 이용된다. 이 때에는 반드시 흰 천으로 스크린을 만들어야 하며, 땅 위에도 흰 천을 깔아 쉽게 곤충을 식별할 수 있게 한다. 이 채집법은 기상 상태에 따라 효과의 차이가 있는데, 주로 무덥고 바람이 없는 흐린 날 밤에 가장 효과가 크고, 기온이 낮거나 달이 밝은 밤 또는 바람이 세게 부는 날 등은 효과가 적다. 흰 천 위에 모여든 곤충은 주둥이가 넓은 살충병(독병)에 넣어서 죽인다.

표본 제작 방법

채집한 곤충을 오래도록 보존하기 위해서는 적당한 방법으로 표본을 만들어 두어야 한다. 곤충 표본은 보존 상태에 따라 건조 표본과 액침 표본으로 구분하는데, 여기서는 성충의 모습을 있는 그대로 볼 수 있는 건조 표본의 제작 방법에 대하여 설명한다.

● 곤충핀(昆蟲針)

곤충 표본을 만드는 데 가장 기본적인 도구가 곤충핀이다. 곤충핀은 곤충 표본용으로 특별히 제작된 길이 3.5~4 cm 의 핀이다. 이 곤충핀은 스테인리스제가 녹이 슬지 않고 견고하여 가장 좋으며, 굵기에 따라 0~7 호가 있는데 숫자가 적을수록 가늘다. 따라서, 0 호나 1 호는 몸이 작은 나방이나 딱정벌레, 파리 따위에 알

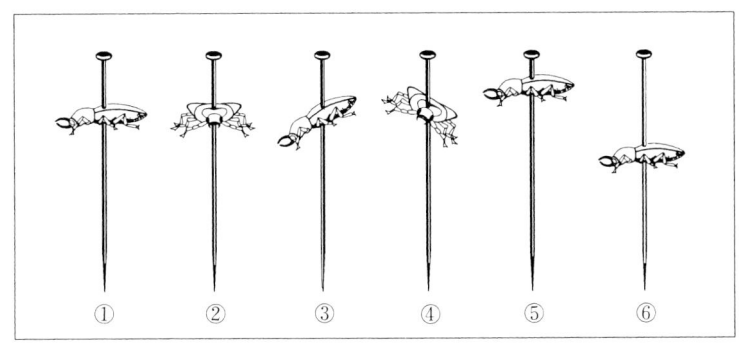

①, ② 는 잘 된 것　③～⑥ 은 잘못된 것

그림 8　고정된 표본

맞고, 일반 곤충은 2~3 호가 좋으며, 박각시나방이나 대형의 하늘소, 풍뎅이 무리 등은 크기에 따라 4 호 이상을 사용한다.

곤충핀은 곤충의 몸과 수직이 되게 꽂도록 하며, 곤충의 몸 또한 기울지 않게 수평을 유지하도록 한다. 핀을 꽂는 깊이는 대략 곤충의 몸 등면 위로 1 cm 정도 핀의 머리 부분이 남도록 한다 그림 8 -①, ②. 너무 짧게 남으면 손으로 다루기가 힘들며 너무 길어도 보기 흉하다. 곤충의 몸에 핀을 꽂는 위치는 종류에 따라 다른데, 잠자리, 벌, 파리, 나비 등은 가슴 등 쪽 중앙에, 노린재는 작은방패판(소순판)의 중앙에서 다소 오른쪽에, 매미는 가운뎃가슴의 중앙에서 약간 오른쪽에, 딱정벌레는 오른쪽 날개의 기부로부터 중앙에 가까운 곳에 꽂는 것이 좋다.

● **전시판**(展翅板)

날개를 펴야 보기에도 좋고 학술상 조사하는 데도 편리한 잠자리, 나비, 나방, 벌 등은 전시판을 사용하여 날개를 고정시킨다. 전시판은 오동나무와 같이 재질이 연한 나무를 사용하여 만드는데, 중앙에 있는 홈의 바닥에 붙어 있는 길게 세로로 된 코르크판에 곤충핀이 박히게 된다. 오동나무판의 폭이나 그 사이의 세로홈 크기는 곤충의 크기에 따라 여러 가지 것을 사용할 수 있다. 전시하는 방법은 곤충핀과 전시 테이프를 이용하여 날개를 적당한 위

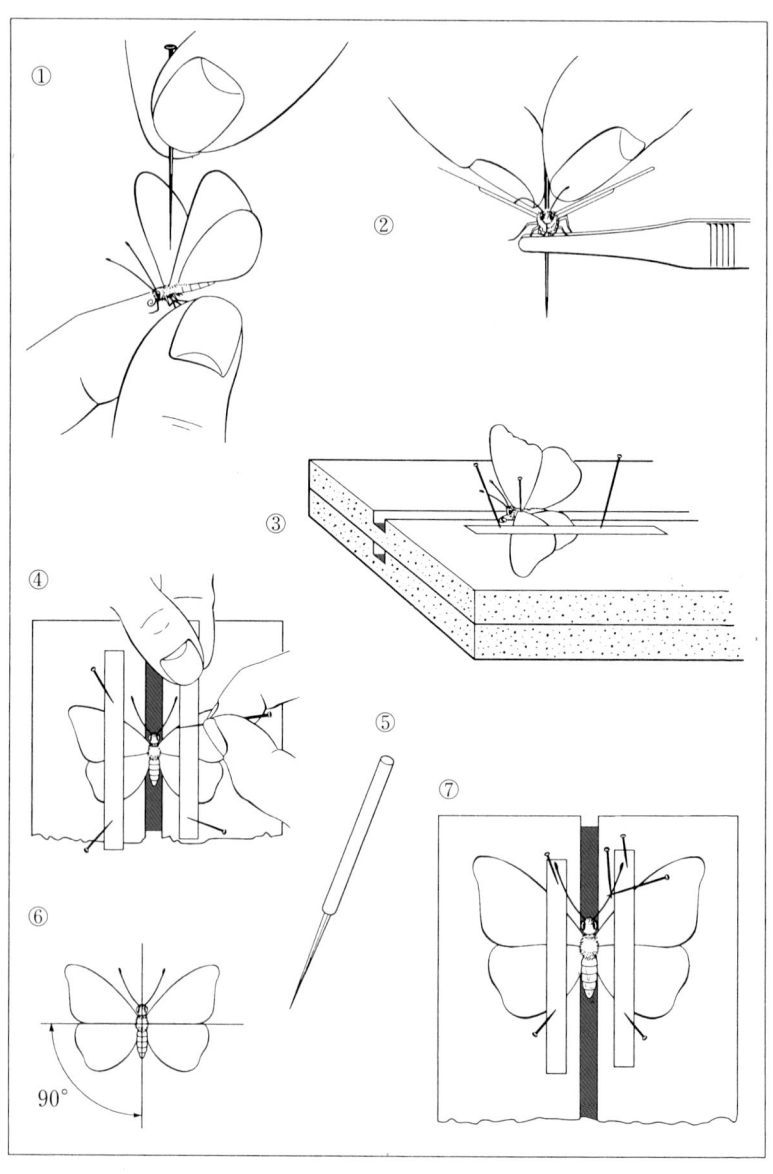

그림 9 나비를 전시판에 전시하는 방법

500

치에 놓은 다음 다른 전시용 핀으로 고정시킨다 그림9. 전시 테이프는 곤충의 날개가 투시되어 보이는 유산지를 사용한다. 날개를 위아래로 움직이면서 자리를 잡을 때는 끝이 매우 날카로운 핀을 사용하여 날개맥을 움직이게 한다 그림9-⑤. 또한, 앞날개와 뒷날개의 경계부는 대략 정중선에 직각이 되도록 하는 것이 원칙이다 그림9-⑥. 전시가 끝나면 약 2~4주간 바람이나 직사 광선이 들지 않고 먼지나 벌레가 없는 곳에 놓아 두어 건조시킨다.

● **전족판**(展足板)

메뚜기, 노린재, 딱정벌레 등은 핀을 꽂은 후 그냥 건조시키면 더듬이나 다리 등이 멋대로 꼬여서 보기 흉하다. 전족판은 이들 더듬이나 다리 등을 보기 좋게 정돈하는 도구인데, 코르크판이나 스티로폴판 등 연하고 부드러운 재료를 사용한다. 전족하는 방법은, 곤충에 곤충핀을 꽂은 후 전족판에 고정시키는데, 필요 이상으로 자리를 차지하게 되거나, 또는 다리나 더듬이가 상하지 않도록 적당하게 오므리고 좌우 대칭이 되도록 해야 한다 그림10.

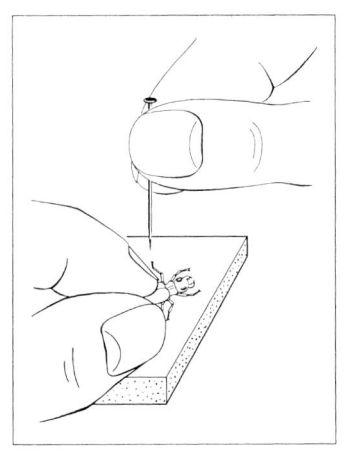

그림10 스티로폴 전족판에 고정시키는 방법

● **평균대**(平均臺)

곤충 표본의 높이를 일정하게 하기 위한 계단형의 받침대로, 각 단의 중앙에 깊은 구멍이 1개씩 있다. 이 평균대를 사용하여 등 쪽의 높이를 일정하게 맞출 수 있으며, 이 밖에 레이블을 꽂

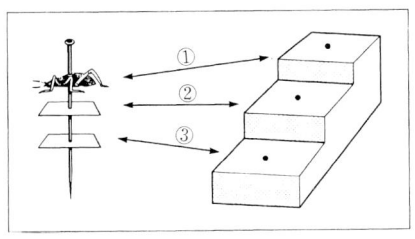

그림11 평균대

을 때 그 높이를 일정하게 할 수도 있다.

● 미소 곤충 표본 만드는 방법

매우 작은 곤충이나 몸이 연약한 곤충은 보통의 곤충핀으로 꽂으면 파손될 우려가 있다. 이 때에는 미침(微鍼)을 사용하거나, 또는 대지(臺紙)에 직접 붙인다. 미침은 길이 1.5~2 cm 의 가는 핀으로, 역시 스테인리스제가 주로 사용된다. 그림12-①은 미침을 사용하여 수직으로 꽂은 표본을 다시 코르크 조각에 고정시킨 후 보통의 전시용 핀으로 꽂는 방법이다. ②는 미침을 곤충의 몸 옆으로 꽂은 경우이고, ③은 미침을 대지에, ④는 미소 곤충을 대지에 직접 붙인 경우이다. ⑤는 연약한 곤충이나 표본의 몸 일부가 떼어졌을 경우 캡슐에 넣어 함께 보존하는 방법이다.

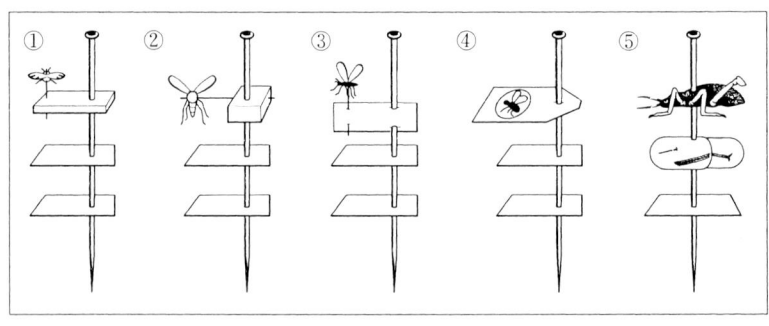

그림12 미소 곤충 표본 만드는 방법

● 표본 연화법(軟化法)

채집한 지 오래 되어 몸이나 날개가 굳은 곤충은 전시 또는 전족하기가 어렵다. 따라서, 이 때에는 데시케이터(desiccator)나 대형 샬레(schale)를 이용하여 연화기(軟化器)를 만들어 사용한다. 이들 용기의 밑바닥에 탈지면을 깔고 3~5%의 페놀(석탄산) 용액을 적신 다음, 그 위에 연화하고자 하는 곤충을 2~3 일 놓아 두면 몸이 부드러워져서 쉽게 전시, 전족할 수 있다. 한편, 나비나 나방 등을 급히 연화할 때에는 끓는 물을 주사기에 넣어서 표본의 가슴에 주사하면 날개가 쉽게 펴진다.

● 레이블(label)

완성된 표본에는 반드시 채집 장소, 채집일, 채집자명을 기록한 레이블을 만들어 곤충핀에 꽂아 두어야 한다. 이 때에는 곤충핀 끝에서 1 cm 정도, 또는 밑에서 1/3 쯤 되는 위치에 꽂아 두는데, 될 수 있는 대로 작고 일정한 크기로 하는 것이 좋다.

▨ 표본 보관법

잘 완성된 표본은 보존 관리를 철저히 하여야만 오래도록 상태를 유지할 수 있다. 곤충 표본의 보존 관리에서 가장 필수적인 것이 곤충 표본 상자이다.

● 곤충 표본 상자

표본을 오래도록 잘 보존하기 위한 밀폐된 상자로, 보통 오동나무나 피나무 등으로 만든다. 이 상자는 뚜껑에 유리가 붙어 있어 안에 들어 있는 표본의 내용을 볼 수 있어 편리하다. 이 상자의 밑바닥에는 코르크판이나 폴리우레탄을 깔아서 곤충핀이 쉽게 꽂히도록 한다. 한편, 동정(同定)된 표본을 대지로 구획을 나누어서 보관할 수도 있다 [그림13].

● 보존상의 주의점

표본을 보존할 때에는 광선, 해충, 곰팡이 등 3가지에 특히 주의해야 한다. 햇볕이 쬐이는 곳에 표본을 놓아 두면 광선에 의해 색이 변화하거나, 간혹 표본 상자가 뒤틀리는 경우가 있다. 표본 보존에서 가장 문제가 되는 것은 좀, 수시렁이, 다듬이벌레 등과 같은 해충이다. 이들 해충은 자주 발생되어 곤충 표본을 갉아먹으므로, 방충과 살충을 철저히 하지 않으면 애써 만든 표본이 모두 허사가 되고 만다. 방충제로는 나프탈렌을 사용하고, 표본 상자 안에서 해충이 발생했을 때에는 상자 안에 파라디클로로벤젠 가루나 이황화탄소 등을 넣고 며칠 동안 밀폐해 두면 살충이 된다. 또한, 상마철 같은 때에는 습도가 높아 표본에 곰팡이가 발생하기 쉬우므로 표본 상자는 되도록 건조한 방에 놓아 두도록 하며, 실

내에 제습기를 설치하여 습도를 감소시키는 것도 한 방법이다.

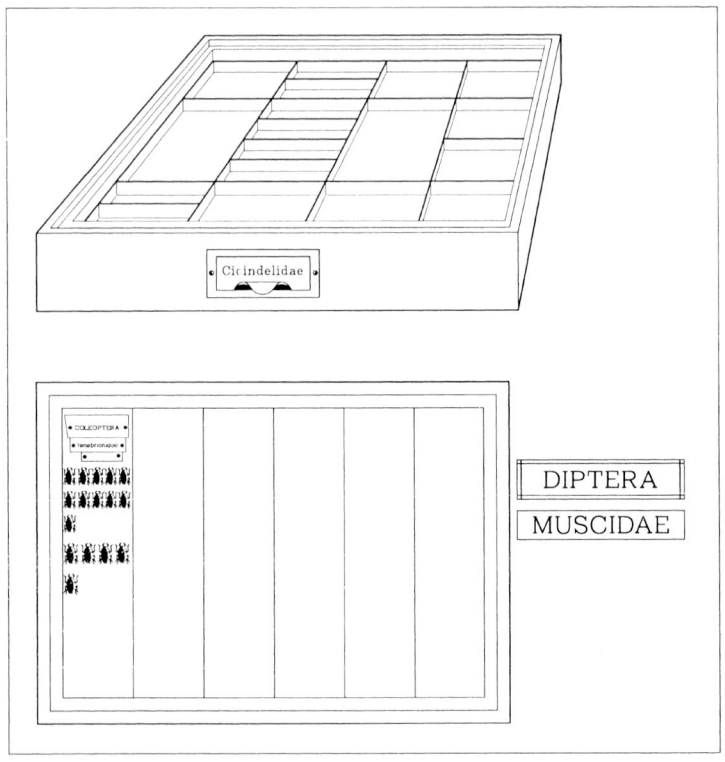

그림13 완성된 표본을 보관하는 곤충 표본 상자

곤충 사육 방법

　곤충은 그 종류만큼 사육 방법 또한 다양하다. 여기서는 초보자가 쉽게 집에서 기를 수 있는 방법을 간단히 소개한다.

　먼저 실내에서 곤충을 사육하기 위해서는 적당한 사육 용기가 필요하다. 따라서, 커다란 유리병이나 철망으로 덮인 사육 상자 속에 기르고자 하는 곤충과 그 곤충의 식이 식물을 함께 넣는다 그림14 . 곤충은 종류에 따라 먹이의 선택성이 강하므로 반드시 먹이로 가능한 식물을 신선하게 공급해야 한다. 따라서, 소형 화분 등에 먹이 식물을 키워서 공급하면 효과적이다. 덩굴식물이나 나뭇잎 등을 먹이로 하는 경우는 이동식 사육 상자를 사용하여 필요에 따라 이동해 가면서 사육하는 방법도 있다 그림14 -④.

　이렇게 실내에서 곤충을 사육하는 데는 필요한 환경 조건이 있다. 즉, 온도, 습도, 광선 등인데, 이러한 사육 환경도 종류나 계절의 변화에 따라 각기 다르므로 사전에 충분한 예비 지식을 가지고 시행하는 것이 좋다.

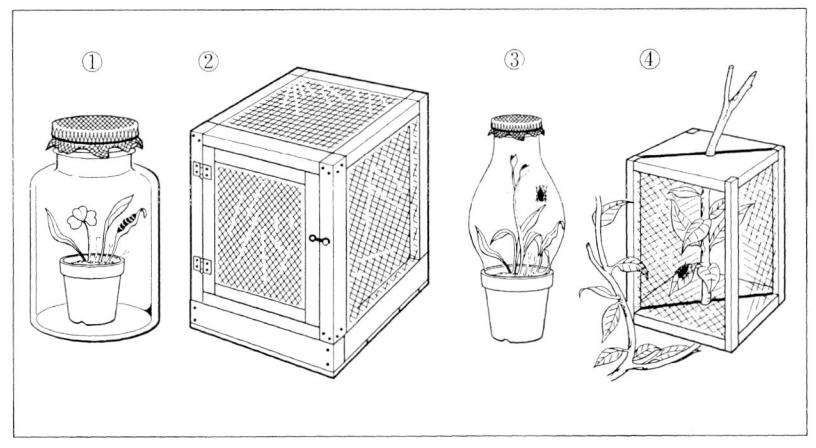

그림14 곤충 사육 용기

가는꽃녹슬은방아벌레 · 186
가락지나비 · 458
가시노린재 · 123
가시모메뚜기 · 72
가중나무고치나방 · 348
각시메뚜기 · 78
각시멧노랑나비 · 411
각시얼룩가지나방 · 342
갈고리박각시 · 351
갈구리나비 · 404
개미붙이 · 194
거꾸로여덟팔나비 · 430
거위벌레 · 239
검보라맵시벌 · 258
검은끝짤름나방 · 379
검은다리실베짱이 · 66
검은물잠자리 · 21
검정날개거위벌레 · 240
검정볼기쉬파리 · 316
고려나무쑤시기 · 196
고마로브집게벌레 · 59
고수귀뚜라미붙이 · 38
고추좀잠자리 · 30
고추침노린재 · 98
곤봉호리벌 · 255
곰개미 · 263
곱추재주나방 · 361
광대거품벌레 · 138
광대노린재 · 120
교차무늬주홍테불나방 · 366

구리수중다리잎벌 · 251
굴뚝나비 · 465
굴뚝날도래 · 325
극남노랑나비 · 410
극동등에잎벌 · 250
금강산귀매미 · 140
금테비단벌레 · 183
금테줄배벌 · 260
기생나비 · 412
긴가위뿔노린재 · 115
긴꼬리 · 69
긴꼬리제비나비 · 397
긴알락꽃하늘소 · 212
길앞잡이 · 167
깃동잠자리 · 32
깜둥이창나방 · 331
깜보라노린재 · 129
깽깽매미 · 152
꼬리명주나비 · 403
꼬리박각시 · 356
꼬리하루살이 · 14
꼬마녹색가루바구미 · 243
꼬마잠자리 · 35
꽃등에 · 310
꽃무늬재주나방 · 358
꽃하늘소 · 211
끝검은말매미충 · 141
끝검은메뚜기 · 84
나나니 · 274
날개띠좀잠자리 · 34

날베짱이 · 64
남방부전나비 · 424
남색잎벌레 · 232
남색초원하늘소 · 217
남생이무당벌레 · 197
남풀색하늘소 · 209
넉점박이불나방 · 365
넉점박이큰가슴잎벌레 · 226
넓적배허리노린재 · 103
넓적사슴벌레 · 172
넓적송장벌레 · 170
네무늬장님노린재 · 97
네발나비 · 453
노란줄긴수염나방 · 328
노랑나비 · 409
노랑날개무늬가지나방 · 344
노랑다리강도래 · 55
노랑띠알락가지나방 · 343
노랑띠하늘소 · 213
노랑배수중다리꽃등에 · 312
노랑배허리노린재 · 105
노랑뿔잠자리 · 162
노랑수중다리잎벌 · 252
노랑쌍무늬바구미 · 246
노랑애기나방 · 372
노랑줄점하늘소 · 222
노랑털기생파리 · 318
노랑털알락나방 · 332
노린재나무재주나방 · 357
녹슬은방아벌레 · 185
높은산저녁나방 · 373
누리장진딧물 · 156
늦반딧불이 · 190
늦털매미 · 151
다리무늬침노린재 · 100

달무리무당벌레 · 198
닮은큰재니등에 · 302
담색긴꼬리부전나비 · 414
담흑부전나비 · 423
대륙뱀잠자리 · 160
대만흰나비 · 405
대벌레 · 90
대왕나비 · 456
대유동방아벌레 · 184
도시처녀나비 · 459
도토리노린재 · 119
돈무늬팔랑나비 · 383
두꺼비메뚜기 · 87
두쌍무늬노린재 · 111
두점박이좀잠자리 · 31
뒤병기생파리 · 317
등검은메뚜기 · 79
등검정쌍살벌 · 271
등빨간갈고리벌 · 254
등빨간뿔노린재 · 116
등빨간잎벌 · 253
딱총나무진딧물 · 157
땅벌 · 269
떡벌 · 282
똥파리 · 314
뚱보기생파리 · 319
루이스큰남생이잎벌레 · 237
마아키측범잠자리 · 23
만주거품벌레 · 139
말매미 · 145
말매미충 · 142
말벌 · 267
매미나방 · 363
머루박각시 · 355
먹나비 · 464

메추리노린재 · 122
멧팔랑나비 · 382
모시나비 · 402
모자주홍하늘소 · 216
목도리불나방 · 367
목하늘소 · 219
무늬독나방 · 362
무늬뾰족날개나방 · 337
무늬소주홍하늘소 · 215
무늬하루살이 · 15
무당벌레 · 200
물결넓적꽃등에 · 304
물결멧누에나방 · 346
물빛긴꼬리부전나비 · 414
물잠자리 · 22
물장군 · 94
미국흰불나방 · 370
밀잠자리 · 27
바퀴 · 42
박각시 · 350
밤나무왕진딧물 · 153
방아깨비 · 80
방울실잠자리 · 20
배자바구미 · 245
배짧은꽃등에 · 309
배추흰나비 · 408
백합긴가슴잎벌레 · 225
뱀눈그늘나비 · 461
뱀허물쌍살벌 · 270
버들잎벌레 · 230
벌붙이파리 · 313
범부전나비 · 425
벼메뚜기 · 74
별긴하늘소 · 221
별박이세줄나비 · 449

별박이자나방 · 338
별쌍살벌 · 273
별줄풍뎅이 · 177
병대벌레 · 193
부전나비 · 421
부처나비 · 466
부처사촌나비 · 467
북방거꾸로여덟팔나비 · 432
북방밑들이메뚜기 · 77
북방풀노린재 · 131
분홍다리노린재 · 132
분홍무늬들명나방 · 330
불개미붙이 · 195
붉은머리재주나방 · 360
붉은배털파리 · 293
붉은잡초노린재 · 109
붉은점모시나비 · 401
붉은점뿔거위벌레 · 238
비단노린재 · 127
비룡귀뚜라미붙이 · 39
빌로도재니등에 · 301
빨간긴쐐기노린재 · 96
뿔나비 · 427
뿔잠자리 · 163
사과거위벌레 · 241
사과알락나방 · 333
사과하늘소 · 223
사마귀 · 50
사시나무잎벌레 · 229
사향제비나비 · 390
산네발나비 · 452
산녹색부전나비 · 419
산제비나비 · 396
산줄점팔랑나비 · 388
산호랑나비 · 400

삼하늘소 · 224
삿포로뒤영벌 · 280
삿포로잡초노린재 · 110
상아잎벌레 · 235
섬각다귀 · 291
섬나라메뚜기 · 83
섬서구메뚜기 · 73
송곳벌살이꼬리납작맵시벌 ·
　256
송곳벌살이납작맵시벌 · 257
쇠측범잠자리 · 24
쇳빛부전나비 · 416
수노랑나비 · 438
수선화꽃등에 · 306
수염치레각날도래 · 322
수중다리꽃등에 · 311
수중다리송장벌레 · 169
수풀꼬마팔랑나비 · 389
스미스애꽃벌 · 276
시골가시허리노린재 · 104
시골실잠자리 · 19
신부날개매미충 · 143
실베짱이 · 65
쌍띠밤나방 · 374
썩덩나무노린재 · 128
쑥잎벌레 · 228
쓰름매미 · 148
아시아실잠자리 · 18
알노린재 · 114
알락방울벌레 · 71
알락수염노린재 · 125
알락하늘소 · 218
암먹부전나비 · 418
애귀뚜라미 · 70
애기세줄나비 · 450

애기좀잠자리 · 33
애남가뢰 · 204
애두쌍무늬노린재 · 112
애매미 · 147
애메뚜기 · 81
애반딧불이 · 189
애배벌 · 259
애사마귀붙이 · 161
애사슴벌레 · 171
애소금쟁이 · 95
애십자무늬긴노린재 · 101
애호랑나비 · 394
애호리병벌 · 265
애홍날개 · 203
양봉꿀벌 · 283
어리꿀벌 · 275
어리대모꽃등에 · 307
어리별쌍살벌 · 272
어리아이노각다귀 · 292
어리장수잠자리 · 25
어리표범나비 · 444
어리호박벌 · 278
얼룩대장노린재 · 134
얼룩매미나방 · 364
얼룩물결자나방 · 341
얼룩방아벌레 · 187
에사키뿔노린재 · 118
여름좀잠자리 · 29
여치 · 68
여치베짱이 · 67
연노랑풍뎅이 · 175
연두금파리 · 315
열점박이별잎벌레 · 233
오리나무잎벌레 · 234
옥색긴꼬리산누에나방 · 349

왕갈고리나방 · 336
왕거위벌레 · 242
왕나비 · 428
왕눈큰애기자나방 · 339
왕물결나방 · 347
왕벼룩잎벌레 · 236
왕사마귀 · 51
왕세줄나비 · 448
왕소등에 · 294
왕오색나비 · 454
왕자팔랑나비 · 381
왕잠자리 · 26
왕파리매 · 297
왕풍뎅이 · 173
외눈이지옥사촌나비 · 460
유리창나비 · 436
유리창떠들썩팔랑나비 · 386
유지매미 · 146
은점표범나비 · 440
은줄팔랑나비 · 385
은줄표범나비 · 433
은판나비 · 447
이질바퀴 · 43
인도볼록진딧물 · 154
일본가시날도래 · 324
일본날개매미충 · 144
일본수염치레꽃등에 · 305
일본왕개미 · 262
작은멋쟁이나비 · 435
작은은점선표범나비 · 434
작은주걱참나무노린재 · 113
작은주홍부전나비 · 422
작은홍띠점박이푸른부전나비
  · 426
장수말벌 · 268

장수풍뎅이 · 174
장수하늘소 · 206
장수허리노린재 · 107
장흙노린재 · 133
재등에 · 295
점무늬불나방 · 371
점박이꽃무지 · 182
제일줄나비 · 443
조팝나무진딧물 · 155
조흰뱀눈나비 · 462
좀길앞잡이 · 166
좀뒤영벌 · 279
좀사마귀 · 49
주름물날도래 · 323
주홍가위벌 · 277
주홍홍반디 · 188
줄각시하늘소 · 210
줄고운노랑가지나방 · 345
줄나비 · 442
줄베짱이 · 62
줄점팔랑나비 · 387
줄흰나비 · 407
중국무당벌레 · 202
중국청람색잎벌레 · 227
쥐색파리메 · 300
지리산팔랑나비 · 384
진강도래 · 54
집바퀴 · 44
참까마귀부전나비 · 420
참금록색잎벌레 · 231
참나무갈고리나방 · 335
참나무재주나방 · 359
참매미 · 149
참밑들이 · 287
참알락팔랑나비 · 380

참콩풍뎅이 · 178

청가뢰 · 205

청띠신선나비 · 441

청띠제비나비 · 392

칠성무당벌레 · 199

콩금무늬밤나방 · 375

콩박각시 · 352

콩풍뎅이 · 179

큰갈고리밤나방 · 378

큰멋쟁이나비 · 457

큰밀잠자리 · 28

큰실베짱이 · 63

큰애기자나방 · 340

큰자루긴수염나방 · 329

큰줄흰나비 · 406

큰쥐박각시 · 354

큰허리노린재 · 106

큰황나각다귀 · 290

타카사고등에 · 296

태극나방 · 377

털두꺼비하늘소 · 220

털매미 · 150

톱날개박각시 · 353

톱다리개미허리노린재 · 108

톱하늘소 · 208

파리매 · 298

팔공산밑들이메뚜기 · 76

팥중이 · 86

포도유리날개알락나방 · 334

포도호랑하늘소 · 214

폭날개애메뚜기 · 82

푸른부전나비 · 417

풀색꽃무지 · 181

풀색노린재 · 130

풀색명주딱정벌레 · 168

풀흰나비 · 413

풍뎅이 · 176

호랑꽃무지 · 180

호랑나비 · 398

호랑무늬파리매 · 299

호리꽃등에 · 303

호리병벌 · 266

호박벌 · 281

혹바구미 · 244

혹집게벌레 · 58

홍다리주둥이노린재 · 121

홍도리침노린재 · 99

홍보라노린재 · 124

홍비단노린재 · 126

홍줄노린재 · 135

황띠배벌 · 261

황라사마귀 · 48

황세줄나비 · 451

황슭감탕벌 · 264

황오색나비 · 429

회황색병대벌레 · 192

흰띠밤바구미 · 247

흰무늬왕불나방 · 368

흰뱀눈나비 · 463

흰제비불나방 · 369

□■ 학명 찾아보기 ■□

Abia iridescens Marlatt ·············251
Abraxas niphonibia Wehrli ··········342
Acanthoplusia agnata (Staudinger) 375
Acanthosoma denticaudum Jakovlev
·······························116
Acanthosoma labiduroides Jakovlev115
Acrida cinerea cinerea (Thunberg) 80
Actenicerus pruinosus (Motschulsky)
·······························187
Actias gnoma (Butler) ···········349
Adelphocoris albonotatus (Jakovlev) 97
Aelia fieberi Scott···············122
Agapanthia pilicornis (Fabricius) 217
Agelastica coerulea Baly ·········234
Aglaeomorpha histrio (Walker) ···368
Agnidra scabiosa (Butler) ········335
Agrius convolvuli (Linné) ········350
Agrypnus argillaceus (Solsky) ····184
Agrypnus binodulus coreanus Kishii
·······························185
Agrypnus fuliginosus (Candéze) ···186
Aiolocaria hexaspilota (Hope) ·····197
Allograpta balteata (de Geer)·······303
Allomyrina discotoma (Linné) ·····174
Amarysius altajensis (Laxmann) ···215
Amata germana (Felder et Felder) 372
Ambulyx japonica (Rothschild)·····351
Ammophila sabulosa infesta Smith 274
Ampelophaga rubiginosa (Bremer et
Grey) ·······················355

Anapodisma beybienkoi Reatz et
Miller ·······················76
Anatis halonis Lewis ·············198
Anax parthenope Selys ···········26
Anechura harmandi (Burr) ·········58
Anisogomphus maackii Selys ·······23
Anoplocnemis dallasi Kiritschenko 107
Anoplophora malasiaca (Thomson) 218
Anterhynchium flavomarginatum
Smith ·······················264
Anthocharis scolymus (Butler) ·····404
Antigius attilia (Bremer) ·········414
Antigius butleri (Fenton) ·········415
Apatura metis Freyer ·············429
Aphantopus hyperantus (Linné) ···458
Aphis citricola ver der Goot ·······155
Aphis clerodendri Matsumura ·····156
Aphis sambuci Linné ·············157
Aphrophora straminea Kato ·······139
Apis mellifera Linné···············283
Apoderus(*Apoderus*) *jekelii* (Roelofs)
·······························239
Apoderus(*Compsapoderus*) *erythrogas-
ter* Vollenhoven·················240
Araschnia burejana Bremer ·······430
Araschnia levana (Linné) ·········432
Arge similis (Vollenhoven) ········250
Argynnis paphia (Linné)·············433
Artogeia canidia (Sparrman) ·······405
Artogeia melete (Ménétriès) ·······406

Artogeia napi (Linné) ⋯⋯⋯⋯⋯407
Artogeia rapae (Linné) ⋯⋯⋯⋯408
Ascalaphus sibiricus Eversmann ⋯162
Astochia virgatipes (Coquillett) ⋯⋯299
Athemus vitellinus (Kiesenwetter) 192
Atractomorpha lata (Motschulsky) 73
Atrophaneura alcinous (Klug) ⋯⋯390
Baculum elongatum Thunberg ⋯⋯90
Bibio rufiventris (Duda) ⋯⋯⋯293
Blattella germanica (Linné) ⋯⋯⋯42
Blitopertha pallidipennis (Reitter) 175
Bombus ardens ardens Smith ⋯⋯279
Bombus hypocrita sapporoensis Cocker-
ell ⋯⋯⋯⋯⋯⋯⋯⋯⋯⋯280
Bombus ignitus Smith ⋯⋯⋯⋯281
Bombylius major Linné ⋯⋯⋯⋯301
Bothrogonia japonica Ishihara ⋯⋯141
Brahmaea certhia (Fabricius) ⋯⋯347
Byctiscus (*Byctiscus*) *princeps* (Solsky)
⋯⋯⋯⋯⋯⋯⋯⋯⋯⋯238
Callipogon relictus Semenov-Tian-
Shansky ⋯⋯⋯⋯⋯⋯206
Callophrys frivaldszkyi (Lederer) ⋯416
Calopteryx atrata Selys ⋯⋯⋯⋯21
Calopteryx japonica Selys ⋯⋯⋯22
Calosoma inquisitor cyanescens
Motschulsky ⋯⋯⋯⋯⋯168
Calyptra gruesa (Draudt) ⋯⋯⋯378
Camponotus (*Camponotus*) *japonicus*
Mayr⋯⋯⋯⋯⋯⋯⋯262
Campsomeris (*Campsomeris*) *annulata*
Fabricius ⋯⋯⋯⋯⋯⋯259
Campsomeris (*Megacampsemeris*) *pris-
matica* Smith ⋯⋯⋯⋯⋯260
Carbula putoni (Jakovlev) ⋯⋯⋯123

Carpocoris purpureipennis (de Geer) 124
Carterocephalus dieokmanni (Graeser)
⋯⋯⋯⋯⋯⋯⋯⋯⋯⋯380
Celastrina argiolus (Linné)⋯⋯⋯417
Chionarctia nivea (Ménétriès) ⋯⋯369
Chorthippus brunneus (Thunberg) ⋯81
Chrysochus chinensis Baly ⋯⋯⋯227
Chrysolina aurichalcea (Mannerheim)
⋯⋯⋯⋯⋯⋯⋯⋯⋯⋯228
Chrysomela (*Chrysomela*) *populi* Linné
⋯⋯⋯⋯⋯⋯⋯⋯⋯⋯229
Chrysomela vigintipuncta (Scopoli) 230
Chrysotoxum shirakii Matsumura ⋯305
Cicadella viridis (Linné) ⋯⋯⋯142
Cicindela (*Cicindela*) *japana*
Motschulsky⋯⋯⋯⋯⋯166
Cicindela (*Sophiodela*) *chinensis flam-
mifera* Horn ⋯⋯⋯⋯⋯167
Cimbex lutea (Linné) ⋯⋯⋯⋯252
Clanis bilineata (Walker) ⋯⋯⋯352
Cletus punctiger (Dallas) ⋯⋯⋯104
Clossiana perryi (Butler) ⋯⋯⋯434
Clytra arida Weise ⋯⋯⋯⋯⋯226
Coccinella (*Coccinella*) *septempunctata*
Linné⋯⋯⋯⋯⋯⋯⋯199
Coenagrion ecornutum Selys⋯⋯⋯19
Coenonympha hero (Linné) ⋯⋯⋯459
Colias erate (Esper) ⋯⋯⋯⋯409
Colletes collaris Dours ⋯⋯⋯⋯275
Compsidia balsamifera Motschulsky221
Conops (*Asiconops*) *curtulus* Coquillett
⋯⋯⋯⋯⋯⋯⋯⋯⋯⋯313
Cophinopoda chinensis (Fabricius) 297
Coptosoma bifarium Montandon ⋯114
Criotettix japonicus Haan ⋯⋯⋯72

Cryptotympana dubia (Haupt) ·····145

Culcula panterinaria (Bremer et Grey)
·····343

Curculio styracis (Roelofs) ·····249

Cyclidia substigmaria (Hübner) ·····336

Cydnocoris russatus Stål ·····98

Cyntia cardui (Linné) ·····435

Daimio tethys (Ménétriès) ·····381

Davidius lunatus Bartenef ·····24

Dianemobius nigrofasciatus
(Matsumura) ·····71

Dictyopterus aurora (Herbst) ·····188

Dilipa fenestra (Leech) ·····436

Dinoptera minuta (Gebler) ·····209

Diphtherocone alpium (Osbeck) ···373

Dolerus ephippiatus Smith ·····253

Dolycoris baccarum (Linné) ·····125

Dravira ulupi (Doherty) ·····438

Ducetia japonica (Thunberg) ·····62

Ecdyonurus yoshidae Takahashi ·····14

Ephemera strigata Eaton ·····15

Epiglenea comes Bates·····222

Epilachna chinensis (Weise) ·····202

Episomus turritus (Gyllenhal) ·····244

Erebia wanga Bremer ·····460

Eristalis (*Eoseristalis*) *cerealis* Fa-
bricius ·····309

Eristalis (*Eristalis*) *tenax* (Linné) ···310

Erynnis montanus (Bremer) ·····382

Euaspis basalis Ritsema ·····277

Eumenes pomiformis Fabricius ·····265

Euproctis piperita (Oberthür) ·····362

Eurema laeta (Boisduval) ·····410

Euricania clara Kato ·····143

Eurydema dominulus (Scopoli) ···126

Eurydema rugosa Motschulsky ·····127

Eurygaster testudinaria (Geoffroy) 119

Everes argiades (Pallas)·····418

Fabriciana pallescens (Butler) ·····440

Fayonius taxila (Bremer) ·····419

Fixsenia eximia (Fixsen)·····420

Formica (*Serviformica*) *japonica* Mots-
chulsky ·····263

Gallerucida bifasciata Motschulsky 235

Galloisiana biryongensis Namgung···39

Galloisiana kosuensis Namgung ·····38

Gametis jucunda Faldermann ·····181

Gampsocleis sedakovi abscura Walker
·····68

Gasteruption thomasoni Schletterer 255

Gerris (*Gerris*) *latiabdominis*
Miyamoto ·····95

Goera japonica Banks ·····324

Gonepteryx aspasia Ménétriès·····411

Gorpis (*Oronabis*) *brevilineatus* (Scott)
·····96

Graphium sarpedon (Linné) ·····392

Graphosoma rubrolineatum
(Westwood) ·····135

Graptopsaltria nigrofuscata (Motschuls-
ky) ·····146

Gymnosoma rotundatum (Linné) ···319

Halictus aerarius Smith ·····276

Halyomorpha halys (Stål) ·····128

Harmonia axyridis (Pallas) ·····200

Helicophagella melanura (Meigen) 316

Helophilus (*Helophilus*) *virgatus* Coquil-
lett·····311

Helota fulviventris Kolbe ·····196

Heteropterus morpheus (Pallas) ·····383

Homoeocerus dilatatus Horváth ···103
Hybris subjacens (Walker) ···········163
Hyphantria cunea (Drury) ···········370
Ichneumon nigroindicus (Kim) ······258
Illiberis pruni Dyar ··················333
Illiberois tenuis (Butler) ·············334
Indomegoura indica (van der Goot)
··154
Ischnura asiatica (Brauer) ···········18
Isoteinon lamprospilus C. et R. Felder
··384
Kaniska canace (Linné) ···············441
Lachnus tropicalis (van der Goot) 153
Lamia textor (Linné) ················219
Laothoe amurensis (Staudinger) ···353
Lasiommata deidamia (Eversmann)
··461
Leptalina unicolor (Bremer et Grey)
··385
Leptidea amurensis (Ménétriès) ···412
Leptura aethiops Poda ···············211
Leptura arcuata Panzer ·············212
Lepyronia coleoptrata (Linné) ·····138
Lepyrus japonicus Roelofs ·········246
Lethocerus deyrollei (Vuillefory) ···94
Libythea celtis Fuessly ··············427
Ligyra similis Coquillett ············302
Lilioceris (Lilioceris) merdigera
    (Linné) ·······························225
Limenitis camilla (Linné) ···········442
Limenitis helmanni (Lederer) ······443
Linaeidea adamsi (Baly) ···········231
Linaeidea aenea (Linné) ············232
Lithosia quadra (Linné) ············365
Lucilia illustris (Meigen) ···········315

Luciola lateralis Motschulsky ······189
Luehdorfia puziloi (Erschoff) ·····394
Lycaeides argyronomon (Bergstässer)
··421
Lycaena phlaeas (Linné) ·············422
Lychnuris rufa (Olivier) ·············190
Lygaeus hanseni Jakovlev ···········101
Lymantria dispar (Linné) ···········363
Lymantria monacha (Linné) ········364
Lytta caraganae Pallas···············205
Macrodorcas rectus rectus (Motschuls-
    ky) ···································171
Macroglossum stellaparum (Linné) 356
Mantispa japonica MacLachlan······161
Mantis religiosa (Linné) ·············48
Megarhyssa groliosa (Matsumura) 256
Megaulacobothrus latipennis (Bolivar)
··82
Meimuna mongolica (Distant) ······148
Meimuna opalifera (Walker) ········147
Melanargia epimede (Staudinger) 462
Melanargia halimede (Ménétriès)···463
Melanitis leda (Linné) ···············464
Mellicta athalia (Rottemburgh) ···444
Meloe auriclatus Marseul ···········204
Melolontha incana (Motschulsky) 173
Menida violacera Motschulsky ······129
Merodon equestris (Fabricius) ······306
Mesalcidodes trifidus (Pascoe) ·····245
Mesembrius flavipes (Matsumura) 312
Metasyrphus frequens Matsumura···304
Miltochrista aberrans Butler ········366
Mimathyma schrenckii (Ménétriès) 447
Mimela splendens Gyllenhal ········176
Mimela testaceipes Motschulsky ···177

Minois dryas (Scopoli) ⋯⋯⋯465
Moechotypa diphysis (Pascoe) ⋯⋯220
Molipteryx fuliginosa (Uhler) ⋯⋯⋯106
Molochlora longifissa Matsumura et
　Shiraki ⋯⋯⋯⋯⋯⋯⋯⋯⋯⋯⋯⋯64
Mongolotettix japonicus japonicus
　Bolivar ⋯⋯⋯⋯⋯⋯⋯⋯⋯⋯⋯⋯83
Mycalesis francisca (Cramer) ⋯⋯⋯467
Mycalesis gotama Moore ⋯⋯⋯⋯⋯466
Mythimna turca (Linné) ⋯⋯⋯⋯⋯374
Nannophya pygmaea Rambur ⋯⋯⋯35
Naxa seraria (Motschulsky) ⋯⋯⋯338
Necrodes nigricornis (Harold) ⋯⋯169
Nemophora aurifera (Butler) ⋯⋯⋯328
Nemophora staududingerella (Chris-
　toph) ⋯⋯⋯⋯⋯⋯⋯⋯⋯⋯⋯⋯329
Neodrymonia delia (Leech) ⋯⋯⋯357
Neostauropus basalis (Moore) ⋯⋯358
Neotituria kongosana (Matsumura) 140
Nephrotoma pullata (Alexander) ⋯290
Neptis alwina (Bremer et Grey) ⋯448
Neptis pryeri Butler ⋯⋯⋯⋯⋯⋯449
Neptis sappho (Pallas) ⋯⋯⋯⋯⋯450
Neptis thisbe (Ménétriés) ⋯⋯⋯⋯451
Nezara antennata Scott ⋯⋯⋯⋯⋯130
Niphanda fusca (Bremer et Grey) 423
Obeidia tigrata (Guenée) ⋯⋯⋯⋯344
Oberea inclusa Pascoe ⋯⋯⋯⋯⋯223
Oberthueria caeca (Oberthür) ⋯⋯346
Ochlodes subhyalina (Bremer et Grey)
　⋯⋯⋯⋯⋯⋯⋯⋯⋯⋯⋯⋯⋯⋯386
Oecanthus indicus Saussure ⋯⋯⋯69
Oedaleus infernalis Saussure ⋯⋯⋯86
Oides decempunctatus (Billberg) ⋯233
Oncotympana fuscata Distant ⋯⋯149

Ophrida spectabilis (Baly) ⋯⋯⋯236
Oreumenes decoratus (Smith) ⋯⋯266
Orosanga japonica (Melichar) ⋯⋯144
Orthetrum albistylum speciosum
　(Ubler) ⋯⋯⋯⋯⋯⋯⋯⋯⋯⋯⋯27
Orthetrum triangulare melania Selys 28
Ostrinia palustralis memnialis
　(Walker) ⋯⋯⋯⋯⋯⋯⋯⋯⋯⋯330
Oxya japonica japonica (Thunberg) 74
Oyamia coreana Okamoto⋯⋯⋯⋯53
Palomena angulosa (Motschulsky) 131
Pangrapta obscurata (Butler) ⋯⋯379
Panorpa coreana Okanmoto ⋯⋯⋯287
Papilio maackii Ménétriès ⋯⋯⋯396
Papilio machaon Linné ⋯⋯⋯⋯400
Papilio macilentus Janson ⋯⋯⋯397
Papilio xuthus Linné⋯⋯⋯⋯⋯398
Paracentrocorynus nigricollis (Roelofs)
　⋯⋯⋯⋯⋯⋯⋯⋯⋯⋯⋯⋯⋯⋯241
Parachauliodes continentalis van der
　Weele ⋯⋯⋯⋯⋯⋯⋯⋯⋯⋯160
Paracynotrachelus longiceps
　(Motschulsky) ⋯⋯⋯⋯⋯⋯⋯242
Paragnetina tinctipennis McLachlan 55
Parantica sita (Kollar) ⋯⋯⋯⋯428
Paraona staudingeri Alphéraky⋯⋯367
Parapolybia varia (Fabricius) ⋯⋯270
Parnara guttata (Bremer et Grey) 387
Parnassius bremeri Bremer ⋯⋯⋯401
Parnassius stubbendorfii Ménétriès 402
Patanga japonica Bolivar ⋯⋯⋯⋯78
Pelopidas jansonis (Butler) ⋯⋯⋯388
Pentatoma japonica (Distant) ⋯⋯132
Pentatoma semiannulata
　(Motschulsky) ⋯⋯⋯⋯⋯⋯⋯133

Periplaneta americana (Linné) ……43
Periplaneta japonica Karny …………44
phalera assimilis (Bremer et Grey) 359
Phalera minor Nagan ………………360
Phaneroptera falcata (Poda) …………65
Phaneroptera grandis Matsumura et
　Shiraki ………………………………63
Phaneroptera nigroantennata Brunner
　………………………………………66
Philonicus albiceps (Meigen) ………300
Phyllobius (*Diallobius*) *mundus*
　(Sharp) ……………………………243
Pidonia (*Pidonia*) *gibbicolis* (Blessig)
　………………………………………210
Pinthaeus sanguinipes (Fabricius) 121
Placosternum esakii Miyamoto ……134
Plagodis dolabraria (Linné) ………345
Platycnemis phillopoda Djakonov …20
Platypleura kaempferi (Fabricius) …150
Plinachtus bicoloripes Scott ………105
Poecilocoris lewisi (Distant) ………120
Poecilogonalos fasciata Strand ……254
Polistes jadwigae jadwigae Dalla
　Torre ………………………………271
Polistes mandarinus Saussure de Geer
　………………………………………272
Polistes snelleni Saussure …………273
Polygonia c-album (Linnaeus) ………452
Polygonia c-aureum (Linné) ………453
Polyzonus fasciatus (Fabricius) ……213
Pontia daplidice (Linné) …………413
Popillia flavosellata Fairemaire ……178
Popillia mutans Newmann …………179
Primnoa primnoa Fischer-Waldheim 77
Prionus insularis Motschulsky ……208

Problepsis superans (Butler) ………339
Promachus yesonicus Bigot…………298
Protaetia orientalis submarmorea (Bur-
　meister) ……………………………182
Prothemus ciusianus (Kiesenwetter)
　………………………………………193
Pryeria sinica Moore ………………332
Pseudopyrochroa rubricollis Lewis…203
Pseudorhynchus japonicus Shiraki …67
Pseudozizeeria maha (Kollar) ……424
Psilogramma increta (Walker) ……354
Psithyrus sylvestris popovi Yasumatsu
　………………………………………282
Purpuricenus lituratus Ganglbauer 216
Rabtala cristata (Butler) …………361
Rapala caerulea (Bremer et Grey) 425
Rhopalus (*Aeschyntelus*) *maculatus*
　(Fieber) ……………………………109
Rhopalus (*Rhopalus*) *sapporensis* (Mat-
　sumura) ……………………………110
Rhyacophila articulata Morton ……323
Rhynocoris ornatus Uhler…………99
Rhyssa persuasoria (Linné) ………257
Riptortus clavatus Thunberg ………108
Samia cynthia (Drury)………………348
Sasakia charonda (Hewitson) ……454
Sastragala esakii Hasegawa ………118
Scapsipedus mandibularis Saussure 70
Scathophaga stercoraria (Linné) …314
Scintillatrix pretiosa (Mannerheim) 183
Scolia (*Discolia*) *oculata* Matsumura
　………………………………………261
Scolitandides orion (Pallas) ………426
Scopula umbelaria (Hübner) ………340
Semblis phalaenoides (Linné) ……325

Sephisa princeps (Fixsen) ·········456
Sericinus montela Gray ··············403
Serrognathus platymelus castanicolor
(Motschulsky) ························172
Shirakiacris shirakii Bolivar··········79
Sieboldius albardae Selys ···········25
Silpha perforata perforata Gebler ···170
Sphedanolestes impressicollis (Stål) 100
Spilosoma punctaria (Stoll) ········371
Spirama retorta (Clerck)··············377
Statilia maculata (Thunberg) ········49
Stenopsyche griseipennis McLachlan
·····································322
Stethophyma magister (Rehn) ········84
Suisha coreana (Matsumura) ·····151
Sympetrum darwinianum (Selys) ···29
Sympetrum depressiusculum (Selys) 30
Sympetrum eroticum Selys ············31
Sympetrum infuscatum (Selys) ·····32
Sympetrum pedomontanum elatum
(Selys) ·······························34
Sympetrun parvulum (Bartenef) ·····33
Tabanus chrysurus Loew··············294
Tabanus mandarinus Schiner ·····295
Tabanus takasagoensis Shiraki ·····296
Tachina (Servillia) jakovlewii
(Portschinský) ·····················317
Tachina (Servillia) luteola Coquillett
·····································318
Tenodera angustipennis (Saussure) 50
Tenodera aridibolia (Stoll) ··········51

Thanassimus lewisi Jacobson ·····194
Thlaspida lewisii (Baly) ·············237
Thyatira batis (Linné) ················337
Thyestilla gebleri (Faldermann) ···224
Thymelicus sylvaticus (Bremer) ···389
Thyris fenestrella seoulensis Park et
Byun ································331
Tibicen japonicus (Kato) ···········152
Timomenus komarovi (Semenov) ···59
Tipula (Schummelia) nipponensis
Alexander ···························291
Tipula (Yamatotipula) patagiata
Alexander ···························292
Trichius succinctus (Pallas) ········180
Trichodes sinae Chevrolat ···········195
Trilophidia annulata Thunberg ·····87
Typloptera bella (Butler)··············341
Urochela (Urochela) quadrinotata
(Reuter) ····························111
Urochela (Urochela) tunglingensis
Yang··································112
Urostylis annulicornis Scott ········113
Vanessa indica (Herbst) ·············457
Vespa crabro flavofasciata Cameron 267
Vespa mandarinia Cameron ········268
Vespula flaviceps lewisi (Cameron) 269
Volucella pellucens tabanoides
Motschulsky ························307
Xylocopa appendiculata circumvolans
Smith ································278
Xylotrechus pyrrhoderus Bates ·····214

□ ■ 참고 문헌 ■ □

- 조복성. 1969. 한국동식물도감, 제10권, 동물편(곤충류 Ⅱ). 970 pp. 문교부.
- 井上寬 外. 1963. 原色日本昆蟲大圖鑑, Ⅰ・Ⅱ・Ⅲ. 北隆館, 日本.
- 井上寬 外. 1982. 日本産蛾類大圖鑑, Ⅰ・Ⅱ. 講談社, 日本.
- 김창환. 1970. 한국동식물도감, 제11권, 동물편(곤충류 Ⅲ), 891 pp. 문교부.
- Kim, Chang-Whan. 1976. Distribution Atlas of Insects of Korea, Series 1, Rhopalocera, Lepidoptera. 200 pp. Korea University Press.
- Kim, Chang-Whan. 1978. Distribution Atlas of Insects of Korea, Series 2, Coleoptera. 414 pp. Korea University Press.
- Kim, Chang-Whan. 1980. Distribution Atlas of Insects of Korea, Series 3, Hymenoptera and Diptera. 356 pp. Korea University Press.
- 김창환・남상호・이승모. 1982. 한국동식물도감, 제26권, 동물편(곤충류 Ⅷ). 919 pp. 문교부.
- Knudsen, J. W., 1966. Biological Techniques 525 pp. Harper & Row Publishers, New York.
- 이창언 외. 1971. 한국동식물도감, 제12권, 동물편(곤충류 Ⅳ). 1069 pp. 문교부.
- 이창언. 1979. 한국동식물도감, 제23권, 동물편(곤충류 Ⅶ). 1079 pp. 문교부.
- 李昌福. 1985. 大韓植物圖鑑. 990 pp. 鄕文社, 서울.
- 이영노. 1976. 한국동식물도감, 제18권, 식물편(계절 식물). 863 pp. 문교부.
- 李承模. 1982. 韓國蝶誌. 125 pp. Insecta Koreana 編纂委員會, 서울.
- 李承模. 1987. 韓半島하늘소(天牛)科 甲蟲誌. 287 pp. Insecta Koreana 編纂委員會, 서울.
- Nam, Kung Joon. 1974. A New Species of Cave Dwelling Grylloblattoidea (Grylloblattidae) from Korea. Korean J. of Ent. 4(1) : 1~7
- 南宮焌. 1981. 原始的 遺存動物인 갈르와벌레, 자연 보존. 33 : 18~22. 한국자연보존협회.
- 남상호. 1990. 한국의 곤충. 127 pp. 대원사, 서울.
- 백운하. 1972. 한국동식물도감, 제13권, 동물편(곤충류 Ⅴ). 751 pp. 문교부.
- 石宙明. 1973. 韓國産蝶類分布圖. 517 pp. 寶普齊, 서울.
- 신유항・박규택・남상호, 1983. 한국동식물도감, 동물편(곤충류 Ⅸ). 1053 pp. 문교부.
- 신유항. 1991. 한국나비도감. 364 pp. 아카데미 서적, 서울.
- 신유항. 1993. 原色韓國昆蟲圖鑑. 453 pp. 아카데미 서적, 서울.
- 윤일병. 1988. 한국동식물도감, 제30권, 동물편(수서 곤충류). 840 pp. 문교부.
- 한국곤충학회. 1994. 한국곤충명집. 744 pp.
- 환경처. 1994. 특정야생동식물화보집. 210 pp.

원색 도감 · 한국의 자연 시리즈 5

한국의 곤충

남상호(南相豪)
· 고려대학교 이과대학 생물학과 및 대학원 졸업, 이학박사
· 고려대학교 부설 한국곤충연구소 연구교수
· 교육부 1종 도서 심의위원 역임
· 대전대학교 이과대학 생명과학과 교수
· 대전대학교 이과대학 학장, 교무연구처장
· 한국곤충학회 회장, 한국반딧불이연구회 회장
· 한국생태학회 회장

초판 발행 / 1996. 4. 10.
8판 발행 / 2017. 9. 30.

지은이 / 남상호
펴낸이 / 양철우
펴낸곳 / ㈜교학사

기획 / 유홍희
편집 / 황정순
교정 / 박순원 · 강옥자
장정 / 어용
제작 / 이재환
원색 분해 · 인쇄 / 본사 공무부

저서
· 「한국동식물도감 곤충편 Ⅷ · Ⅸ」, 교육부
· 「한국의 곤충」, 「한국의 나비」, 대원사
· 「한국곤충생태도감 나비목」, 고려대 한국곤충연구소
· 기타 곤충 관련 논문 120여 편

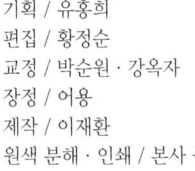 

등록 / 1962. 6. 26.(18-7)
주소 / 서울 마포구 마포대로 14길 4
전화 / 편집부 · 312-6685   영업부 · 7075-147
팩스 / 편집부 · 365-1310   영업부 · 7075-160
대체 / 012245-31-0501320
홈 페이지 / http://www.kyohak.co.kr

값 35,000 원

The Insects of Korea
by Nam Sang-Ho
Published by Kyo-Hak Publishing Co., Ltd., 1996
4, Mapo-daero 14-gil, Mapo-gu, Seoul, Korea
Printed in Korea

ISBN 978-89-09-02467-9 96490